现代数学基础丛书·典藏版　30

非线性发展方程

李大潜　陈韵梅　著

科学出版社
北京

内 容 简 介

本书系统介绍近几年提出的处理有关非线性发展方程柯西问题的整体经典解存在性的有效方法及相应的重要结果. 书末附有较详细的参考文献，便于读者在这一方向上开展研究工作.

本书可供大学数学系、应用数学系、计算数学系及有关专业的大学生、研究生、教师和有关的科学工作者参考.

图书在版编目(CIP)数据

非线性发展方程/李大潜，陈韵梅著. —北京：科学出版社，1989.12（2016.6 重印）
（现代数学基础丛书・典藏版；30）
ISBN 978-7-03-001277-7

Ⅰ. ①非… Ⅱ. ①李… ②陈… Ⅲ. ①非线性方程—发展方程 Ⅳ. ①O175.26

中国版本图书馆 CIP 数据核字(2016) 第 113123 号

责任编辑：张 扬 / 责任校对：林青梅
责任印制：徐晓晨 / 封面设计：王 浩

科学出版社 出版
北京东黄城根北街 16 号
邮政编码：100717
http://www.sciencep.com

北京厚诚则铭印刷科技有限公司印刷
科学出版社发行 各地新华书店经销
*
1989 年 12 月第 一 版 开本：B5(720×1000)
2016 年 6 月印 刷 印张：15 1/4
字数：187 000

定价：98.00 元

（如有印装质量问题，我社负责调换）

前　言

发展方程 (Evolution Equation)，又称演化方程或进化方程，广义地说，是包含时间变数 t 的许多重要的数学物理偏微分方程的统称，在物理、力学或其他自然科学中用来描述随时间而演变的状态或过程．狭义地说，它是指可以用半群方法化为一个 Banach 空间中的抽象常微分方程的 Cauchy 问题来处理的那些数学物理方程．波动方程、热传导方程、Schrödinger 方程、流体动力学方程组、KdV 方程、反应扩散方程等等以及由这些方程通过适当的方式耦合起来的种种耦合方程组，都属于发展方程的范畴．

对线性的发展方程，例如对波动方程、热传导方程及 Schrödinger 方程等，我们知道，只要初值适当光滑，其 Cauchy 问题的解也必具有适当的光滑性，而且在整个半空间 $t \geqslant 0$ 上是整体存在的．作为一个最简单的例子，对下述的 Cauchy 问题

$$\begin{cases} u_t + u_x = 0, & (1) \\ t = 0: \quad u = \varphi(x), & (2) \end{cases}$$

易知其解为如下的右传播波

$$u = \varphi(x - t). \tag{3}$$

显然，此解在 $t \geqslant 0$ 上(实际上还在整个 (t, x) 平面上)是整体存在的，而且和初值有同样的正规性．

但对于非线性发展方程，情况就根本不同了．一般说来，非线性发展方程的 Cauchy 问题的整体经典解通常只能在时间 t 的一个局部范围中存在，即使对充分光滑甚至还充分小的初值也是如此；相应地，解在有限时间内会失去正规性，而产生奇性(解本身或其某些导数趋于无穷)，这一现象称为解的破裂 (blow up)．为了说明这一点，我们给出下面的几个简单的例子．

例 1 先看非线性常微分方程的情形.考察如下的 Riccati 方程的 Cauchy 问题

$$\begin{cases}\dfrac{dv}{dt}=v^2, & (4)\\ t=0:\quad v=v_0. & (5)\end{cases}$$

易知其解为

$$v=\frac{v_0}{1-v_0t}. \tag{6}$$

于是若

$$v_0>0, \tag{7}$$

则当 $t\nearrow\dfrac{1}{v_0}$ 时,就有 $v\to+\infty$,从而解发生破裂,而不能在 $t\geqslant 0$ 上整体存在. 这时,只能在时间区间 $\left[0,\dfrac{1}{v_0}\right)$ 上得到 Cauchy 问题 (4)-(5) 的局部解.

例 2 考察 Cauchy 问题

$$\begin{cases}\dfrac{\partial u}{\partial t}+u\dfrac{\partial u}{\partial x}=0, & (8)\\ t=0: u=\varphi(x). & (9)\end{cases}$$

在此 Cauchy 问题的经典解 (C^1 解) $u=u(t,x)$ 存在的范围内,可由

$$\frac{dx}{dt}=u(t,x) \tag{10}$$

定义其特征线. 由方程(8),沿任一特征线有

$$\frac{du}{dt}=0, \tag{11}$$

即 u 在每一特征线上保持为常数,从而由(10)式可知特征线必为直线. 于是,过初始轴上任一点 $(0,\alpha)$ 的特征线方程为

$$x=\varphi(\alpha)t+\alpha, \tag{12}$$

在其上

$$u=\varphi(\alpha). \tag{13}$$

设 $\varphi(x)$ 的 C^1 模有界. 在 t 值较小时,有

$$\frac{\partial x}{\partial \alpha}=\varphi'(\alpha)t+1>0, \tag{14}$$

故可由(12)式反解出

$$\alpha=\alpha(t, x), \tag{15}$$

再代入(13)式,就可得到 Cauchy 问题(8)-(9)的局部经典解

$$u=\varphi(\alpha(t, x)). \tag{16}$$

这说明: Cauchy 问题 (8)-(9) 必存在唯一的局部经典解.

但只要 $\varphi(x)$ 不是一个单调不减函数,必存在初始轴上的两点 $(0, \alpha_1)$ 及 $(0,\alpha_2)$, 使得

$$\alpha_1<\alpha_2, \tag{17}$$

而

$$\varphi(\alpha_1)>\varphi(\alpha_2). \tag{18}$$

这样,过此二点的特征线

$$x=\varphi(\alpha_1)t+\alpha_1 \tag{19}$$

及

$$x=\varphi(\alpha_2)t+\alpha_2 \tag{20}$$

必在有限时间内相交,在交点处的解值就不能唯一确定. 这说明: 此时 Cauchy 问题 (8)-(9) 决不可能在 $t\geqslant 0$ 上存在整体经典解, 而必在有限时间内出现解的破裂 (在力学上对应于激波的形成).

例 3 考察如下非线性热传导方程的混合初-边值问题

$$\begin{cases}\dfrac{\partial u}{\partial t}-\Delta u=u^2, & (21)\\[2mm] \left.\dfrac{\partial u}{\partial n}\right|_{\Sigma}=0, & (22)\\[2mm] t=0: u=\varphi(x). & (23)\end{cases}$$

这里,求解区域是柱形区域 $Q=(0,\infty)\times\Omega$, 其侧边界为 $\Sigma=(0,\infty)\times\Gamma$, 而 Ω 为 $\mathbb{R}^n$ 中的有界区域, Γ 为其边界, 且适当光滑.

容易证明，只要初值满足条件

$$\int_{\Omega}\varphi(x)dx>0, \tag{24}$$

混合问题 (21)—(23) 就决不可能在 Ω 上存在整体经典解.

事实上，令

$$U(t)=\int_{\Omega}u(t,x)dx, \tag{25}$$

将方程 (21) 的两端对 x 积分，利用 Green 公式并注意到边界条件 (22)，就可得到

$$\frac{dU(t)}{dt}=\int_{\Omega}u^2(t,x)dx. \tag{26}$$

注意到利用 Hölder 不等式，有

$$U(t)\leqslant\left(\int_{\Omega}u^2(t,x)dx\right)^{\frac{1}{2}}\cdot|\Omega|^{\frac{1}{2}}, \tag{27}$$

其中 $|\Omega|$ 表示区域 Ω 的体积，就可得到

$$\frac{dU(t)}{dt}\geqslant\frac{1}{|\Omega|}U^2(t), \tag{28}$$

而

$$U(0)=\int_{\Omega}\varphi(x)\,dx>0. \tag{29}$$

若记 $V(t)$ 为下述 Riccati 方程的 Cauchy 问题的解

$$\begin{cases}\dfrac{dV(t)}{dt}=\dfrac{1}{|\Omega|}V^2(t), & (30)\\[2ex] V(0)=\displaystyle\int_{\Omega}\varphi(x)dx>0, & (31)\end{cases}$$

显然有

$$U(t)\geqslant V(t). \tag{32}$$

再由例 1 的结果，知 $U(t)$ 必在有限时间内趋于无穷，从而原混合问题 (21)—(23) 的解必在有限时间内破裂.

上面这几个简单的例子说明，对非线性发展方程的 Cauchy 问题或混合初-边值问题，即使初值充分光滑(甚至充分小)，其经

典解的整体存在性一般是无法保证的．这是非线性发展方程区别于线性发展方程的一个重要的特点．

但另一方面，在一些特殊的条件下，对非线性发展方程仍然可以得到整体经典解．事实上，在例 1 中，若初值

$$v_0 < 0, \tag{33}$$

则解就在 $t \geqslant 0$ 上整体存在，且当 $t \to +\infty$ 时，衰减为零．在例 2 中，若 $\varphi(x)$ 是 x 的单调不减函数，即有

$$\varphi'(x) \geqslant 0, \quad \forall x \in \mathbf{R}, \tag{34}$$

则过初始轴上点所作的特征线族在 t 增加的方向是发散的，永不会在 $t \geqslant 0$ 上相交；此时对任何 $t \geqslant 0$，均可从(12)式反解得(15)，从而可得到在 $t \geqslant 0$ 上的整体经典解 (16)．此外，在空气动力学中，两个疏散单波的干扰问题也提供了一个在 $t \geqslant 0$ 上存在整体经典解的重要的实例．

通过上面的讨论，我们可以看到，对非线性发展方程而言，应该考察下面两方面相辅相成的问题．

（一）在什么条件下，所考察的非线性发展方程的定解问题（包括 Cauchy 问题，各种混合初-边值问题及自由边界问题…）存在着唯一的整体经典解．并在此基础上研究解的整体性态，特别是当 $t \to +\infty$ 时的渐近性态．

（二）在什么条件下，所考察的非线性发展方程的定解问题不存在整体经典解，而必在有限时间内发生解的破裂现象．并在此基础上深入考察解在破裂点的性态，例如究竟是解的本身还是解的某一阶偏导数首先发生破裂，解在破裂点的奇性特征以及破裂点集的性质等等．

研究这两方面问题的意义是很明显的．对一些重要的数学物理方程的解的整体性态（例如解的稳定性等）的研究以及有关的数值求解方法的讨论，都要以解的整体存在性为前提．另一方面，如果发现解会在有限时间内破裂，而这种破裂的性态不是相应的物理模型所允许的，就反过来说明所归结的数学模型有问题，而必须加以修改；如果这种破裂现象的出现对所考察的物理模型是允许

的，由于相应的物理过程决不会中止于某一时刻，必定要继续发展，我们就必须在一个更广的函数类中来考察问题的解(例如对空气动力学方程组，就要考虑到出现激波的可能性，而在包含间断性的函数类中求解).

对非线性发展方程的经典解的整体存在性的研究，已经有了很多的结果，并已发展了不少有效的处理方法，例如紧致性方法、单调性方法、半群方法、补偿紧致方法等等. 但由于发展方程包含的范围十分广泛，非线性的具体特点又多种多样，同时如上所述往往只能在一些相当特殊的条件下才能得到经典解的整体存在性，因此，已有的不少结果往往只是针对某一特定的物理模型，对某一类具体方程的定解问题而得到的，总的说来结果还显得比较零碎，远未形成一个相当一般的理论.

自八十年代初开始，对非线性发展方程的经典解的整体存在性的研究提出了一套新的处理方法，就是在通常对解的能量估计的基础上，再利用相应的线性齐次方程的解在 $t\to+\infty$ 时的衰减性质，并将两者有机地结合起来，就可在一定的条件下，在小初值的情形得到经典解的整体存在性，且说明解在 $t\to+\infty$ 时仍具有一定的衰减性.

线性齐次方程的解在 $t\to+\infty$ 时的衰减性在小初值情形会导致相应的非线性方程的解的整体存在性及在 $t\to+\infty$ 时的衰减性，这在常微分方程的情形是一个熟知的事实. 事实上，对常微分方程组

$$\frac{dx}{dt}=f(x), \tag{35}$$

其一次近似，即相应的线性齐次方程组为

$$\frac{dx}{dt}=Ax, \tag{36}$$

其中

$$A=\nabla f(0). \tag{37}$$

若 A 的一切特征值均具有负的实部，此线性齐次方程组 (36)

的解在 $t \to +\infty$ 时就具有指数衰减. 此时由常微分方程的渐近稳定性定理,只要初值适当小, 原方程组 (35) 的解必在 $t \geqslant 0$ 上整体存在,且在 $t \to +\infty$ 时衰减到零. 注意到

$$f(x) = Ax + O(|x|^2), \tag{38}$$

原方程组 (35) 可视为线性齐次方程组加上高阶摄动项后的结果. 这说明在常微分方程组的情形, 若线性齐次方程组的解具指数衰减, 则加上高阶摄动项后的非线性方程组的具小初值的解必在 $t \geqslant 0$ 上整体存在,且在 $t \to +\infty$ 时仍具有衰减性.

这样,上面所说的这一套新的处理方法,实际上可以看成是常微分方程的渐近稳定性理论在偏微分方程情形的推广. 但一般说来, 在偏微分方程的情形, 相应的线性齐次方程的解即使在 $t \to +\infty$时有衰减,也可能不是指数型的衰减,而只是多项式型的代数衰减,而且其衰减的速度往往和空间变数的维数 n 有关(一般说来,维数愈高,衰减性质愈好). 利用这一衰减性, 仍可在小初值的情形对相应的非线性发展方程得到经典解的整体存在性及在 $t \to +\infty$ 时的衰减性. 这里所考察的非线性发展方程,可以是在相应的线性发展方程上加上任意的二阶或二阶以上的非线性摄动项而得到的,因此可以对相当一大类非线性发展方程得到统一的结果,这是以往其他一些处理解的整体存在性的方法所不及的. 但这一方法也有一个较大的限制,即通常只能对小初值的情形得到结果,而且由于衰减性质和空间维数有关, 往往还要对空间维数加以一定的限制(维数如果太低,解可能不衰减或衰减程度不足以保证解的整体存在性).

在本书中, 我们将系统介绍上述处理整体经典解存在性的方法及相应的结果. 限于篇幅,并为了方便地说明这一方法的实质,我们仅对非线性热传导方程和非线性波动方程这二类在应用上常见的方程进行讨论,而且只限于考察这二类方程的 Cauchy 问题. 对其他一些类型的非线性发展方程以及各种类型的耦合方程组, 对内、外区域上的混合初-边值问题等, 原则上均可以类似地进行讨论,但在本书中将不予涉及. 关于解的破裂现象,在本书中也将

只提及有关的结果,而不作具体的讨论.但对所有这些,我们都将在书末给出一个尽可能完全的文献目录,以供有兴趣的读者查阅、参考.

本书中所叙述的有关整体经典解存在性的结果,除包含了作者自己的一些研究成果外,其余都是在 S. Klainerman [1,2,6], S. Klainerman 和 G. Ponce [1] 及 A. Matsumura [2] 等几篇新近的著作中所得到的结果,但在处理及叙述的方法上,却和这几篇著作以及传统的做法有较大的不同和明显的改进.

我们知道,非线性问题的解往往是不能直接求得的,通常必须先对一类较易处理的逼近问题求得原问题的近似解,然后通过对近似解建立适当的估计式,再过渡到极限而得到原非线性问题的解.在 S. Klainerman [1—2] 中,为了得到 Cauchy 问题的逐次近似解,并保证其在整个求解区域 $t \geqslant 0$ 上的收敛性,利用了 Nash-Moser-Hörmander 迭代格式.这一方法对处理在普通迭代过程中导数发生损失的问题是相当有效的,但整个讨论显得相当复杂,而且在 Cauchy 问题的情况并不是必要的.在 S. Klainerman [6], S. Klainerman 和 G. Ponce [1] 及 A. Matsumura [2] 等工作中,则采用了局部解延拓法来证明 Cauchy 问题的整体经典解的存在性.局部解延拓法实际上将整个证明过程分为二步:第一步先通过近似解序列在关于 t 的局部区域上的收敛性,来得到局部解的存在性;第二步再利用对解建立适当的一致先验估计式,将局部解延拓为整体解.和前一种方法相比,局部解延拓法显得更为自然,而且也比较简便和清楚,这是目前证明整体解存在性的一个常用的方法.特别在局部解的存在性为已知的情况下,采用这一方法的优点更为突出.但如果要完整地写出证明的全过程,工作量仍然是相当大的.

在本书中,我们对处理这类整体经典解的存在性问题,建立了一套简明而规格化的处理方法,既避免了使用复杂的Nash-Moser-Hörmander 迭代格式,又无须先证明局部解的存在性,就可直接证明整体经典解的存在性,并同时得到解在 $t \to +\infty$ 时的衰减性质.

为此我们引入一个同时体现了解的能量估计及解的衰减性的函数空间作为迭代的基本空间，只利用简单的迭代格式和普通的压缩映象原理，就可直接证明近似解的序列在整个求解区域 $t \geqslant 0$ 上的收敛性．这里对非线性问题的整个讨论只需建立在相应的线性问题的基础上，即只需要利用相应的线性问题的解的存在性及能量估计式，以及相应的线性齐次问题的解当 $t \to +\infty$ 时的衰减估计式．可以看到，采用本书中所用的框架来处理问题，不仅使整个证明过程得到很大的简化（整个证明的工作量和证明局部解存在性时的大体相当），而且可以清楚地理解这一方法的实质，有利于将这一方法应用于更广泛的范围．

在本书中全部讨论所用的主要工具是 Sobolev 空间的理论，包括有关的插值理论．凡是涉及这方面的内容，除有时作必要的说明外，均不加证明地直接引用，读者如有需要可查阅有关的参考书籍．除此以外的内容，都是尽可能自封的．熟悉 Sobolev 空间理论的读者，阅读本书应该不会遇到原则上的困难．需要指出的是，本书对有关乘积函数和复合函数在 Sobolev 空间中的一些估计式，作了相当系统的归纳、整理和推广．这不仅直接满足于本书中所讨论问题的需要，而且对研究其他各种非线性问题也都会经常地发挥作用．

本书中的一部分内容，曾于 1985 年下半年在复旦大学作为研究生课程加以讲授．接着，又于 1986 年上半年在南开数学研究所的偏微年活动中作为一门基本课程讲授了本书的大部分内容，收到了良好的效果，并在此基础上修改定稿．复旦大学偏微分方程研究方向的一些研究生和来自全国各地的很多数学工作者（包括教师和研究生）在作者讲授该课程时给予了热情的支持和协助，南京空军气象学院的黄思训同志还帮助作者誊清了全部书稿，在此一并表示深深的谢意．

限于作者的水平，书中不妥甚至错误之处在所难免，恳请读者批评指正．

作者

一九八六年六月七日

目　　录

第一章 非线性热传导方程

§1 引 言

在本章中，我们将考察 n 维非线性热传导方程的 Cauchy 问题

$$
\begin{cases}
u_t - \Delta u = F(u, D_x u, D_x^2 u) \quad \left(\Delta = \dfrac{\partial^2}{\partial x_1} + \cdots + \dfrac{\partial^2}{\partial x_n}\right), & (1.1) \\
t = 0: \quad u = \varphi(x) \qquad (x = (x_1, \cdots, x_n)), & (1.2)
\end{cases}
$$

这里记

$$D_x u = (u_{x_1}, \cdots, u_{x_n}) = (u_{x_i}, i = 1, \cdots, n), \tag{1.3}$$

$$D_x^2 u = (u_{x_i x_j}, i, j = 1, \cdots, n). \tag{1.4}$$

令

$$\hat{\lambda} = (\lambda; (\lambda_i), i = 1, \cdots, n; (\lambda_{ij}), i, j = 1, \cdots, n), \tag{1.5}$$

假定方程 (1.1) 中非线性项 $F = F(\hat{\lambda})$ 在 $\hat{\lambda} = 0$ 的一个邻域中适当光滑，并满足如下的条件

$$F(\hat{\lambda}) = O(|\hat{\lambda}|^{1+\alpha}), \tag{1.6}$$

其中 $\alpha \geqslant 1$ 为整数.

注 1.1 对于形式上更为一般的非线性热传导方程

$$u_t - \sum_{i,j=1}^{n} a_{ij}(u, D_x u, D_x^2 u) u_{x_i x_j} = F(u, D_x u, D_x^2 u), \tag{1.7}$$

总可将其改写为

$$u_t - \sum_{i,j=1}^{n} a_{ij}(0, 0, 0) u_{x_i x_j} = \bar{F}(u, D_x u, D_x^2 u) \tag{1.8}$$

的形式，其中 $\bar{F}$ 满足 $\alpha = 1$ 时的 (1.6)式. 再经过一个自变数的可逆变换，就可以化到形如 (1.1) 的方程，但 (1.6) 式中的 $\alpha = 1$.

关于 Cauchy 问题 (1.1)-(1.2) 在 $t \geqslant 0$ 上的整体经典解的存在唯一性，首先由 S. Klainerman ([2]) 于 1982 年借助于热传导方程解的 $L^\infty(\mathbb{R}^n)$ 范数当 $t \to +\infty$ 时的衰减估计以及能量估计式,利用 Nash-Moser-Hörmander 迭代，在上述一般的情形下证明了如下的结果：若空间的维数 n 满足条件

$$\frac{1}{\alpha}\left(1+\frac{1}{\alpha}\right)<\frac{n}{2}, \tag{1.9}$$

则在小初值的情形（即设 $\varphi(x)$ 在某些 Sobolev 空间中的范数适当小），Cauchy 问题 (1.1)-(1.2) 在 $t \geqslant 0$ 上恒存在唯一的整体经典解,并当 $t \to +\infty$时具有相应的衰减性质. 兹后，S. Klainerman 和 G. Ponce ([1]) 又于 1983 年利用局部解延拓法得到同样的结果.

注意到:如果在上述证明中进一步利用热传导方程解的$L^2(\mathbb{R}^n)$范数当 $t \to +\infty$时也具有衰减性,那么还可以将结果加以改进.郑宋穆和陈韵梅 ([1, 2]) 及 G. Ponce ([1]) 差不多同时独立证明了：只要空间维数 n 满足条件

$$n>\frac{2}{\alpha}, \tag{1.10}$$

上面的结果就可以成立. 在 $\alpha=1$ 这一特殊但也是最具有重要性的情形、由 (1.9) 式要求空间维数 $n \geqslant 5$，而按 (1.10) 式只要求 $n \geqslant 3$, 结果有了明显的改进；但当 $\alpha>1$，例如 $\alpha=2$ 或 3 的情形，由 (1.9) 式及由 (1.10) 式所得的对空间维数 n 的要求实际上是一样的. 事实上,由 (1.9)式所给出的空间维数 n 和 α 之间的依赖关系可见下表.

$\alpha=$	1	2	3,4,…
$n \geqslant$	5	2	1

而由 (1.10) 式所给出的空间维数 n 和 α 之间的依赖关系则见下页表.

$\alpha =$	1	2	3,4,…
$n \geqslant$	3	2	1

为了得到 (1.10) 式所示的结果，G. Ponce 利用了局部解延拓法，而郑宋穆和陈韻梅则仍采用了 Nash-Moser-Hörmander 迭代的手续.

这里指出，由 (1.10) 式所示的对空间维数 n 的限制 是 必 要的. 事实上,对一个特殊形式的 Cauchy 问题

$$\begin{cases} u_t - \Delta u = u^{1+\alpha}, \\ t = 0:\ u = \varphi(x), \end{cases} \tag{1.11}$$

H. Fujita ([1]) 及 F. B. Weissler ([1]) 已先后分别证明了在

$$n < \frac{2}{\alpha} \tag{1.12}$$

及

$$n = \frac{2}{\alpha}. \tag{1.13}$$

这两种情形、即使对于小初值也不一定能在 $t \geqslant 0$ 上得到整体经典解,而可能发生解的破裂现象.

在本章中,我们将利用在前言中所述的方法,比较简明地证明在假设 (1.10) 下具小初值的整体经典解的存在唯一性. 同时，在非线性右端项 F 不显含 u 的特殊情形，用类似的方法简单地证明了郑宋穆 ([3]) 首先得到的下述结论：此时对空间维数 $n \geqslant 1$ 无需加以任何限制，就可以得到同样的结果（参见李大潜、陈韵梅 [1]).

§2 n 维热传导方程的 Cauchy 问题

我们知道,对下述 n 维齐次热传导方程的 Cauchy 问题

$$\begin{cases} u_t - \Delta u = 0 \qquad \left(\Delta = \dfrac{\partial^2}{\partial x_1^2} + \cdots + \dfrac{\partial^2}{\partial x_n^2}\right), & (2.1) \\ t = 0: \quad u = \varphi(x) \quad (x = (x_1, \cdots, x_n)), & (2.2) \end{cases}$$

可以利用 Fourier 变换求得其解的表达式(参见 F. Treves [1])

$$u(t, x) = \frac{1}{(2\sqrt{\pi t})^n} \int_{\mathbf{R}^n} e^{-\frac{|x-\xi|^2}{4t}} \varphi(\xi) d\xi, \tag{2.3}$$

其中 $\xi = (\xi_1, \cdots, \xi_n)$, $|x - \xi|^2 = \sum_{i=1}^{n} (x_i - \xi_i)^2$. 我们将此解的表达式简记为

$$u = S(t)\varphi \tag{2.4}$$

的形式,而

$$S(t): \varphi \to u(t, \cdot) \tag{2.5}$$

为由 (2.3) 式给定的线性算子.

再利用 Duhamel 原理,对 n 维非齐次热传导方程的 Cauchy 问题

$$\begin{cases} u_t - \Delta u = F(t, x), & (2.6) \\ t = 0: u = \varphi(x), & (2.7) \end{cases}$$

其解可表示为

$$u = S(t)\varphi + \int_0^t S(t - \tau) F(\tau, \cdot) d\tau \tag{2.8}$$

的形式,或具体写为

$$u(t, x) = \frac{1}{(2\sqrt{\pi t})^n} \int_{\mathbf{R}^n} e^{-\frac{|x-\xi|^2}{4t}} \varphi(\xi) d\xi + \frac{1}{(2\sqrt{\pi})^n} \int_0^t \int_{\mathbf{R}^n} \frac{1}{(t-\tau)^{\frac{n}{2}}} e^{-\frac{|x-\xi|^2}{4(t-\tau)}} \cdot F(\xi, \tau) d\xi d\tau. \tag{2.9}$$

为了下文的需要,在本节中我们要利用 Галеркин 方法(参见 J. L. Lions [2]),对 Cauchy 问题 (2.6)-(2.7) 的解在 Sobolev 空间中的存在唯一性及正规性作进一步的讨论.

首先证明

定理 2.1 对任意给定的正数 $T>0$，若设

$$\varphi \in H^1(\mathbf{R}^n), \quad F \in L^2(0, T; L^2(\mathbf{R}^n)) \tag{2.10}$$

则 Cauchy 问题 (2.6)-(2.7) 存在唯一的解 $u=u(t,x)$，满足

$$u \in L^2(0, T; H^2(\mathbf{R}^n)), \tag{2.11}$$

$$u_t \in L^2(0, T; L^2(\mathbf{R}^n)), \tag{2.12}$$

且有估计式

$$\int_0^T \|\Delta u(t,\cdot)\|^2_{L^2(\mathbf{R}^n)}dt \leqslant C_0\Big(\|\varphi\|^2_{H^1(\mathbf{R}^n)} + \int_0^T \|F(t,\cdot)\|^2_{L^2(\mathbf{R}^n)}dt\Big), \tag{2.13}$$

其中 $C_0>0$ 是一个与 T 无关的常数.

证 易知 $H^1(\mathbf{R}^n)$ 是一个可分空间，在其中任取一组基 $\{w_j\}$ $(j=1,2,\cdots)$. 对任何固定的 $m\in N$，在由 $\{w_1,\cdots,w_m\}$ 所张成的有限维空间中用下述的方法求近似解

$$u_m(t)=\sum_{i=1}^m g_{im}(t)w_i, \tag{2.14}$$

使其满足

$$(u'_m(t), w_j)+(\nabla u_m(t), \nabla w_j)=(F(t), w_j), \quad 1\leqslant j\leqslant m,\ t\in[0,T] \tag{2.15}$$

及

$$u_m(0)=u_{0m}=\sum_{i=1}^m \xi_{im}w_i, \tag{2.16}$$

并设当 $m\to\infty$ 时

$$u_{0m}=\sum_{i=1}^m \xi_{im}w_i \to \varphi \text{ 在 } H^1(\mathbf{R}^n) \text{ 中强收敛}. \tag{2.17}$$

在 (2.15) 式中，$(\cdot,\cdot)$ 表示在 $L^2(\mathbf{R}^n)$ 空间中的内积，而

$$\nabla=\left(\frac{\partial}{\partial x_1},\cdots,\frac{\partial}{\partial x_n}\right)$$

为梯度算子.

由 (2.14) 式，(2.15)—(2.16) 可改写为

$$\sum_{i=1}^{m} g'_{im}(t)(w_i, w_j) + \sum_{i=1}^{m} g_{im}(t)(\nabla w_i, \nabla w_j)$$
$$= (F(t), w_j), 1 \leqslant j \leqslant m, t \in [0,T] \quad (2.18)$$

及

$$g_{im}(0) = \xi_{im}, \quad 1 \leqslant i \leqslant m. \quad (2.19)$$

易知 $w_1, \cdots, w_m$ 的线性无关性等价于

$$\det|(w_i, w_j)| \neq 0, \quad (2.20)$$

于是，由常微分方程的理论立刻可得：此线性常微分方程组的 Cauchy 问题 (2.18)—(2.19) 在区间 $[0,T]$ 上存在唯一的解

$$g_{im}(t) \in H^1(0,T), \quad 1 \leqslant i \leqslant m, \quad (2.21)$$

从而近似解 $u_m(t)$ 可唯一决定，且

$$u_m(t) \in H^1(0, T; H^1(\mathbf{R}^n)). \quad (2.22)$$

下面对近似解的序列 $\{u_m(t)\}$ 进行估计.

用 $g_{jm}(t)$ 乘 (2.15) 式，并对 j 作和，立刻得到

$$\frac{1}{2}\frac{d}{dt}\|u_m(t)\|^2 + \|\nabla u_m(t)\|^2 = (F(t), u_m(t)), \quad (2.23)$$

这里及以后皆记 $\|\cdot\|$ 为 $L^2(\mathbf{R}^n)$ 空间中范数. 将上式在区间 $[0, t]$ 上积分，并注意到 (2.16) 式，就得到

$$\|u_m(t)\|^2 + 2\int_0^t \|\nabla u_m(\tau)\|^2 d\tau \leqslant \|u_{0m}\|^2 + \int_0^t \|F(\tau)\|^2 d\tau$$
$$+ \int_0^t \|u_m(\tau)\|^2 d\tau, \ 0 \leqslant t \leqslant T. \quad (2.24)$$

注意到 (2.10) 及 (2.17) 式，由上式可得

$$\|u_m(t)\|^2 \leqslant C(T) + \int_0^t \|u_m(\tau)\|^2 d\tau, \quad 0 \leqslant t \leqslant T, \quad (2.25)$$

这里及以后 $C(T) > 0$ 表示与 m 无关但可能与 T 有关的常数. 利用如下的

引理 2.1 (Gronwall 不等式) 若 $\Phi = \Phi(t)$ 满足不等式

$$\Phi(t) \leqslant \Phi_0 + \int_0^t \lambda(\tau)\Phi(\tau)d\tau, \lambda(t) \geqslant 0, \lambda \in L^1(0,T), \tag{2.26}$$

则

$$\Phi(t) \leqslant \Phi_0 \exp\left(\int_0^t \lambda(\tau)d\tau\right), \quad \forall t \in [0, T]. \tag{2.27}$$

由 (2.25) 式可得到

$$\{u_m(t)\} \in L^\infty(0, T; L^2(\mathbf{R}^n)) \text{ 中的有界集}, \tag{2.28}$$

再由 (2.24) 得到

$$\{\nabla u_m(t)\} \in L^2(0, T; L^2(\mathbf{R}^n)) \text{ 中的有界集}. \tag{2.29}$$

再用 $g'_{im}(t)$ 乘 (2.15) 式，并对 i 作和，可得

$$\|u'_m(t)\|^2 + \frac{1}{2}\frac{d}{dt}\|\nabla u_m(t)\|^2 = (F(t), u'_m(t)). \tag{2.30}$$

将上式在 $[0, t]$ 区间上对 t 积分，并利用 (2.16) 式，容易得到

$$\|\nabla u_m(t)\|^2 + \int_0^t \|u'_m(\tau)\|^2 d\tau$$

$$\leqslant \|\nabla u_{0m}\|^2 + \int_0^t \|F(\tau)\|^2 d\tau, 0 \leqslant t \leqslant T. \tag{2.31}$$

从而由 (2.10) 及 (2.17) 式可得

$$\{\nabla u_m(t)\} \in L^\infty(0, T; L^2(\mathbf{R}^n)) \text{ 中的有界集}, \tag{2.32}$$

$$\{u'_m(t)\} \in L^2(0, T; L^2(\mathbf{R}^n)) \text{ 中的有界集}. \tag{2.33}$$

从(2.28)及(2.32)—(2.33)式，由弱紧性可得：存在 $\{u_m(t)\}$ 的一个子序列 $\{u_\mu(t)\}$，使得当 $\mu \to \infty$ 时，

$$u_\mu(t) \xrightarrow{*} u(t) \text{ 在 } L^\infty(0, T; H^1(\mathbf{R}^n)) \text{中弱}*\text{收敛}, \tag{2.34}$$

$$u'_\mu(t) \longrightarrow u'(t) \text{ 在 } L^2(0, T; L^2(\mathbf{R}^n)) \text{ 中弱收敛}. \tag{2.35}$$

我们要证明 u 即为 Cauchy 问题 (2.6)-(2.7) 的解.

为此，在 (2.15) 式中取 $m = \mu \to \infty$，由 (2.34)—(2.35)易知对任何 $i \in N$ 有

$$(u'(t), w_i) + (\nabla u(t), \nabla w_i) = (F(t), w_i) \quad \text{在 } L^2(0,T) \text{ 中成立}. \tag{2.36}$$

注意到 $w_i \in H^1(\mathbf{R}^n)$，上式可改写为

$$\langle u'(t)-\Delta u(t),\, w_j\rangle = \langle F(t),\, w_j\rangle \text{ 在 } L^2(0, T) \text{ 中成立}, \tag{2.37}$$

其中$\langle\cdot,\cdot\rangle$表示在 $H^{-1}(\mathbf{R}^n)$ 及 $H^1(\mathbf{R}^n)$ 空间之间的对偶内积．再由于 $\{w_j\}(j=1, 2, \cdots)$ 是 $H^1(\mathbf{R}^n)$ 中的一组基，由 (2.37) 就得到

$$u'(t)-\Delta u(t) = F(t), \tag{2.38}$$

即 u 为方程 (2.6) 的解．

注意到由 (2.10) 及 (2.35) 式，有

$$u'(t) = \frac{\partial u}{\partial t} \text{ 及 } F \in L^2(0, T;\, L^2(\mathbf{R}^n)), \tag{2.39}$$

由 (2.6) 式就得到

$$\Delta u \in L^2(0, T;\, L^2(\mathbf{R}^n)), \tag{2.40}$$

从而由 (2.34) 式就容易得到

$$u \in L^2(0, T;\, H^2(\mathbf{R}^n)). \tag{2.41}$$

这就证明了 (2.11)—(2.12) 式．

再证明 u 满足初始条件 (2.7)．事实上，由 (2.34)—(2.35) 可得当 $\mu\to\infty$ 时

$$u_{0\mu} = u_\mu(0) \longrightarrow u(0) \text{ 在 } L^2(\mathbf{R}^n) \text{ 中弱收敛}, \tag{2.42}$$

再注意到 (2.17) 式，就得到

$$u(0) = \varphi, \tag{2.43}$$

这就是 (2.7) 式．

这就证明了 Cauchy 问题 (2.6)-(2.7) 的解的存在性．

分别将 u 或 u_t 与方程 (2.6) 的两端作 $L^2(\mathbf{R}^n)$ 空间中的内积，然后在区间 $[0, t]$ 上对 t 积分，和前面对近似解建立估计式的方法完全类似，可以得到如下的估计式：

$$\|u(t)\|^2 + \int_0^t \|\nabla u(\tau)\|^2 d\tau \leqslant C(T)\left(\|\varphi\|^2 + \int_0^t \|F(\tau)\|^2 d\tau\right), \quad 0 \leqslant t \leqslant T \tag{2.44}$$

及

$$\|\nabla u(t)\|^2 + \int_0^t \|u'(\tau)\|^2 d\tau \leqslant \|\nabla\varphi\|^2 + \int_0^t \|F(\tau)\|^2 d\tau, \quad 0 \leqslant t \leqslant T. \tag{2.45}$$

由 (2.44) 式，立刻可得 Cauchy 问题 (2.6)-(2.7) 的解的唯一性，从而整个近似解的序列 $\{u_m(t)\}$ 收敛．利用方程 (2.6)，由 (2.45) 式立刻可得所要求的估计式 (2.13)．定理 2.1 证毕．

设 V 及 H 分别为一 Banach 空间及一 Hilbert 空间，

$$V \subset H \quad 连续嵌入, \tag{2.46}$$

且 V 在 H 中稠密．将 H 与其对偶视为同一：$H' = H$，就有

$$V \subset H \subset V' \quad 连续嵌入, \tag{2.47}$$

其中 V' 表示 V 的对偶空间，且 H 在 V' 中稠密．我们有

引理 2.2 若

$$u(t) \in L^p(0, T; V), \quad u'(t) \in L^{p'}(0, T; V'), \tag{2.48}$$

其中

$$1 < p, p' < +\infty, 且\ \frac{1}{p} + \frac{1}{p'} = 1, \tag{2.49}$$

则必要时修改在区间 $[0, T]$ 的一个零测集上的数值后，恒有

$$u(t) \in C([0, T]; H), \tag{2.50}$$

且

$$\|u\|_{C([0,T];H)} \leqslant C(\|u\|_{L^p(0,T;V)} + \|u'\|_{L^{p'}(0,T;V')}), \tag{2.51}$$

其中 $C > 0$ 是一个常数．

特别在引理 2.2 中取 $p = p' = 2, V = H^2(\mathbf{R}^n), V' = L^2(\mathbf{R}^n), H = H^1(\mathbf{R}^n)$，由 (2.11)—(2.12) 式立刻得到

推论 2.1 对定理 2.1 所给出的 Cauchy 问题 (2.6)-(2.7) 的解，必要时适当修改在区间 $[0, T]$ 的一个零测集上的数值后，有

$$u \in C([0, T]; H^1(\mathbf{R}^n)). \tag{2.52}$$

下面我们在对初值 φ 及右端函数 F 的附加的正规性假设下，证明对 Cauchy 问题 (2.6)-(2.7) 的解的相应的正规性定理．

定理 2.2 若设

$$\varphi \in H^{s+1}(\mathbf{R}^n), F \in L^2(0, T; H^s(\mathbf{R}^n)), \tag{2.53}$$

其中 $s \geqslant 0$ 为一整数，则 Cauchy 问题 (2.6)-(2.7) 存在唯一的解 $u = u(t, x)$，满足

$$u \in L^2(0, T; H^{s+2}(\mathbf{R}^n)), \tag{2.54}$$

$$u_t \in L^2(0, T; H^s(\mathbf{R}^n)), \tag{2.55}$$

且估计式

$$\int_0^t \sum_{|k|=2} \|D_x^k u(t, \cdot)\|^2_{H^s(\mathbf{R}^n)} dt \leqslant C_0 \Big(\|\varphi\|^2_{H^{s+1}(\mathbf{R}^n)} + \int_0^t \|F(t, \cdot)\|^2_{H^s(\mathbf{R}^n)} dt \Big) \tag{2.56}$$

成立,其中 $C_0 > 0$ 是一个与 T 无关的常数,$k = (k_1, \cdots, k_n)$ 为多重指标,

$$|k| = k_1 + \cdots + k_n, \tag{2.57}$$

而

$$D_x^k = \frac{\partial^{|k|}}{\partial x_1^{k_1} \cdots \partial x_n^{k_n}}. \tag{2.58}$$

证 注意到对任意整数 $s \geqslant 0$,

$$C_1 \|\Delta u(t, \cdot)\|^2_{H^s(\mathbf{R}^n)} \leqslant \sum_{|k|=2} \|D_x^k u(t, \cdot)\|^2_{H^s(\mathbf{R}^n)} \leqslant C_2 \|\Delta u(t, \cdot)\|^2_{H^s(\mathbf{R}^n)}, \tag{2.59}$$

其中 C_1, C_2 为正常数,易见当 $s = 0$ 时定理 2.2 即化为定理 2.1. 而对一般的 $s \geqslant 0$,可以和定理 2.1 的证明完全类似地进行证明. 事实上,此时由 $H^{s+1}(\mathbf{R}^n)$ 是一个可分空间,可在其中任取一组基 $\{w_j\}(j = 1, 2, \cdots)$. 求近似解 (2.14) 使其满足

$$(u_m'(t), w_j)_{H^s(\mathbf{R}^n)} + (\nabla u_m(t), \nabla w_j)_{H^s(\mathbf{R}^n)} = (F(t), w_j)_{H^s(\mathbf{R}^n)}, \quad 1 \leqslant j \leqslant m \tag{2.60}$$

及 (2.16) 式,并要求当 $m \to \infty$ 时,

$$u_{0m} = \sum_{i=1}^m \xi_{im} w_i \longrightarrow \varphi \text{ 在 } H^{s+1}(\mathbf{R}^n) \text{ 中强收敛.} \tag{2.61}$$

在 (2.60) 式中,$(\cdot, \cdot)_{H^s(\mathbf{R}^n)}$ 表示 $H^s(\mathbf{R}^n)$ 空间中的内积. 同理可知此近似解 $u_m(t)$ 可唯一决定,且

$$u_m(t) \in H^1(0, T; H^{s+1}(\mathbf{R}^n)). \tag{2.62}$$

用类似于定理 2.1 中得到估计式 (2.24)及(2.31)的方法,可得

$$\|u_m(t)\|^2_{H^s(\mathbf{R}^n)} + 2\int_0^t \|\nabla u_m(\tau)\|^2_{H^s(\mathbf{R}^n)} d\tau$$

$$\leqslant \|u_{0m}\|^2_{H^s(\mathbf{R}^n)} + \int_0^t \|F(\tau)\|^2_{H^s(\mathbf{R}^n)} d\tau + \int_0^t \|u_m(\tau)\|^2_{H^s(\mathbf{R}^n)} d\tau,$$

$$0 \leqslant t \leqslant T, \quad (2.63)$$

$$\|\nabla u_m(t)\|^2_{H^s(\mathbf{R}^n)} + \int_0^t \|u'_m(\tau)\|^2_{H^s(\mathbf{R}^n)} d\tau$$

$$\leqslant \|\nabla u_{0m}\|^2_{H^s(\mathbf{R}^n)} + \int_0^t \|F(\tau)\|^2_{H^s(\mathbf{R}^n)} d\tau, 0 \leqslant t \leqslant T. \quad (2.64)$$

从而利用引理 2.1，并注意到 (2.53) 式，类似地可得

$$\{u_m(t)\} \in L^\infty(0, T; H^{s+1}(\mathbf{R}^n)) \text{ 中的有界集}, \quad (2.65)$$

$$\{u'_m(t)\} \in L^2(0, T; H^s(\mathbf{R}^n)) \text{ 中的有界集}. \quad (2.66)$$

于是由弱紧性可得：存在 $\{u_m(t)\}$ 的一个子列 $\{u_\mu(t)\}$，使得当 $\mu \to \infty$ 时，

$$u_\mu(t) \xrightarrow{*} u(t) \text{ 在 } L^\infty(0, T; H^{s+1}(\mathbf{R}^n)) \text{ 中弱 * 收敛}, \quad (2.67)$$

$$u'_\mu(t) \longrightarrow u'(t) \text{ 在 } L^2(0, T; H^s(\mathbf{R}^n)) \text{ 中弱收敛}. \quad (2.68)$$

于是在 (2.60) 式中取 $m = \mu \to \infty$，就得到对任何 $j \in \mathbf{N}$，在 $L^2(0, T)$ 中

$$(u'(t), w_j)_{H^s(\mathbf{R}^n)} + (\nabla u(t), \nabla w_j)_{H^s(\mathbf{R}^n)} = (F(t), w_j)_{H^s(\mathbf{R}^n)} \quad (2.69)$$

成立. 注意到 $w_j \in H^{s+1}(\mathbf{R}^n)$，并注意到若将 $H^s(\mathbf{R}^n)$ 与其对偶视为同一：$(H^s(\mathbf{R}^n))' = H^s(\mathbf{R}^n)$，则 $H^{s+1}(\mathbf{R}^n)$ 与 $H^{s-1}(\mathbf{R}^n)$ 互为对偶，于是上式可改写为

$$\langle u'(t) - \Delta u(t), w_j \rangle = \langle F(t), w_j \rangle \text{ 在 } L^2(0, T) \text{ 中成立}, \quad (2.70)$$

其中 $\langle \cdot, \cdot \rangle$ 表示在 $H^{s-1}(\mathbf{R}^n)$ 与 $H^{s+1}(\mathbf{R}^n)$ 空间之间的对偶内积. 由于 $\{w_j\}$ 是 $H^{s+1}(\mathbf{R}^n)$ 空间的一组基，由此立即得到 (2.38) 式，即 u 为方程 (2.6) 的解. 由 (2.53) 及 (2.68) 式，并利用方程 (2.6)，就得到 (2.55) 式及

$$\Delta u \in L^2(0, T; H^s(\mathbf{R}^n)). \quad (2.71)$$

再注意到 (2.67) 式及 (2.59) 式，就得到 (2.54) 式. 完全类似于定

理 2.1 中的证明，可证 u 满足初始条件 (2.7). 至于这种解的唯一性,则是定理 2.1 中的唯一性结果的一个显然的推论，由此可得整个近似解序列 $\{u_m(t)\}$ 的收敛性.

剩下来只须证明估计式 (2.56). 分别将 u 或 u_t 与方程 (2.6) 的两端作 $H^s(\mathbf{R}^n)$ 空间中的内积，然后在区间 $[0, t]$ 上对 t 积分,类似地可得到如下的估计式

$$\|u(t)\|^2_{H^s(\mathbf{R}^n)} + \int_0^t \|\nabla u(\tau)\|^2_{H^s(\mathbf{R}^n)} d\tau \leqslant C(T)\left(\|\varphi\|^2_{H^s(\mathbf{R}^n)} + \int_0^t \|F(\tau)\|^2_{H^s(\mathbf{R}^n)} d\tau\right), 0 \leqslant t \leqslant T \tag{2.72}$$

及

$$\|\nabla u\|^2_{H^s(\mathbf{R}^n)} + \int_0^t \|u'(\tau)\|^2_{H^s(\mathbf{R}^n)} d\tau \leqslant \|\nabla\varphi\|^2_{H^s(\mathbf{R}^n)} + \int_0^t \|F(\tau)\|^2_{H^s(\mathbf{R}^n)} d\tau, \quad 0 \leqslant t \leqslant T. \tag{2.73}$$

再利用方程 (2.6), 并注意到 (2.59) 式,由 (2.73) 式就立刻得到所要求的估计式 (2.56). 定理 2.2 证毕.

在引理 2.2 中取 $p = p' = 2$, $V = H^{s+2}(\mathbf{R}^n)$, $H = H^{s+1}(\mathbf{R}^n)$ 及 $V' = H^s(\mathbf{R}^n)$, 由 (2.54)—(2.55) 式就可得到

推论 2.2 对定理 2.2 中所给出的 Cauchy 问题 (2.6)-(2.7) 的解,必要时适当修改在区间 $[0, T]$ 的一个零测集上的数值后,有

$$u \in C([0, T]; H^{s+1}(\mathbf{R}^n)). \tag{2.74}$$

由此再利用方程 (2.6), 就可得到

推论 2.3 若进一步假设

$$F \in C([0, T]; H^{s-1}(\mathbf{R}^n)), \tag{2.75}$$

则必要时适当修改在区间 $[0, T]$ 的一个零测集上的数值后，对 Cauchy 问题 (2.6)-(2.7) 的解除 (2.74) 外,还有

$$u_t \in C([0, T]; H^{s-1}(\mathbf{R}^n)). \tag{2.76}$$

§3 n 维齐次热传导方程的 Cauchy 问题
——解的衰减估计

现在我们对 n 维齐次热传导方程的 Cauchy 问题(2.1)-(2.2)，利用其解的表达式 (2.3) 或 (2.4)，建立解当 $t\to+\infty$时的一些有关衰减性的估计，为下文的讨论作好准备.

定理3.1 设$N\geqslant 0$ 为一个任意的整数，对 n 维齐次热传导方程的 Cauchy 问题 (2.1)-(2.2) 的解 (2.4)，在右端所出现的范数有意义的条件下，估计式

$$\|S(t)\varphi\|_{W^{N,\infty}(\mathbf{R}^n)}\leqslant C_0(1+t)^{-\frac{n}{2}}\|\varphi\|_{W^{N+n+1,1}(\mathbf{R}^n)},\quad \forall t\geqslant 0 \tag{3.1}$$

及

$$\|S(t)\varphi\|_{W^{N,1}(\mathbf{R}^n)}\leqslant \|\varphi\|_{W^{N,1}(\mathbf{R}^n)},\quad \forall t\geqslant 0, \tag{3.2}$$

成立，其中 C_0 为一个与 t 无关的正常数.

证 由 (2.3) 式，并注意到当 $\varphi\equiv 1$ 时解

$$u=S(t)1\equiv 1, \tag{3.3}$$

就有

$$\frac{1}{(2\sqrt{\pi t})^n}\int_{\mathbf{R}^n} e^{-\frac{|x-\xi|^2}{4t}}\,d\xi=1, \tag{3.4}$$

从而由 (2.3) 式易知

$$\|u(t)\|_{L^\infty(\mathbf{R}^n)}\leqslant Ct^{-\frac{n}{2}}\|\varphi\|_{L^1(\mathbf{R})},\quad \forall t>0 \tag{3.5}$$

及

$$\|u(t)\|_{L^1(\mathbf{R}^n)}\leqslant \|\varphi\|_{L^1(\mathbf{R}^n)},\quad \forall t\geqslant 0, \tag{3.6}$$

成立，其中C 为与 t 无关的常数.

再由通常的能量积分方法，即对任意整数 $s\geqslant 0$，将 u 与方程 (2.1) 的两端作 $H^s(\mathbf{R}^n)$ 空间中的内积，再在区间 $[0,t]$ 上对 t 积分，容易得到

$$\|u(t)\|_{H^s(\mathbf{R}^n)}\leqslant \|\varphi\|_{H^s(\mathbf{R}^n)},\quad \forall t\geqslant 0,\ \forall s\geqslant 0 \text{ 为整数}. \tag{3.7}$$

于是由 Sobolev 嵌入定理(参见 J. L. Lions[1])，就得到

$$\|u(t)\|_{L^\infty(\mathbf{R}^n)} \leqslant C_1\|u(t)\|_{H^{[\frac{n}{2}]+1}(\mathbf{R}^n)} \leqslant C_1\|\varphi\|_{H^{[\frac{n}{2}]+1}(\mathbf{R}^n)}$$

$$\leqslant C_2\|\varphi\|_{W^{n+1,1}(\mathbf{R}^n)}, \quad \forall t \geqslant 0, \tag{3.8}$$

这里，C_1 及 C_2 为正常数.

联合(3.5)及(3.8)式,就可得到

$$\|u(t)\|_{L^\infty(\mathbf{R}^n)} \leqslant C_3(1+t)^{-\frac{n}{2}}\|\varphi\|_{W^{n+1,1}(\mathbf{R}^n)}, \quad \forall t \geqslant 0, \tag{3.9}$$

其中 C_3 为一个与 t 无关的正常数.

再注意到对任何多重指标 k，$v = D_x^k u$ 是下述 Cauchy 问题

$$\begin{cases} v_t - \Delta v = 0, \\ t = 0: v = D_x^k \varphi \end{cases} \tag{3.10}$$

的解，由(3.9)及(3.6)就立刻得到所要求的(3.1)—(3.2)式. 定理 3.1 证毕.

对 Cauchy 问题(3.10)应用估计式(3.5)，就得到

$$\|S(t)\varphi\|_{W^{N,\infty}(\mathbf{R}^n)} \leqslant Ct^{-\frac{n}{2}}\|\varphi\|_{W^{N,1}(\mathbf{R}^n)}, \quad \forall t > 0. \tag{3.11}$$

(3.11)式或(3.1)式表明,对 n 维齐次热传导方程的 Cauchy 问题(2.1)-(2.2)的解,当 $t\to\infty$时，其 $W^{N,\infty}(\mathbf{R}^n)$ 空间的范数具有象 $t^{-\frac{n}{2}}$ 一样阶数的衰减性,而(3.2)式表明其 $W^{N,1}(\mathbf{R}^n)$ 空间的范数不衰减. 对 Cauchy 问题(2.1)-(2.2)的解,其在 $W^{N,q}(\mathbf{R}^n)$ $(1<q<+\infty)$ 空间中的范数也具有相应的衰减性. 事实上，我们有如下的

定理 3.2 设$N\geqslant 0$为一个任意的整数,对 n 维齐次热传导方程的 Cauchy 问题(2.1)-(2.2)的解(2.4)，在右端所出现的范数有意义的条件下,以下的估计式

$$\|S(t)\varphi\|_{W^{N,q}(\mathbf{R}^n)} \leqslant C_0 t^{-\frac{n}{2}\left(\frac{1}{p}-\frac{1}{q}\right)}\|\varphi\|_{W^{N,p}(\mathbf{R}^n)}, \quad \forall t > 0 \tag{3.12}$$

成立,其中 C_0 是一个与 t 无关的常数,而

$$1 < p,\ q < +\infty. \tag{3.13}$$

为证明此定理，需要以下的(参见 Jöran Bergh 和 Jörgen Löfström[1])

引理 3.1 (Young 不等式) 设

$$K \in L^\rho(\mathbf{R}^n), \quad \varphi \in L^p(\mathbf{R}^n), \tag{3.14}$$

而

$$1 < p < \rho', \tag{3.15}$$

其中 ρ' 表示 ρ 的共轭数:

$$\frac{1}{\rho} + \frac{1}{\rho'} = 1, \tag{3.16}$$

则

$$K * \varphi \in L^q(\mathbf{R}^n), \tag{3.17}$$

且

$$\|K * \varphi\|_{L^q(\mathbf{R}^n)} \leqslant \|K\|_{L^\rho(\mathbf{R}^n)} \|\varphi\|_{L^p(\mathbf{R}^n)}, \tag{3.18}$$

其中 q 满足

$$1 - \frac{1}{\rho} = \frac{1}{p} - \frac{1}{q}. \tag{3.19}$$

现在证明定理 3.2. 由 (2.3) 式,有

$$u(t) = S(t)\varphi = K_t * \varphi, \tag{3.20}$$

而

$$K_t(x) = \frac{1}{(2\sqrt{\pi t})^n} e^{-\frac{|x|^2}{4t}}. \tag{3.21}$$

易知有

$$\|K_t\|_{L^\rho(\mathbf{R}^n)} \leqslant C_\rho t^{-\frac{n}{2}\left(1-\frac{1}{\rho}\right)}, \tag{3.22}$$

其中 C_ρ 为一个与 ρ 有关的正常数. 对任何满足 (3.13) 式的 p 及 q, 由 (3.19) 式所决定的 ρ 一定满足 (3.15) 式,于是由 Young 不等式 (3.18), 并注意到 (3.22) 及 (3.19) 式,就得到

$$\|S(t)\varphi\|_{L^q(\mathbf{R}^n)} \leqslant C t^{-\frac{n}{2}\left(\frac{1}{p}-\frac{1}{q}\right)} \|\varphi\|_{L^p(\mathbf{R}^n)}, \quad \forall t > 0, \tag{3.23}$$

由此易得所要求的 (3.12) 式. 定理 3.2 证毕.

§4 关于乘积函数和复合函数的一些估计式

为了讨论非线性问题的需要，在这里我们列出有关乘积函数

及复合函数的一些有用的估计式. 这些不等式不仅在本章的讨论中要用到,而且在今后几章的讨论中也要经常用到.

首先我们不加证明地列出以下一些引理, 然后据此证明有关乘积函数和复合函数的一些估计式.

引理 4.1 (**Hölder 不等式**) 若 $f_i \in L^{p_i}(\mathbf{R}^n)$, $1 \leqslant p_i \leqslant +\infty$ $(i=1,\cdots,N)$, 且

$$\frac{1}{p}=\sum_{i=1}^{N}\frac{1}{p_i},\quad 1\leqslant p\leqslant +\infty, \tag{4.1}$$

则

$$\prod_{i=1}^{N} f_i \in L^p(\mathbf{R}^n), \tag{4.2}$$

且成立

$$\|\prod_{i=1}^{N} f_i\|_{L^p(\mathbf{R}^n)} \leqslant \prod_{i=1}^{N}\|f_i\|_{L^{p_i}(\mathbf{R}^n)}. \tag{4.3}$$

引理 4.2 设 $f\in W^{m,p}(\mathbf{R}^n)$, 其中 $m>0$ 为整数, $1\leqslant p\leqslant +\infty$, 则对任何 $\varepsilon>0$, 有

$$\|D^i f\|_{L^p(\mathbf{R}^n)} \leqslant K\varepsilon\|D^m f\|_{L^p(\mathbf{R}^n)} + K\varepsilon^{-\frac{i}{m-i}}\|f\|_{L^p(\mathbf{R}^n)}, \tag{4.4}$$

其中K为与ε无关的正常数, $0\leqslant i<m$, 而 $D^i f$ 及 $D^m f$ 分别表示函数 f 的一切 i 阶及m阶偏导数所构成的集合.

引理 4.3 设 $f\in W^{m,p}(\mathbf{R}^n)$, 其中$m>0$为整数, 则对任何 $i(0\leqslant i\leqslant m)$,

$$\|D^i f\|_{L^p(\mathbf{R}^n)} \leqslant C\|f\|_{L^p(\mathbf{R}^n)}^{1-\frac{i}{m}}\ \|D^m f\|_{L^p(\mathbf{R}^n)}^{\frac{i}{m}}, \tag{4.5}$$

其中C为一正常数, 而 $D^i f$ 及 $D^m f$ 分别表示函数 f 的一切 i 阶及m阶偏导数所构成的集合.

引理 4.2 及引理 4.3 的证明见 R. A. Adams [1].

引理 4.4 (**Nirenberg 不等式**) 设 $f\in L^p(\mathbf{R}^n)$, $D^m f\in L^q(\mathbf{R}^n)$, $1\leqslant p,\ q\leqslant +\infty$, 则对任何 $i(0\leqslant i\leqslant m)$, 有

$$\|D^i f\|_{L^r(\mathbf{R}^n)} \leqslant C\|f\|^{1-\frac{i}{m}}_{L^p(\mathbf{R}^n)} \|D^m f\|^{\frac{i}{m}}_{L^q(\mathbf{R}^n)}, \tag{4.6}$$

其中

$$\frac{1}{r} = \left(1 - \frac{i}{m}\right)\frac{1}{p} + \frac{i}{m}\frac{1}{q}. \tag{4.7}$$

引理 4.4 的证明见 L. Nirenberg[1].

现在我们证明

定理 4.1 设

$$\frac{1}{r} = \frac{1}{p} + \frac{1}{q}, \quad 1 \leqslant p, \ q, \ r \leqslant +\infty. \tag{4.8}$$

对任意给定的整数 $s \geqslant 0$，若设

$$f \in W^{s,p}(\mathbf{R}^n), \quad g \in W^{s,q}(\mathbf{R}^n), \tag{4.9}$$

则

$$\|D^s(fg)\|_{L^r(\mathbf{R}^n)} \leqslant C_s(\|f\|_{L^p(\mathbf{R}^n)} \cdot \|D^s g\|_{L^q(\mathbf{R}^n)} + \|D^s f\|_{L^p(\mathbf{R}^n)} \cdot \|g\|_{L^q(\mathbf{R}^n)}) \tag{4.10}$$

及当 $s \geqslant 1$ 时

$$\|D^s(fg) - f \cdot D^s g\|_{L^r(\mathbf{R}^n)} \leqslant C_s(\|Df\|_{L^p(\mathbf{R}^n)} \cdot \|D^{s-1}g\|_{L^q(\mathbf{R}^n)} + \|D^s f\|_{L^p(\mathbf{R}^n)} \cdot \|g\|_{L^q(\mathbf{R}^n)}), \tag{4.11}$$

其中 C_s 为一个与 s 有关的正常数.

证 首先证明 (4.10) 式. 显然,

$$D^s(fg) = \sum_{\substack{i+j=s \\ i,j\geqslant 0}} C_{ij} D^i f \cdot D^j g, \tag{4.12}$$

其中 C_{ij} 为常数. 于是由 Hölder 不等式 (4.3), 有

$$\|D^s(fg)\|_{L^r(\mathbf{R}^n)} \leqslant C_s \sum_{i+j=s} \|D^i f\|_{L^p(\mathbf{R}^n)} \cdot \|D^j g\|_{L^q(\mathbf{R}^n)}. \tag{4.13}$$

再利用 (4.5) 式(在其中取 $m = s$), 就得到

$$\|D^i f\|_{L^p(\mathbf{R}^n)} \leqslant C\|f\|^{1-\frac{i}{s}}_{L^p(\mathbf{R}^n)} \cdot \|D^s f\|^{\frac{i}{s}}_{L^p(\mathbf{R}^n)}, \tag{4.14}$$

$$\|D^j g\|_{L^q(\mathbf{R}^n)} \leqslant C\|g\|^{1-\frac{j}{s}}_{L^q(\mathbf{R}^n)} \cdot \|D^s g\|^{\frac{j}{s}}_{L^q(\mathbf{R}^n)}, \tag{4.15}$$

这里及以后,若无特别说明, C 恒表示一个适当的常数. 将之代入

(4.13) 式，并注意到

$$\frac{i}{s}+\frac{j}{s}=1, \tag{4.16}$$

就得到

$$\|D^s(fg)\|_{L^r(\mathbf{R}^n)}\leqslant C_s\sum_{i+j=s}(\|D^sf\|_{L^p(\mathbf{R}^n)}\cdot\|g\|_{L^q(\mathbf{R}^n)})^{\frac{i}{s}}$$

$$\cdot(\|f\|_{L^p(\mathbf{R}^n)}\cdot\|D^sg\|_{L^q(\mathbf{R}^n)})^{\frac{j}{s}}. \tag{4.17}$$

再利用不等式

$$ab\leqslant\frac{1}{\bar{p}}a^{\bar{p}}+\frac{1}{\bar{q}}b^{\bar{q}}\ \left(a,\ b\geqslant 0,\ \frac{1}{\bar{p}}+\frac{1}{\bar{q}}=1,\ 1\leqslant\bar{p},\ \bar{q}\leqslant\infty\right), \tag{4.18}$$

并由 (4.16) 式取 $\bar{p}=\frac{s}{i}$，$\bar{q}=\frac{s}{j}$ 就可由 (4.17) 式得到 (4.10) 式.

下面证明 (4.11) 式. 由于

$$D^s(fg)-fD^sg=\sum_{\substack{i+j=s-1\\ i,j\geqslant 0}}C_{ij}D^i(Df)D^jg, \tag{4.19}$$

完全仿照前面由 (4.12) 式证明 (4.10) 式的过程，由 (4.19) 式就可推出 (4.11) 式. 定理 4.1 证毕.

在定理 4.1 中，不等式(4.10)—(4.11)的右端同时出现了 f 或 g 的最高阶导数在 $L^p(\mathbf{R}^n)$ 及 $L^q(\mathbf{R}^n)$ 空间中的范数，这在应用时有时是不方便的，更为有用的是

定理 4.2 仍设 (4.8) 式成立，则在右端出现的范数有意义的条件下，对任意给定的整数 $s\geqslant 0$，

$$\|D^s(fg)\|_{L^r(\mathbf{R}^n)}\leqslant C_s(\|f\|_{L^p(\mathbf{R}^n)}\cdot\|D^sg\|_{L^q(\mathbf{R}^n)}+\|D^sf\|_{L^q(\mathbf{R}^n)}\cdot\|g\|_{L^p(\mathbf{R}^n)}) \tag{4.20}$$

及当 $s\geqslant 1$ 时

$$\|D^s(fg)-f\cdot D^sg\|_{L^r(\mathbf{R}^n)}\leqslant C_s(\|Df\|_{L^p(\mathbf{R}^n)}\cdot\|D^{s-1}g\|_{L^q(\mathbf{R}^n)}$$

$$+\|D^sf\|_{L^q(\mathbf{R}^n)}\cdot\|g\|_{L^p(\mathbf{R}^n)}), \tag{4.21}$$

其中 C_s 是一个与 s 有关的正常数.

证　首先证明(4.20)式。仍由(4.12)式，并利用 Hölder 不等式(4.3)，可得

$$\|D^s(fg)\|_{L^r(\mathbf{R}^n)}\leqslant C_s\sum_{i+j=s}\|D^if\|_{L^{r_1}(\mathbf{R}^n)}\cdot\|D^jg\|_{L^{r_2}(\mathbf{R}^n)},\tag{4.22}$$

这里 $1\leqslant r_1, r_2\leqslant+\infty$，且

$$\frac{1}{r_1}+\frac{1}{r_2}=\frac{1}{r}.\tag{4.23}$$

特别取 r_1 及 r_2 满足

$$\frac{1}{r_1}=\left(1-\frac{i}{s}\right)\frac{1}{p}+\frac{i}{s}\frac{1}{q},\tag{4.24}$$

$$\frac{1}{r_2}=\left(1-\frac{j}{s}\right)\frac{1}{p}+\frac{j}{s}\frac{1}{q},\tag{4.25}$$

于是由 Nirenberg 不等式(4.6)(在其中取 $m=s$)，有

$$\|D^if\|_{L^{r_1}(\mathbf{R}^n)}\leqslant C\|f\|^{1-\frac{i}{s}}_{L^p(\mathbf{R}^n)}\cdot\|D^sf\|^{\frac{i}{s}}_{L^q(\mathbf{R}^n)},\tag{4.26}$$

$$\|D^jg\|_{L^{r_2}(\mathbf{R}^n)}\leqslant C\|g\|^{1-\frac{j}{s}}_{L^p(\mathbf{R}^n)}\cdot\|D^sg\|^{\frac{j}{s}}_{L^q(\mathbf{R}^n)},\tag{4.27}$$

将(4.26)—(4.27)代入(4.22)式，类似于定理 4.1 中的证明，立即可得所要求的(4.20)式。

至于(4.21)式，可利用(4.19)式用完全类似的方法得到。定理 4.2 证毕。

推论 4.1　假设(4.8)式成立，则在右端出现的范数有意义的条件下，对任意给定的整数 $s\geqslant0$，

$$\|fg\|_{W^{s,r}(\mathbf{R}^n)}\leqslant C_s(\|f\|_{L^p(\mathbf{R}^n)}\cdot\|g\|_{W^{s,q}(\mathbf{R}^n)}+\|f\|_{W^{s,q}(\mathbf{R}^n)}\cdot\|g\|_{L^p(\mathbf{R}^n)}).\tag{4.28}$$

定理 4.3　设 $F=F(w)$ 充分光滑，并满足

$$F(0)=0,\tag{4.29}$$

其中 $w=(w_1,\cdots,w_N)$。对任何整数 $s\geqslant0$，若向量函数

$$w=w(x)\in W^{s,p}(\mathbf{R}^n),\quad 1\leqslant p\leqslant+\infty,\tag{4.30}$$

且

$$\|w\|_{L^\infty(\mathbf{R}^n)}\leqslant M,\tag{4.31}$$

则
$$F(w)\in W^{s,p}(\mathbf{R}^n),\tag{4.32}$$
且
$$\|F(w)\|_{W^{s,p}(\mathbf{R}^n)}\leqslant C(M)\|w\|_{W^{s,p}(\mathbf{R}^n)},\tag{4.33}$$
其中 $C(M)$ 是一个与M有关的常数.

证 在 $s=0$ 时，由 (4.29) 及 (4.31) 式，易见 (4.33) 成立. 现在证明在 $s\geqslant 1$ 时，(4.33) 式同样成立. 为此只需证明：对任何整数 $s\geqslant 1$，(此时不需要条件 (4.29))
$$\|D^sF(w)\|_{L^p(\mathbf{R}^n)}\leqslant C(M)\|D^sw\|_{L^p(\mathbf{R}^n)}.\tag{4.34}$$

为叙述方便起见，下面仅对 $w=w(x)$ 为数量函数的情形进行证明. 在w为向量函数的情形，证明是完全类似的. 由复合函数求导法则，容易得到
$$\|D^sF(w)\|_{L^p(\mathbf{R}^n)}\leqslant C\sum_{1\leqslant\rho\leqslant s}\Big\|\frac{\partial^\rho F(w)}{\partial w^\rho}\cdot(Dw)^{\alpha_1}(D^2w)^{\alpha_2}\cdots(D^sw)^{\alpha_s}\Big\|_{L^p(\mathbf{R}^n)},\tag{4.35}$$
其中
$$\alpha_1+\alpha_2+\cdots+\alpha_s=\rho,\tag{4.36}$$
$$1\cdot\alpha_1+2\cdot\alpha_2+\cdots+s\cdot\alpha_s=s.\tag{4.37}$$
注意到 (4.31) 式，利用 Hölder 不等式 (4.3) $\left(在其中取\ p_i=\frac{sp}{i\alpha_i}\right)$，由 (4.35) 式可得
$$\begin{aligned}\|D^sF(w)\|_{L^p(\mathbf{R}^n)}&\leqslant C(M)\sum_{1\leqslant\rho\leqslant s}\|(Dw)^{\alpha_1}\|_{L^{p_1}(\mathbf{R}^n)}\cdot\|(D^2w)^{\alpha_2}\|_{L^{p_2}(\mathbf{R}^n)}\cdots\|(D^sw)^{\alpha_s}\|_{L^{p_s}(\mathbf{R}^n)}\\&\leqslant C(M)\sum_{1\leqslant\rho\leqslant s}\prod_{i=1}^{s}\|D^iw\|^{\alpha_i}_{L^{\frac{sp}{i}}(\mathbf{R}^n)}.\end{aligned}\tag{4.38}$$
再由 Nirenberg 不等式 (4.6) (在其中取 $m=s$, $p=\infty$, $q=p$, $r=\frac{sp}{i}$)，并注意到 (4.31) 式，就有

$$\|D^i w\|_{L^{\frac{sp}{i}}(\mathbf{R}^n)} \leqslant C\|w\|^{1-\frac{i}{s}}_{L^\infty(\mathbf{R}^n)} \cdot \|D^s w\|^{\frac{i}{s}}_{L^p(\mathbf{R}^n)}$$

$$\leqslant C(M)\|D^s w\|^{\frac{i}{s}}_{L^p(\mathbf{R}^n)}. \tag{4.39}$$

代入(4.38)式，并注意到(4.37)，就得到所要求的(4.33)式. 定理4.3证毕.

定理 4.4 设 $F = F(w)$ 充分光滑，其中 $w = (w_1, \cdots, w_N)$. 并设当

$$|w| \leqslant \nu_0 \tag{4.40}$$

时成立

$$F(w) = O(|w|^{1+\alpha}), \quad \alpha \geqslant 1 \text{ 为整数}. \tag{4.41}$$

对任何整数 $s \geqslant 0$，若向量函数 $w = w(x)$ 满足

$$\|w\|_{L^\infty(\mathbf{R}^n)} \leqslant \nu_0, \tag{4.42}$$

且使下述不等式右端出现的范数有意义，则

$$\|F(w)\|_{W^{s,r}(\mathbf{R}^n)} \leqslant C_s\|w\|_{W^{s,q}(\mathbf{R}^n)}\|w\|_{L^p(\mathbf{R}^n)} \cdot \|w\|^{\alpha-1}_{L^\infty(\mathbf{R}^n)}, \tag{4.43}$$

其中 C_s 是一个正常数(可与 ν_0 有关)，而

$$\frac{1}{r} = \frac{1}{p} + \frac{1}{q}, \quad 1 \leqslant p,\ q,\ r \leqslant +\infty. \tag{4.44}$$

证 条件(4.41)隐含着

$$F(0) = F'(0) = \cdots = F^{(\alpha)}(0) = 0, \quad F^{(1+\alpha)}(0) \neq 0, \tag{4.45}$$

于是可将 $F = F(w)$ 改写为

$$F(w) = H(w)w^{1+\alpha}, \tag{4.46}$$

而

$$H(0) \neq 0. \tag{4.47}$$

记

$$G(w) = H(w)w, \tag{4.48}$$

就有

$$G(0)=0, \tag{4.49}$$

而

$$F(w)=G(w)w^{\alpha}. \tag{4.50}$$

利用 (4.28) 式，由上式可得

$$\|F(w)\|_{W^{s,r}(\mathbf{R}^n)}\leqslant C_s(\|G(w)\|_{L^p(\mathbf{R}^n)}\cdot\|w^{\alpha}\|_{W^{s,q}(\mathbf{R}^n)}$$
$$+\|G(w)\|_{W^{s,q}(\mathbf{R}^n)}\cdot\|w^{\alpha}\|_{L^p(\mathbf{R}^n)}). \tag{4.51}$$

再对函数 $G(w)$ 应用 (4.33) 式，有

$$\|G(w)\|_{L^p(\mathbf{R}^n)}\leqslant C(\nu_0)\|w\|_{L^p(\mathbf{R}^n)}, \tag{4.52}$$

$$\|G(w)\|_{W^{s,q}(\mathbf{R}^n)}\leqslant C(\nu_0)\|w\|_{W^{s,q}(\mathbf{R}^n)}. \tag{4.53}$$

又反复利用 (4.28) 式(其中取 $r=q$, $p=\infty$)，可得

$$\|w^{\alpha}\|_{W^{s,q}(\mathbf{R}^n)}\leqslant C\|w\|_{W^{s,q}(\mathbf{R}^n)}\cdot\|w\|^{\alpha-1}_{L^\infty(\mathbf{R}^n)}, \tag{4.54}$$

又显然有

$$\|w^{\alpha}\|_{L^p(\mathbf{R}^n)}\leqslant C\|w\|_{L^p(\mathbf{R}^n)}\cdot\|w\|^{\alpha-1}_{L^\infty(\mathbf{R}^n)}. \tag{4.55}$$

将 (4.52)—(4.55) 代入 (4.51) 式，就得到所要求的估计式 (4.43). 定理 4.4 证毕.

在定理 4.4 中分别取

$$r=2,\ q=2,\ p=\infty,$$
$$r=1,\ q=2,\ p=2$$

及

$$r=1,\ q=1,\ p=\infty,$$

就可得到

推论 4.2 在定理 4.4 的假定下，

$$\|F(w)\|_{H^s(\mathbf{R}^n)}\leqslant C_s\|w\|_{H^s(\mathbf{R}^n)}\cdot\|w\|^{\alpha}_{L^\infty(\mathbf{R}^n)}, \tag{4.56}$$

$$\|F(w)\|_{W^{s,1}(\mathbf{R}^n)}\leqslant C_s\|w\|_{H^s(\mathbf{R}^n)}\cdot\|w\|_{L^2(\mathbf{R}^n)}\cdot\|w\|^{\alpha-1}_{L^\infty(\mathbf{R}^n)} \tag{4.57}$$

及

$$\|F(w)\|_{W^{s,1}(\mathbf{R}^n)}\leqslant C_s\|w\|_{W^{s,1}(\mathbf{R}^n)}\cdot\|w\|^{\alpha}_{L^\infty(\mathbf{R}^n)}, \tag{4.58}$$

其中 C_s 是一个正常数(可与 ν_0 有关).

推论 4.3 设 $G=G(w)$ 充分光滑，其中 $w=(w_1,\cdots,w_N)$.

并设当 (4.40) 式成立时有

$$G(w)=O(|w|^{\alpha}),\ \alpha\geqslant 1\ \text{为整数}. \tag{4.59}$$

对任何整数 $s\geqslant 0$，若向量函数 $w=w(x)$ 满足 (4.42) 式，且使下述不等式右端出现的范数有意义，则

$$\|G(w)\|_{W^{s,p}(\mathbf{R}^n)}\leqslant C_s\|w\|_{W^{s,p}(\mathbf{R}^n)}\cdot\|w\|^{\alpha-1}_{L^{\infty}(\mathbf{R}^n)}, \tag{4.60}$$

其中 C_s 是一个正常数（可与 ν_0 有关），而 $1\leqslant p\leqslant+\infty$.

证 在 $\alpha=1$ 时，(4.60) 式即化为 (4.33) 式；而在 $\alpha>1$ 时，由不等式 (4.43)（在其中取 r 及 $q=p$，而 $p=\infty$），亦可得到 (4.60) 式.

定理 4.5 设 $F=F(w)$ 充分光滑，其中 $w=(w_1,\cdots,w_N)$，并设 (4.41) 式成立. 若向量函数 $w=\bar{w}(x)$ 及 $w=\bar{\bar{w}}(x)$ 分别满足 (4.42) 式，且使下述不等式右端出现的范数有意义，则

$$\begin{aligned}\|F(\bar{w})-F(\bar{\bar{w}})\|_{W^{s,r}(\mathbf{R}^n)}\leqslant &C_s\{\|w^*\|_{L^p(\mathbf{R}^n)}(\|\bar{w}\|_{W^{s,q}(\mathbf{R}^n)}+\|\bar{\bar{w}}\|_{W^{s,q}(\mathbf{R}^n)})\\&+\|w^*\|_{W^{s,q}(\mathbf{R}^n)}(\|\bar{w}\|_{L^p(\mathbf{R}^n)}+\|\bar{\bar{w}}\|_{L^p(\mathbf{R}^n)})\}\\&\cdot(\|\bar{w}\|_{L^\infty(\mathbf{R}^n)}+\|\bar{\bar{w}}\|_{L^\infty(\mathbf{R}^n)})^{\alpha-1},\end{aligned} \tag{4.61}$$

其中记

$$w^*=\bar{w}-\bar{\bar{w}}, \tag{4.62}$$

$p,\ q,\ r$ 满足 (4.8) 式，而 C_s 是一个正常数（可与 ν_0 有关）.

证 由 (4.41) 式易知

$$F(\bar{w})-F(\bar{\bar{w}})=G(\bar{w},\ \bar{\bar{w}})w^*, \tag{4.63}$$

而

$$G(\bar{w},\bar{\bar{w}})=O(|\bar{w}|^{\alpha}+|\bar{\bar{w}}|^{\alpha}). \tag{4.64}$$

由 (4.28) 式，有

$$\begin{aligned}\|F(\bar{w})-F(\bar{\bar{w}})\|_{W^{s,r}(\mathbf{R}^n)}\leqslant &C(\|G(\bar{w},\bar{\bar{w}})\|_{L^p(\mathbf{R}^n)}\cdot\|w^*\|_{W^{s,q}(\mathbf{R}^n)}\\&+\|G(\bar{w},\bar{\bar{w}})\|_{W^{s,q}(\mathbf{R}^n)}\cdot\|w^*\|_{L^p(\mathbf{R}^n)}).\end{aligned} \tag{4.65}$$

再对 $G(\bar{w},\ \bar{\bar{w}})$ 应用 (4.60) 式，有

$$\begin{aligned}\|G(\bar{w},\bar{\bar{w}})\|_{L^p(\mathbf{R}^n)}\leqslant &C(\|\bar{w}\|_{L^p(\mathbf{R}^n)}+\|\bar{\bar{w}}\|_{L^p(\mathbf{R}^n)})\\&\cdot(\|\bar{w}\|_{L^\infty(\mathbf{R}^n)}+\|\bar{\bar{w}}\|_{L^\infty(\mathbf{R})^n})^{\alpha-1}\end{aligned} \tag{4.66}$$

及

$$\|G\ (\bar{w},\ \bar{\bar{w}})\|_{W^{s,q}(\mathbf{R}^n)}\leqslant C(\|\bar{w}\|_{W^{s,q}(\mathbf{R}^n)}+\|\bar{\bar{w}}\|_{W^{s,q}(\mathbf{R}^n)})$$

$$\cdot(\|\bar{w}\|_{L^\infty(\mathbb{R}^n)} + \|\bar{\bar{w}}\|_{L^\infty(\mathbb{R}^n)})^{\alpha-1}. \tag{4.67}$$

将 (4.66)—(4.67) 代入 (4.65), 就得到所要求的 (4.61) 式. 定理 4.5 证毕.

§5 n 维非线性热传导方程的 Cauchy 问题

5.1 引言

在本节中我们考察下述 n 维非线性热传导方程的 Cauchy 问题

$$\begin{cases} u_t - \Delta u = F(u, D_x u, D_x^2 u) \left(\Delta = \dfrac{\partial^2}{\partial x_1^2} + \cdots + \dfrac{\partial^2}{\partial x_n^2} \right), & (5.1) \\ t = 0: \ u = \varphi(x) \ (x = (x_1, \cdots, x_n)), & (5.2) \end{cases}$$

这里记

$$D_x u = (u_{x_1}, \cdots, u_{x_n}) = (u_{x_i}, \ i = 1, \cdots, n), \tag{5.3}$$

$$D_x^2 u = (u_{x_i x_j}, \ i, \ j = 1, \cdots, n). \tag{5.4}$$

对方程 (5.1) 中的非线性项 F 加以如下的假定: 设

$$\hat{\lambda} = (\lambda; \ (\lambda_i), \ i = 1, \cdots, n; \ (\lambda_{ij}), \ i, \ j = 1, \cdots, n), \tag{5.5}$$

则

$$F = F(\hat{\lambda}) \text{ 在 } \hat{\lambda} = 0 \text{ 的一个邻域,例如在 } |\hat{\lambda}| \leqslant 1 \text{ 中适当光滑}, \tag{5.6}$$

并满足

$$F(0) = F'(0) = \cdots = F^{(\alpha)}(0) = 0, \tag{5.7}$$

其中 $\alpha \geqslant 1$ 为整数,从而在 $\hat{\lambda}=0$ 的一个邻域,仍不妨设在 $|\hat{\lambda}| \leqslant 1$ 中有

$$F(\hat{\lambda}) = O(|\hat{\lambda}|^{1+\alpha}). \tag{5.8}$$

下面我们要利用前几节中已建立的结果证明: 若空间的维数

$$n > \frac{2}{\alpha}, \tag{5.9}$$

只要 φ 适当光滑,且在某些 Sobolev 空间中的范数足够小, 则上

述非线性热传导方程的 Cauchy 问题 (5.1)-(5.2) 必在 $t \geqslant 0$ 上存在唯一的整体经典解，且此解在 $t \to +\infty$ 时具有一定的衰减性. 对 φ 所加的具体假设、解所在的函数类以及解在 $t \to +\infty$ 时的衰减性质将在下文中具体指明. 由于方程 (5.1) 可视为齐次热传导方程 (2.1) 的一个摄动，上述结果说明：在方程 (2.1) 的右端加上 $1+\alpha$($\alpha \geqslant 1$ 为整数)次的非线性摄动项后，只要空间的维数 n 适当大 (即满足 (5.9) 式)，对小初值而言，其相应的 Cauchy 问题 (5.1)-(5.2) 仍存在唯一的整体经典解，并在 $t \to +\infty$ 时仍具有相应的衰减性. 在下文中我们还可以看到，若条件 (5.9) 不满足，上述事实将不一定成立.

5.2 度量空间 $X_{s,E}$

为了下文的需要，我们对任意给定的整数 $s \geqslant n+5$ 及正常数 E，引入如下的函数集合

$$X_{s,E} = \{v = v(t, x) \mid D_s(v) \leqslant E\}, \tag{5.10}$$

其中记

$$\begin{aligned} D_s(v) = & \sup_{t \geqslant 0} (1+t)^{\frac{n}{2}} \|v(t, \cdot)\|_{W^{s-n-3,\infty}(\mathbf{R}^n)} \\ & + \sup_{t \geqslant 0} \|v(t, \cdot)\|_{W^{s,1}(\mathbf{R}^n)} + \left(\int_0^\infty \sum_{|k|=2} \|D_x^k v(t, \cdot)\|^2_{H^s(\mathbf{R}^n)} dt \right)^{\frac{1}{2}}. \end{aligned} \tag{5.11}$$

由定义可知，若 $v \in X_{s,E}$，则

$$v \in L^\infty(0, \infty; W^{s-n-3,\infty}(\mathbf{R}^n)), \tag{5.12}$$

$$(1+t)^{\frac{n}{2}} v \in L^\infty(0, \infty; W^{s-n-3,\infty}(\mathbf{R}^n)), \tag{5.13}$$

$$v \in L^\infty(0, \infty; W^{s,1}(\mathbf{R}^n)), \tag{5.14}$$

$$D_x^k v \in L^2(0, \infty; H^s(\mathbf{R}^n))(|k| = 2). \tag{5.15}$$

若 $v \in X_{s,E}$，还有

$$v \in L^2(0, T; H^{s+2}(\mathbf{R}^n)), \ \forall T > 0. \tag{5.16}$$

事实上，由于

$$\|v(t, \cdot)\|^2_{H^{s+2}(\mathbf{R}^n)} = \|v(t, \cdot)\|^2_{H^1(\mathbf{R}^n)} + \sum_{|k|=2} \|D_x^k v(t, \cdot)\|^2_{H^s(\mathbf{R}^n)}, \tag{5.17}$$

并注意到

$$\|v(t,\cdot)\|^2_{H^1(\mathbf{R}^n)} \leqslant C\|v(t,\cdot)\|_{W^{1,\infty}(\mathbf{R}^n)}\cdot\|v(t,\cdot)\|_{W^{1,1}(\mathbf{R}^n)}$$
$$\leqslant C\|v(t,\cdot)\|_{W^{s-n-3,\infty}(\mathbf{R}^n)}\cdot\|v(t,\cdot)\|_{W^{s,1}(\mathbf{R}^n)}, \quad (5.18)$$

由 $X_{s,E}$ 的定义就容易得到：对任何 $T>0$,

$$\int_0^T\|v(t,\cdot)\|^2_{H^{s+2}(\mathbf{R}^n)}dt \leqslant C(T)E^2, \quad (5.19)$$

这就是 (5.16) 式.

在 $X_{s,E}$ 上引入如下的度量：$\forall \bar{v},\ \bar{\bar{v}}\in X_{s,E}$,

$$\rho(\bar{v},\ \bar{\bar{v}}) = D_s(\bar{v}-\bar{\bar{v}}). \quad (5.20)$$

我们有如下的

引理 5.1 $X_{s,E}$ 是一个非空的完备度量空间.

证 既然，$v\equiv 0$ 属于集合 $X_{s,E}$，从而 $X_{s,E}$ 非空. 不仅如此,以 φ 为初值求解齐次热传导方程的 Cauchy 问题 (2.1)-(2.2). 由 (3.1)—(3.2) 式有

$$(1+t)^{\frac{n}{2}}\|u(t,\cdot)\|_{W^{s-n-3,\infty}(\mathbf{R}^n)} \leqslant C\|\varphi\|_{W^{s-2,1}(\mathbf{R}^n)},\forall t\geqslant 0, \quad (5.21)$$

$$\|u(t,\cdot)\|_{W^{s,1}(\mathbf{R}^n)} \leqslant C\|\varphi\|_{W^{s,1}(\mathbf{R}^n)},\forall t\geqslant 0. \quad (5.22)$$

再由 (2.56) 式,有

$$\int_0^\infty\sum_{|k|=2}\|D^k_x u(t,\cdot)\|^2_{H^s(\mathbf{R}^n)}dt \leqslant C\|\varphi\|^2_{H^{s+1}(\mathbf{R}^n)}. \quad (5.23)$$

由此易知,只要

$$\|\varphi\|_{H^{s+1}(\mathbf{R}^n)} + \|\varphi\|_{W^{s,1}(\mathbf{R}^n)} \quad (5.24)$$

足够小、Cauchy 问题 (2.1)-(2.2) 的解 u 必属于 $X_{s,E}$.

此外,易知 $X_{s,E}$ 对度量 (5.20) 而言构成一度量空间,下面证明它的完备性. 为此,设 $\{v_i\}$ 为其一 Cauchy 列,即设

$$\rho(v_i,\ v_j)\to 0,\ i,\ j\to\infty. \quad (5.25)$$

我们要证明存在 $u\in X_{s,E}$，使

$$\rho(v_i,\ u)\to 0,\ i\to\infty. \quad (5.26)$$

由 (5.25) 式易知，$\{v_i\}$ 分别为空间 $L^\infty(0,\infty;W^{s-n-3,\infty}(\mathbf{R}^n))$ 及 $L^\infty(0,\ \infty;\ W^{s,1}(\mathbf{R}^n))$ 中的 Cauchy 列，$\{(1+t)^{\frac{n}{2}}v_i\}$ 为空

间 $L^\infty(0,\infty;W^{s-n-3,\infty}(\mathbf{R}^n))$ 中的 Cauchy 列，而 $\{D_x^k v_i\}(|k|=2)$ 为空间 $L^2(0,\infty;H^s(\mathbf{R}^n))$ 中的 Cauchy 列. 于是，由上述这些空间的完备性，存在函数 $u=u(t,x)$，使得当 $i\to\infty$ 时有：

$$v_i\to u \text{ 在 } L^\infty(0,\infty;W^{s-n-3,\infty}(\mathbf{R}^n)) \text{ 中强收敛}, \tag{5.27}$$

$$v_i\to u \text{ 在 } L^\infty(0,\infty;W^{s,1}(\mathbf{R}^n)) \text{ 中强收敛}, \tag{5.28}$$

$$D_x^k v_i\to D_x^k u(|k|=2) \text{ 在 } L^2(0,\infty;H^s(\mathbf{R}^n))\text{中强收敛}, \tag{5.29}$$

且

$$(1+t)^{\frac{n}{2}}v_i \text{ 在 } L^\infty(0,\infty;W^{s-n-3,\infty}(\mathbf{R}^n))\text{中强收敛}. \tag{5.30}$$

由 (5.27) 式易知对任何 $T>0$，

$$(1+t)^{\frac{n}{2}}v_i\to(1+t)^{\frac{n}{2}}u \tag{5.31}$$

$$\text{在 } L^\infty(0,T;W^{s-n-3,\infty}(\mathbf{R}^n)) \text{ 中强收敛},$$

从而由 (5.30) 式就可得到

$$(1+t)^{\frac{n}{2}}v_i\to(1+t)^{\frac{n}{2}}u \tag{5.32}$$

$$\text{在 } L^\infty(0,\infty;W^{s-n-3,\infty}(\mathbf{R}^n)) \text{ 中强收敛}.$$

由 (5.28), (5.29) 及 (5.32) 式，就立刻可得到所要求的结果：$u\in X_{s,E}$ 及 (5.26) 式成立. 引理 5.1 证毕.

5.3 Cauchy 问题 (5.1)-(5.2) 整体经典解的存在唯一性

由 $X_{s,E}$ 的定义，只要取 $E\leqslant 1$，对任何 $v\in X_{s,E}$，都有

$$\|v(t,\cdot)\|_{W^{2,\infty}(\mathbf{R}^n)}\leqslant 1,\forall t\geqslant 0. \tag{5.33}$$

从而，任取 $v\in X_{s,E}(E\leqslant 1)$，对函数 $F(v,D_xv,D_x^2v)$ 均可应用假设 (5.6) 及 (5.8) 式.

我们要证明下面的

定理 5.1 设非线性右端函数 F 满足 (5.6)—(5.8) 式，空间维数满足 (5.9) 式，则对任何整数 $s\geqslant n+5$，存在适当小的正常数 δ 和 $E(E\leqslant 1)$，使得当初值

$$\varphi\in W^{s,1}(\mathbf{R}^n)\cap H^{s+1}(\mathbf{R}^n), \tag{5.34}$$

且

$$\|\varphi\|_{W^{s+1,1}(\mathbb{R}^n)}+\|\varphi\|_{H^{s+1}(\mathbb{R}^n)}\leqslant\delta E \tag{5.35}$$

时. Cauchy 问题 (5.1)-(5.2) 在 $t\geqslant 0$ 上存在唯一的整体解 $u\in X_{s,E}$，且必要时适当修改 t 在区间 $[0,\infty)$ 的一个零测集上的数值后，对任何 $T>0$，有

$$u\in L^2(0,T;H^{s+2}(\mathbb{R}^n))\cap C([0,T],H^{s+1}(\mathbb{R}^n)), \tag{5.36}$$

$$u_t\in L^2(0,T;H^s(\mathbb{R}^n))\cap C([0,T];H^{s-1}(\mathbb{R}^n)). \tag{5.37}$$

注 5.1 由 (5.36)—(5.37) 式，并由 Sobolev 嵌入定理(注意到 $s\geqslant n+5$)，易知定理 5.1 中所得到的 u 是 Cauchy 问题 (5.1)-(5.2) 的整体经典解. 又由 $X_{s,E}$ 的定义，并与(3.1)—(3.2)式相比较，易见此时非线性热传导方程的 Cauchy 问题 (5.1)-(5.2) 的解与齐次热传导方程 Cauchy 问题 (2.1)-(2.2) 的解当 $t\to+\infty$时具有同样的衰减性.

现在来证明定理 5.1.

对整数 $s\geqslant n+5$ 及适当小的 $E(E\leqslant 1$, 其值待定)，任取

$$v\in X_{s,E}, \tag{5.38}$$

由求解下述非齐次热传导方程的 Cauchy 问题

$$\begin{cases}u_t-\Delta u=F(\Lambda v), & (5.39)\\ t=0: u=\varphi(x) & (5.40)\end{cases}$$

来定义一个映照

$$\hat{T}:\ v\to u=\hat{T}v, \tag{5.41}$$

其中在 (5.39) 中简记

$$\Lambda v=(v,\ D_x v,\ D_x^2 v). \tag{5.42}$$

我们下面要证明，当 δ 及 E 适当小时，映照 $\hat{T}$ 将 $X_{s,E}$ 映照到自身，并在 $X_{s,E}$ 的度量下压缩，由此就可以由 Banach 不动点定理证明定理 5.1 中的结论.

首先证明

引理 5.2 对任何 $v\in X_{s,E}$, 必要时适当修改 t 在区间 $[0,\infty)$ 的一个零测集上的数值后，对任何 $T>0$，有

$$u=\hat{T}v\in L^2(0,T;H^{s+2}(\mathbb{R}^n))\cap C([0,T];H^{s+1}(\mathbb{R}^n)). \tag{5.43}$$

$$u_t \in L^2(0, T; H^s(\mathbf{R}^n)). \tag{5.44}$$

证 注意到 (5.16) 及 (5.33) 式，由 (4.33) 式就立刻得到

$$F(\Lambda v) \in L^2(0, T; H^s(\mathbf{R}^n)), \ \forall T > 0. \tag{5.45}$$

再由定理 2.2 及推论 2.2，就得到所要求的结果.

引理 5.3 当 δ 及 E 适当小时，映照 $\hat{T}$ 将 $X_{s,E}$ 映照到自身.

证 我们要证明当 δ 及 E 适当小时，对任何 $v \in X_{s,E}$,

$$u = \hat{T}v \in X_{s,E}. \tag{5.46}$$

由 (2.8) 式，Cauchy 问题 (5.39)-(5.40) 的解可写为

$$u = \hat{T}v = S(t)\varphi + \int_0^t S(t-\tau)F(\Lambda v(\tau, \cdot))d\tau. \tag{5.47}$$

由 (3.1) 式，有

$$\|u(t, \cdot)\|_{W^{s-n-3,\infty}(\mathbf{R}^n)} \leqslant C(1+t)^{-\frac{n}{2}}\|\varphi\|_{W^{s-2,1}(\mathbf{R}^n)} + C\int_0^t (1+t-\tau)^{-\frac{n}{2}}\|F(\Lambda v(\tau, \cdot))\|_{W^{s-2,1}(\mathbf{R}^n)}d\tau. \tag{5.48}$$

注意到 (5.33) 式，由假设 (5.8) 式，并利用 (4.58) 式，有

$$\|F(\Lambda v(\tau, \cdot))\|_{W^{s-2,1}(\mathbf{R}^n)} \leqslant C\|v(\tau, \cdot)\|_{W^{s,1}(\mathbf{R}^n)} \cdot \|v(\tau, \cdot)\|^{\alpha}_{W^{2,\infty}(\mathbf{R}^n)}. \tag{5.49}$$

再注意到 $s \geqslant n+5$，并由 $X_{s,E}$ 的定义，有

$$\|v(\tau, \cdot)\|_{W^{2,\infty}(\mathbf{R}^n)} \leqslant \|v(\tau, \cdot)\|_{W^{s-n-3,\infty}(\mathbf{R}^n)} \leqslant E(1+\tau)^{-\frac{n}{2}} \tag{5.50}$$

及

$$\|v(\tau, \cdot)\|_{W^{s,1}(\mathbf{R}^n)} \leqslant E. \tag{5.51}$$

于是利用 (5.35) 式，由 (5.48) 式可得

$$\|u(t, \cdot)\|_{W^{s-n-3,\infty}(\mathbf{R}^n)} \leqslant C\delta E(1+t)^{-\frac{n}{2}} + CE^{1+\alpha}\int_0^t (1+t-\tau)^{-\frac{n}{2}}(1+\tau)^{-\frac{n\alpha}{2}}d\tau. \tag{5.52}$$

再注意到在 (5.9) 式成立时，有

$$\int_0^t (1+t-\tau)^{-\frac{n}{2}}(1+\tau)^{-\frac{n\alpha}{2}}d\tau = C(1+t)^{-\frac{n}{2}}. \tag{5.53}$$

实际上，只要 $b \geqslant a \geqslant 0$，且 $b > 1$，就有

$$\int_0^t (1+t-\tau)^{-a}(1+\tau)^{-b}d\tau \leqslant C(1+t)^{-a}. \tag{5.54}$$

为了证明 (5.54) 式，记

$$\begin{aligned} I_1 &= \int_0^{\frac{t}{2}} (1+t-\tau)^{-a}(1+\tau)^{-b}d\tau \\ &\leqslant \left(1+\frac{t}{2}\right)^{-a}\int_0^{\frac{t}{2}}(1+\tau)^{-b}d\tau \ (\text{由于}\ a \geqslant 0) \\ &\leqslant C(1+t)^{-a}\ (\text{由于}\ b>1), \end{aligned} \tag{5.55}$$

而

$$\begin{aligned} I_2 &= \int_{\frac{t}{2}}^t (1+t-\tau)^{-a}(1+\tau)^{-b}d\tau \\ &\leqslant \left(1+\frac{t}{2}\right)^{-b}\int_{\frac{t}{2}}^t(1+t-\tau)^{-a}d\tau \ (\text{由于}\ b>1) \\ &\leqslant C(1+t)^{-b}\int_{\frac{t}{2}}^t(1+t-\tau)^{-a}d\tau. \end{aligned} \tag{5.56}$$

为了估计 I_2，分以下三种情况进行讨论：

(i) $a>1$：此时

$$\begin{aligned} I_2 &\leqslant C(1+t)^{-b}\left(1-\left(1+\frac{t}{2}\right)^{1-a}\right) \leqslant C(1+t)^{-b} \\ &\leqslant C(1+t)^{-a}\ (\text{由于}\ b \geqslant a). \end{aligned}$$

(ii) $a<1$：此时

$$\begin{aligned} I_2 &\leqslant C(1+t)^{-b}\left(\left(1+\frac{t}{2}\right)^{1-a}-1\right) \leqslant C(1+t)^{1-a-b} \\ &\leqslant C(1+t)^{-a}\ (\text{由于}\ b>1). \end{aligned}$$

(iii) $a=1$：此时必有 $b>a$，于是

$$\begin{aligned} I_2 &\leqslant C(1+t)^{-b}\ln\left(1+\frac{t}{2}\right) \leqslant C(1+t)^{-b}\ln(1+t) \\ &\leqslant C(1+t)^{-a}. \end{aligned}$$

这样，就有

$$I_2 \leqslant C(1+t)^{-a}. \tag{5.57}$$

联合 (5.55)—(5.57) 式，就得到 (5.54) 式，从而 (5.53) 式也成立。

由 (5.52)—(5.53) 式，就得到

$$\sup_{t>0}(1+t)^{\frac{n}{2}}\|u(t,\cdot)\|_{W^{s-n-3,\infty}(\mathbf{R}^n)}\leqslant C_1(\delta E+E^{1+\alpha}),\tag{5.58}$$

其中 C_1 为一个正常数.

再由 (5.47) 式,并利用 (3.2) 式就得到

$$\|u(t,\cdot)\|_{W^{s,1}(\mathbf{R}^n)}\leqslant\|\varphi\|_{W^{s,1}(\mathbf{R}^n)}+\int_0^t\|F(\Lambda v(\tau,\cdot))\|_{W^{s,1}(\mathbf{R}^n)}d\tau.\tag{5.59}$$

注意到假设 (5.8) 式,由 (4.57) 式,并注意到 $s\geqslant n+5$, 有

$$\begin{aligned}\|F(\Lambda v(\tau,\cdot))\|_{W^{s,1}(\mathbf{R}^n)}&\leqslant C\|v(\tau,\cdot)\|^2_{H^{s+2}(\mathbf{R}^n)}\cdot\|v(\tau,\cdot)\|^{\alpha-1}_{W^{2,\infty}(\mathbf{R}^n)}\\&\leqslant C\|v(\tau,\cdot)\|^2_{H^{s+2}(\mathbf{R}^n)}\cdot\|v(\tau,\cdot)\|^{\alpha-1}_{W^{s-n-3,\infty}(\mathbf{R}^n)}.\end{aligned}\tag{5.60}$$

又由 (5.17)—(5.18) 式,并由 $X_{s,E}$ 的定义,有

$$\begin{aligned}\|v(\tau,\cdot)\|^2_{H^{s+2}(\mathbf{R}^n)}&\leqslant C\|v(\tau,\cdot)\|_{W^{s-n-3,\infty}(\mathbf{R}^n)}\cdot\|v(\tau,\cdot)\|_{W^{s,1}(\mathbf{R}^n)}\\&\quad+\sum_{|k|=2}\|D_x^kv(\tau,\cdot)\|^2_{H^s(\mathbf{R}^n)}\\&\leqslant CE^2(1+\tau)^{-\frac{n}{2}}+\sum_{|k|=2}\|D_x^kv(\tau,\cdot)\|^2_{H^s(\mathbf{R}^n)}.\end{aligned}\tag{5.61}$$

将 (5.60)—(5.61) 式代入(5.59)式,并注意到 (5.50),(5.35) 式及 $X_{s,E}$ 的定义,就可得到

$$\|u(t,\cdot)\|_{W^{s,1}(\mathbf{R}^n)}\leqslant\delta E+CE^{1+\alpha}\int_0^t(1+\tau)^{-\frac{\alpha n}{2}}d\tau+CE^{1+\alpha}.\tag{5.62}$$

注意到当 (5.9) 式成立时有

$$\int_0^t(1+\tau)^{-\frac{\alpha n}{2}}d\tau\leqslant C,\tag{5.63}$$

就得到

$$\sup_{t>0}\|u(t,\cdot)\|_{W^{s,1}(\mathbf{R}^n)}\leqslant\delta E+C_2E^{1+\alpha},\tag{5.64}$$

其中 C_2 是一个正常数.

再由 (2.56) 式,有

$$\begin{aligned}\int_0^\infty\sum_{|k|=2}\|D_x^ku(t,\cdot)\|^2_{H^s(\mathbf{R}^n)}dt&\leqslant C(\|\varphi\|^2_{H^{s+1}(\mathbf{R}^n)}\\&\quad+\int_0^\infty\|F(\Lambda v(\tau,\cdot))\|^2_{H^s(\mathbf{R}^n)}d\tau).\end{aligned}\tag{5.65}$$

注意到假设 (5.8) 式，由 (4.56) 式，有

$$\|F(\Lambda v(\tau,\cdot))\|_{H^s(\mathbf{R}^n)}\leqslant C\|v(\tau,\cdot)\|_{H^{s+2}(\mathbf{R}^n)}\cdot\|v(\tau,\cdot)\|^{\alpha}_{W^{2,\infty}(\mathbf{R}^n)}. \tag{5.66}$$

再利用 (5.61) 及 (5.50) 式，注意到 (5.35) 式及 $X_{s,E}$ 的定义，并注意到

$$\int_0^\infty (1+\tau)^{-\frac{(1+2\alpha)n}{2}}d\tau\leqslant C, \tag{5.67}$$

由 (5.65) 式可得

$$\left(\int_0^\infty\sum_{|k|=2}\|D_x^k u(t,\cdot)\|^2_{H^s(\mathbf{R}^n)}dt\right)^{\frac{1}{2}}\leqslant C_3(\delta E+E^{1+\alpha}), \tag{5.68}$$

其中 C_3 是一个正常数.

由 (5.58), (5.64) 及 (5.68) 式，易知只要选取 δ 及 E 适当小，(5.46) 式就成立. 引理 5.3 证毕.

引理 5.4 当 δ 及 E 适当小时，映照 $\hat{T}$ 按空间 $X_{s,E}$ 中的度量是压缩的.

证 任取 $\bar{v}$, $\bar{\bar{v}}\in X_{s,E}$, 由引理 5.3，当 δ 及 E 适当小时，有

$$\bar{u}=\hat{T}\bar{v},\ \bar{\bar{u}}=\hat{T}\bar{\bar{v}}\in X_{s,E}. \tag{5.69}$$

记

$$v^*=\bar{v}-\bar{\bar{v}},\ u^*=\bar{u}-\bar{\bar{u}}, \tag{5.70}$$

我们要证明：当 δ 及 E 适当小时，存在正常数 $\eta<1$, 使得

$$\rho(\bar{u},\bar{\bar{u}})\leqslant\eta\rho(\bar{v},\bar{\bar{v}}). \tag{5.71}$$

由映照 $\hat{T}$ 的定义，易知

$$\begin{cases}u^*_t-\Delta u^*=F(\Lambda\bar{v})-F(\Lambda\bar{\bar{v}}), & (5.72)\\ t=0:\ u^*=0. & (5.73)\end{cases}$$

类似于 (5.48) 式，现在有

$$\|u^*(t,\cdot)\|_{W^{s-n-3,\infty}(\mathbf{R}^n)}\leqslant C\int_0^t(1+t-\tau)^{-\frac{n}{2}}\|F(\Lambda\bar{v}(\tau,\cdot))-F(\Lambda\bar{\bar{v}}(\tau,\cdot))\|_{W^{s-2,1}(\mathbf{R}^n)}d\tau. \tag{5.74}$$

注意到假设 (5.8) 式，利用 (4.61) 式 (在其中取 $r=1$, $p=\infty$, $q=1$) 可得

$$
\begin{aligned}
&\|F(\Lambda\bar{v}(\tau,\cdot))-F(\Lambda\bar{\bar{v}}(\tau,\cdot))\|_{W^{s-2,1}(\mathbf{R}^n)}\\
&\quad\leqslant C\|v^*(\tau,\cdot)\|_{W^{s,1}(\mathbf{R}^n)}(\|\bar{v}(\tau,\cdot)\|_{W^{2,\infty}(\mathbf{R}^n)}\\
&\quad+\|\bar{\bar{v}}(\tau,\cdot)\|_{W^{2,\infty}(\mathbf{R}^n)})^{\alpha}\\
&\quad+C\|v^*(\tau,\cdot)\|_{W^{2,\infty}(\mathbf{R}^n)}(\|\bar{v}(\tau,\cdot)\|_{W^{s,1}(\mathbf{R}^n)}\\
&\quad+\|\bar{\bar{v}}(\tau,\cdot)\|_{W^{s,1}(\mathbf{R}^n)})\cdot(\|\bar{v}(\tau,\cdot)\|_{W^{2,\infty}(\mathbf{R}^n)}\\
&\quad+\|\bar{\bar{v}}(\tau,\cdot)\|_{W^{2,\infty}(\mathbf{R}^n)})^{\alpha-1}\\
&\quad\leqslant C\|v^*(\tau,\cdot)\|_{W^{s,1}(\mathbf{R}^n)}(\|\bar{v}(\tau,\cdot)\|_{W^{s-n-3,\infty}(\mathbf{R}^n)}\\
&\quad+\|\bar{\bar{v}}(\tau,\cdot)\|_{W^{s-n-3,\infty}(\mathbf{R}^n)})^{\alpha}\\
&\quad+C\|v^*(\tau,\cdot)\|_{W^{s-n-3,\infty}(\mathbf{R}^n)}(\|\bar{v}(\tau,\cdot)\|_{W^{s,1}(\mathbf{R}^n)}\\
&\quad+\|\bar{\bar{v}}(\tau,\cdot)\|_{W^{s,1}(\mathbf{R}^n)})\cdot(\|\bar{v}(\tau,\cdot)\|_{W^{s-n-3,\infty}(\mathbf{R}^n)}\\
&\quad+\|\bar{\bar{v}}(\tau,\cdot)\|_{W^{s-n-3,\infty}(\mathbf{R}^n)})^{\alpha-1}.
\end{aligned}\tag{5.75}
$$

将上式代入(5.74)式，并注意到 $X_{s,E}$ 的定义及(5.53)式，可得

$$
\|u^*(t,\cdot)\|_{W^{s-n-3,\infty}(\mathbf{R}^n)}\leqslant CE^{\alpha}(1+t)^{-\frac{n}{2}}D_s(v^*),\tag{5.76}
$$

其中 $D_s(v^*)$ 由(5.11)式定义.由此得到

$$
\sup_{t\geq 0}(1+t)^{\frac{n}{2}}\|u^*(t,\cdot)\|_{W^{s-n-3,\infty}(\mathbf{R}^n)}\leqslant C_1E^{\alpha}D_s(v^*),\tag{5.77}
$$

其中 C_1 为一个正常数.

类似于(5.59)式，现在有

$$
\begin{aligned}
\|u^*(t,\cdot)\|_{W^{s,1}(\mathbf{R}^n)}\leqslant\int_0^t\|F(\Lambda\bar{v}(\tau,\cdot))\\
-F(\Lambda\bar{\bar{v}}(\tau,\cdot))\|_{W^{s,1}(\mathbf{R}^n)}d\tau.
\end{aligned}\tag{5.78}
$$

注意到假设(5.8)式，利用(4.61)式(在其中取 $r=1,p=q=2$)，有

$$
\begin{aligned}
&\|F(\Lambda\bar{v}(\tau,\cdot))-F(\Lambda\bar{\bar{v}}(\tau,\cdot))\|_{W^{s,1}(\mathbf{R}^n)}\\
&\quad\leqslant C\{\|v^*(\tau,\cdot)\|_{H^{s+2}(\mathbf{R}^n)}(\|\bar{v}(\tau,\cdot)\|_{H^2(\mathbf{R}^n)}\\
&\quad+\|\bar{\bar{v}}(\tau,\cdot)\|_{H^2(\mathbf{R}^n)})+\|v^*(\tau,\cdot)\|_{H^2(\mathbf{R}^n)}(\|\bar{v}(\tau,\cdot)\|_{H^{s+2}(\mathbf{R}^n)}\\
&\quad+\|\bar{\bar{v}}(\tau,\cdot)\|_{H^{s+2}(\mathbf{R}^n)})\}\cdot(\|\bar{v}(\tau,\cdot)\|_{W^{2,\infty}(\mathbf{R}^n)}\\
&\quad+\|\bar{\bar{v}}(\tau,\cdot)\|_{W^{2,\infty}(\mathbf{R}^n)})^{\alpha-1}.
\end{aligned}\tag{5.79}
$$

由(5.17)—(5.18)式，并注意到 $D_s(v^*)$ 的定义，有

$$
\|v^*(\tau,\cdot)\|^2_{H^{s+2}(\mathbf{R}^n)}\leqslant C\|v^*(\tau,\cdot)\|_{W^{s-n-3,\infty}(\mathbf{R}^n)}\|v^*(\tau,\cdot)\|_{W^{s,1}(\mathbf{R}^n)}
$$

$$+\sum_{|k|=2}\|D_x^k v^*(\tau,\cdot)\|^2_{H^s(\mathbf{R}^n)}$$

$$\leqslant C(1+\tau)^{-\frac{n}{2}}D_s(v^*)+\sum_{|k|=2}\|D_x^k v^*(\tau,\cdot)\|^2_{H^s(\mathbf{R}^n)},\quad (5.80)$$

又有

$$\begin{aligned}\|v^*(\tau,\cdot)\|^2_{H^2(\mathbf{R}^n)}&\leqslant C\|v^*(\tau,\cdot)\|_{W^{2,\infty}(\mathbf{R}^n)}\cdot\|v^*(\tau,\cdot)\|_{W^{2,1}(\mathbf{R}^n)}\\&\leqslant C\|v^*(\tau,\cdot)\|_{W^{s-n-3,\infty}(\mathbf{R}^n)}\cdot\|v^*(\tau,\cdot)\|_{W^{s,1}(\mathbf{R}^n)}\\&\leqslant C(1+\tau)^{-\frac{n}{2}}D_s^2(v^*).\end{aligned}\quad (5.81)$$

从而

$$\|v^*(\tau,\cdot)\|_{H^{s+2}(\mathbf{R}^n)}\leqslant C(1+\tau)^{-\frac{n}{4}}D_s(v^*)+\Big(\sum_{|k|=2}\|D_x^k v^*(\tau,\cdot)\|^2_{H^s(\mathbf{R}^n)}\Big)^{\frac{1}{2}},\quad (5.82)$$

$$\|v^*(\tau,\cdot)\|_{H^2(\mathbf{R}^n)}\leqslant C(1+\tau)^{-\frac{n}{4}}D_s(v^*).\quad (5.83)$$

类似地可得到

$$\begin{aligned}&\|\bar{v}(\tau,\cdot)\|_{H^{s+2}(\mathbf{R}^n)}+\|\bar{\bar{v}}(\tau,\cdot)\|_{H^{s+2}(\mathbf{R}^n)}\\&\leqslant CE(1+\tau)^{-\frac{n}{4}}+\Big(\sum_{|k|=2}\|D_x^k\bar{v}(\tau,\cdot)\|^2_{H^s(\mathbf{R}^n)}\\&\quad+\sum_{|k|=2}\|D_x^k\bar{\bar{v}}(\tau,\cdot)\|^2_{H^s(\mathbf{R}^n)}\Big)^{\frac{1}{2}},\end{aligned}\quad (5.84)$$

$$\|\bar{v}(\tau,\cdot)\|_{H^2(\mathbf{R}^n)}+\|\bar{\bar{v}}(\tau,\cdot)\|_{H^2(\mathbf{R}^n)}\leqslant CE(1+\tau)^{-\frac{n}{4}},\quad (5.85)$$

并有

$$\|\bar{v}(\tau,\cdot)\|_{W^{2,\infty}(\mathbf{R}^n)}+\|\bar{\bar{v}}(\tau,\cdot)\|_{W^{2,\infty}(\mathbf{R}^n)}\leqslant CE(1+\tau)^{-\frac{n}{2}}.\quad (5.86)$$

将 (5.79) 及 (5.82)—(5.86) 代入 (5.78) 式，就得到

$$\|u^*(t,\cdot)\|_{W^{s,1}(\mathbf{R}^n)}\leqslant CE^\alpha\int_0^t(1+\tau)^{-\frac{n\alpha}{2}}d\tau\cdot D_s(v^*)$$

$$+CE^\alpha\int_0^t(1+\tau)^{-\frac{n}{2}(\alpha-\frac{1}{2})}\Big(\sum_{|k|=2}\|D_x^k v^*(\tau,\cdot)\|^2_{H^s(\mathbf{R}^n)}\Big)^{\frac{1}{2}}d\tau$$

$$+ CE^{\alpha-1}\cdot D_s(v^*)\int_0^t (1+\tau)^{-\frac{n}{2}\left(\alpha-\frac{1}{2}\right)}\Big(\sum_{|k|=2}\|D_x^k\bar{v}(\tau,\cdot)\|^2_{H^s(\mathbf{R}^n)}$$

$$+\sum_{|k|=2}\|D_x^k\bar{v}(\tau,\cdot)\|^2_{H^s(\mathbf{R}^n)}\Big)^{\frac{1}{2}}d\tau. \tag{5.87}$$

注意到 (5.9) 式，有

$$\int_0^\infty (1+\tau)^{-\frac{n\alpha}{2}}d\tau\leqslant C \tag{5.88}$$

及

$$n\left(\alpha-\frac{1}{2}\right)>\frac{2}{\alpha}\left(\alpha-\frac{1}{2}\right)=2-\frac{1}{\alpha}>1, \tag{5.89}$$

并注意到 $D_s(v^*)$ 及 $X_{s,E}$ 的定义，利用 Hölder 不等式 (4.3)，由 (5.87) 式就有

$$\|u^*(t,\cdot)\|_{W^{s,1}(\mathbf{R}^n)}\leqslant CE^\alpha D_s(v^*). \tag{5.90}$$

由此得到

$$\sup_{t\geqslant 0}\|u^*(t,\cdot)\|_{W^{s,1}(\mathbf{R}^n)}\leqslant C_2E^\alpha D_s(v^*), \tag{5.91}$$

其中 C_2 为一个正常数.

此外，利用 (2.56) 式，由 (5.72)—(5.73) 可得

$$\int_0^\infty\sum_{|k|=1}\|D_x^k u^*(\tau,\cdot)\|^2_{H^s(\mathbf{R}^n)}d\tau\leqslant C\int_0^\infty\|F(\Lambda\bar{v}(\tau,\cdot))$$

$$-F(\Lambda\bar{v}(\tau,\cdot))\|^2_{H^s(\mathbf{R}^n)}d\tau. \tag{5.92}$$

由 (4.61) 式(在其中取 $r=q=2$ 及 $p=\infty$)，有

$$\|F(\Lambda\bar{v}(\tau,\cdot))-F(\Lambda\bar{v}(\tau,\cdot))\|_{H^s(\mathbf{R}^n)}$$

$$\leqslant C\{\|v^*(\tau,\cdot)\|_{H^{s+2}(\mathbf{R}^n)}(\|\bar{v}(\tau,\cdot)\|_{W^{2,\infty}(\mathbf{R}^n)}$$

$$+\|\bar{v}(\tau,\cdot)\|_{W^{2,\infty}(\mathbf{R}^n)})+\|v^*(\tau,\cdot)\|_{W^{2,\infty}(\mathbf{R}^n)}(\|\bar{v}(\tau,\cdot)\|_{H^{s+2}(\mathbf{R}^n)}$$

$$+\|\bar{v}(\tau,\cdot)\|_{H^{s+2}(\mathbf{R}^n)})\}\cdot(\|\bar{v}(\tau,\cdot)\|_{W^{2,\infty}(\mathbf{R}^n)}$$

$$+\|\bar{v}(\tau,\cdot)\|_{W^{2,\infty}(\mathbf{R}^n)})^{\alpha-1}. \tag{5.93}$$

仍利用 (5.82)，(5.84) 及 (5.86) 式，并注意到

$$\|v^*(\tau,\cdot)\|_{W^{2,\infty}(\mathbf{R}^n)}\leqslant CD_s(v^*)(1+\tau)^{-\frac{n}{2}}, \tag{5.94}$$

由 (5.92) 式就可得到

$$\int_0^\infty\sum_{|k|=1}\|D_x^k u^*(\tau,\cdot)\|^2_{H^s(\mathbf{R}^n)}d\tau\leqslant CE^\alpha\int_0^\infty(1+\tau)^{-\frac{(1+2\alpha)n}{2}}d\tau\cdot D_s^2(v^*)$$

$$+CE^{2\alpha}\int_0^\infty(1+\tau)^{-n\alpha}\sum_{|k|=l}\|D_x^k v^*(\tau,\cdot)\|^2_{H^s(\mathbf{R}^n)}d\tau$$

$$+CE^{2(\alpha-1)}\cdot D_s^2(v^*)\int_0^\infty(1+\tau)^{-n\alpha}\Big(\sum_{|k|=l}\|D_x^k\bar{v}(\tau,\cdot)\|^2_{H^s(\mathbf{R}^n)}$$

$$+\sum_{|k|=l}\|D_x^k\bar{v}(\tau,\cdot)\|^2_{H^s(\mathbf{R}^n)}\Big)d\tau. \tag{5.95}$$

注意到 (5.67) 式及由 (5.9) 式有

$$n\alpha>2, \tag{5.96}$$

并注意到 $D_s(v^*)$ 及 $X_{s,E}$ 的定义,由 (5.95) 式就得到

$$\left(\int_0^\infty\sum_{|k|=l}\|D_x^k u^*(\tau,\cdot)\|^2_{H^s(\mathbf{R}^n)}d\tau\right)^{\frac{1}{2}}\leqslant C_3E^\alpha D_s(v^*), \tag{5.97}$$

其中 C_3 是一个正常数.

联合 (5.77), (5.91) 及 (5.97) 式,就得到

$$D_s(u^*)\leqslant C_0E^\alpha D_s(v^*), \tag{5.98}$$

其中 C_0 是一个正常数. 于是只要取 E 适当小,就可得到

$$D_s(u^*)\leqslant\eta D_s(v^*), \tag{5.99}$$

其中 $\eta<1$, 这就是 (5.71) 式. 引理 5.4 证毕.

利用引理 5.3 及引理 5.4 就可以完成定理 5.1 的证明. 事实上,这时利用 Banach 不动点定理 (参见 И. П. Натансон [1]), 就可得到当 δ 及 E 适当小时, 映照 $\hat{T}$ 在 $X_{s,E}$ 上具有唯一的不动点 $u\in X_{s,E}$:

$$u=\hat{T}u. \tag{5.100}$$

于是由映照 $\hat{T}$ 的定义 (5.39)—(5.40), $u=u(t,x)$ 即为 Cauchy 问题 (5.1)-(5.2) 的唯一解, 且 (5.43)—(5.44) 式成立. 由此应得

$$F(\Lambda u)\in C([0,T];H^{s-1}(\mathbf{R}^n)),\ \forall T\geqslant 0. \tag{5.101}$$

事实上,由 (4.61) 式(其中取 $r=q=2$, $p=\infty$), 有

$$\|F(\Lambda u(t,\cdot))-F(\Lambda u(t',\cdot))\|_{H^{s-1}(\mathbf{R}^n)}$$

$$\leqslant C(\|u(t,\cdot)-u(t',\cdot)\|_{H^{s+1}(\mathbf{R}^n)}(\|u(t,\cdot)\|_{W^{2,\infty}(\mathbf{R}^n)}$$

$$+\|u(t',\cdot)\|_{W^{2,\infty}(\mathbf{R}^n)})+\|u(t,\cdot)$$

$$-u(t',\cdot)\|_{W^{2,\infty}(\mathbf{R}^n)}(\|u(t,\cdot)\|_{H^{s+1}(\mathbf{R}^n)}$$

$$+\|u(t',\cdot)\|_{H^{s+1}(\mathbf{R}^n)}))\cdot(\|u(t,\cdot)\|_{W^{2,\infty}(\mathbf{R}^n)}$$

$$+\|u(t',\cdot)\|_{W^{2,\infty}(\mathbb{R}^n)})^{\alpha-1}. \tag{5.102}$$

再注意到当 $s\geqslant n+5$ 时，由 Sobolev 嵌入定理有

$$H^{s+1}(\mathbb{R}^n)\subset W^{2,\infty}(\mathbb{R}^n) \text{ 连续嵌入,} \tag{5.103}$$

并利用 $u\in X_{s,E}$ 及 (5.43) 式，由 (5.102) 式立刻得到

$$\|F(\Lambda u(t,\cdot))-F(\Lambda u(t',\cdot))\|_{H^{s-1}(\mathbb{R}^n)}$$
$$\leqslant C(T)\|u(t,\cdot)-u(t',\cdot)\|_{H^{s+1}(\mathbb{R}^n)}, \forall t,t'\in[0,T], \tag{5.104}$$

这就证明了 (5.101) 式。

利用推论 2.3，由 (5.101) 式就得到

$$u_t\in C([0,T];H^{s-1}(\mathbb{R}^n)),\ \forall T\geqslant 0. \tag{5.105}$$

定理 5.1 证毕.

§6 非线性右端项 F 不显含 u 的情形

6.1 引言及预备事项

在本节中我们考察非线性右端项 $F=F(D_xu,D_x^2u)$ 不显含 u 的特殊情形，即考察如下形式的 Cauchy 问题

$$\begin{cases} u_t-\Delta u=F(D_xu,D_x^2u)\quad \left(\Delta=\dfrac{\partial^2}{\partial x_1^2}+\cdots+\dfrac{\partial^2}{\partial x_n^2}\right), & (6.1)\\ t=0:u=\varphi(x)\qquad (x=(x_1,\cdots,x_n)). & (6.2)\end{cases}$$

令

$$\hat{\lambda}=((\lambda_i),i=1,\cdots,n;(\lambda_{ij}),i,j=1,\cdots,n), \tag{6.3}$$

仍设 $F=F(\hat{\lambda})$ 在 $\hat{\lambda}=0$ 的一个邻域，例如在 $|\hat{\lambda}|\leqslant 1$ 中适当光滑，并满足

$$F(\hat{\lambda})=O(|\hat{\lambda}|^{1+\alpha}), \tag{6.4}$$

其中 $\alpha\geqslant 1$ 为整数.

我们要证明，此时对任何空间维数 $n\geqslant 1$，在小初值的情形，Cauchy 问题 (6.1)-(6.2) 在 $t\geqslant 0$ 上恒存在唯一整体经典解，并当 $t\to+\infty$ 时具有一定的衰减性.

为了证明上述结果，首先对 n 维齐次热传导方程的 Cauchy

问题(2.1)-(2.2)，建立其解对空间变量的偏导数当 $t\to+\infty$ 时的一些比 §3 中的结果更为精细的估计式.

引理 6.1 设$N\geqslant 0$为一个任意的整数，对 n 维齐次热传导方程的 Cauchy 问题 (2.1)-(2.2) 的解(2.4)，在右端所出现的范数有意义的条件下，以下的估计式成立：

$$\|D_x(S(t)\varphi)\|_{W^{N,\infty}(\mathbf{R}^n)}\leqslant C(1+t)^{-\frac{n+1}{2}}\|\varphi\|_{W^{N+n+2,1}(\mathbf{R}^n)},\ \forall t\geqslant 0 \tag{6.5}$$

及

$$\|D_x(S(t)\varphi)\|_{W^{N,1}(\mathbf{R}^n)}\leqslant C(1+t)^{-\frac{1}{2}}\|\varphi\|_{W^{N+1,1}(\mathbf{R}^n)},\ \forall t\geqslant 0, \tag{6.6}$$

其中C是一个与 t 无关的正常数.

证 由 (2.3) 式，易知有

$$\frac{\partial u(t,x)}{\partial x_i}=\frac{1}{(2\sqrt{\pi})^n}t^{-\frac{n+1}{2}}\int_{\mathbf{R}^n}-\frac{x_i-\xi_i}{2\sqrt{t}}e^{-\frac{|x-\xi|^2}{4t}}\varphi(\xi)d\xi$$
$$(i=1,\cdots,n). \tag{6.7}$$

注意到

$$|y^a e^{-y^2}|\leqslant C\ (a\geqslant 0\ 为常数), \tag{6.8}$$

由 (6.7) 式易得

$$\left\|\frac{\partial u}{\partial x_i}(t,\cdot)\right\|_{L^\infty(\mathbf{R}^n)}\leqslant Ct^{-\frac{n+1}{2}}\|\varphi\|_{L^1(\mathbf{R}^n)},\ \forall t>0 \tag{6.9}$$

及

$$\left\|\frac{\partial u}{\partial x_i}(t,\cdot)\right\|_{L^1(\mathbf{R}^n)}\leqslant Ct^{-\frac{1}{2}}\|\varphi\|_{L^1(\mathbf{R}^n)},\ \forall t>0. \tag{6.10}$$

另一方面，在 (3.8) 式及 (3.6) 式中以 $\frac{\partial u}{\partial x_i}$代替 u (相应地以 $\frac{\partial\varphi}{\partial x_i}$ 代替 φ)，就得到

$$\left\|\frac{\partial u}{\partial x_i}(t,\cdot)\right\|_{L^\infty(\mathbf{R}^n)}\leqslant C\|\varphi\|_{W^{n+2,1}(\mathbf{R}^n)},\ \forall t\geqslant 0 \tag{6.11}$$

及

$$\left\|\frac{\partial u}{\partial x_i}(t,\cdot)\right\|_{L^1(\mathbf{R}^n)} \leqslant \|\varphi\|_{W^{1,1}(\mathbf{R}^n)}, \quad \forall t \geqslant 0. \tag{6.12}$$

分别联合 (6.9) 与 (6.11) 式以及 (6.10) 与 (6.12) 式，就得到

$$\left\|\frac{\partial u}{\partial x_i}(t,\cdot)\right\|_{L^\infty(\mathbf{R}^n)} \leqslant C(1+t)^{-\frac{n+1}{2}}\|\varphi\|_{W^{n+2,1}(\mathbf{R}^n)}, \forall t \geqslant 0 \tag{6.13}$$

及

$$\left\|\frac{\partial u}{\partial x_i}(t,\cdot)\right\|_{L^1(\mathbf{R}^n)} \leqslant C(1+t)^{-\frac{1}{2}}\|\varphi\|_{W^{1,1}(\mathbf{R}^n)}, \quad \forall t \geqslant 0. \tag{6.14}$$

对任何多重指标 $k(|k| \leqslant N)$，将 $D_x^k u$ 代替 u（从而相应地以 $D_x^k \varphi$ 代替 φ）应用 (6.13)—(6.14) 式，就得到所要证明的 (6.5)—(6.6) 式. 引理 6.1 证毕.

引理 6.2 对 n 维齐次热传导方程的 Cauchy 问题 (2.1)-(2.2) 的解 (2.4)，在右端所出现的范数有意义的条件下，以下的估计式成立：

$$\|D_x^k(S(t)\varphi)\|_{L^q(\mathbf{R}^n)} \leqslant C t^{-\frac{1}{2}\left(|k|+n\left(\frac{1}{p}-\frac{1}{q}\right)\right)}\|\varphi\|_{L^p(\mathbf{R}^n)}, \forall t > 0, \tag{6.15}$$

其中 k 为任一多重指标，C 是一个与 t 无关的常数，而

$$1 < p,\ q < +\infty. \tag{6.16}$$

证 由 (2.3) 式，对任何多重指标 k，易知有

$$D_x^k u = D_x^k(S(t)\varphi) = K_t^{(k)} * \varphi, \tag{6.17}$$

而

$$\|K_t^{(k)}\|_{L^p(\mathbf{R}^n)} \leqslant C_p t^{-\frac{1}{2}\left(|k|+n\left(1-\frac{1}{p}\right)\right)}, \forall t > 0, \tag{6.18}$$

其中 C_p 是一个可与 p 有关的正常数. 于是类似定理 3.2 的证明，利用 Young 不等式(见引理 3.1)，就得到所要求的结论. 引理 6.2 证毕.

推论 6.1 对 n 维齐次热传导方程的 Cauchy 问题 (2.1)-(2.2) 的解 (2.4)，在右端所出现的范数有意义的条件下，

$$\|D_x^k(S(t)\varphi)\|_{L^2(\mathbf{R}^n)} \leqslant C(1+t)^{-\frac{|k|}{2}}\|\varphi\|_{H^{|k|}(\mathbf{R}^n)}, \quad \forall t \geqslant 0, \tag{6.19}$$

其中 k 为任一多重指标，C 是一个与 t 无关的常数。

证 在 (6.15) 式中取 $p=q=2$，就得到

$$\|D_x^k(S(t)\varphi)\|_{L^2(\mathbf{R}^n)} \leqslant Ct^{-\frac{|k|}{2}}\|\varphi\|_{L^2(\mathbf{R}^n)}, \quad \forall t > 0. \tag{6.20}$$

再由 (3.7) 式有

$$\|D_x^k(S(t)\varphi)\|_{L^2(\mathbf{R}^n)} \leqslant \|\varphi\|_{H^{|k|}(\mathbf{R}^n)}, \quad \forall t \geqslant 0. \tag{6.21}$$

联合 (6.20)—(6.21) 式，就得到所要求的 (6.19) 式。

6.2 度量空间 $X_{s,E}$

对任意给定的整数 $s \geqslant n+7$ 及正常数 E，引入如下的函数集合

$$X_{s,E} = \{v = v(t, x) \mid D_s(v) \leqslant E\}, \tag{6.22}$$

其中记

$$\begin{aligned} D_s(v) = &\sup_{t \geqslant 0}(1+t)^{\frac{n+1}{2}}\|D_x v(t,\cdot)\|_{W^{s-n-6,\infty}(\mathbf{R}^n)} \\ &+ \sup_{t \geqslant 0}(1+t)^{\frac{1}{2}}\|D_x v(t,\cdot)\|_{W^{s-3,1}(\mathbf{R}^n)} \\ &+ \sup_{t \geqslant 0}\sum_{|k| \leqslant s}(1+t)^{\beta(k)}\|D_x^k v(t,\cdot)\|_{L^2(\mathbf{R}^n)} \\ &+ \left(\int_0^\infty \sum_{|h|=2}\|D_x^h v(t,\cdot)\|^2_{H^s(\mathbf{R}^n)} dt\right)^{\frac{1}{2}}, \end{aligned} \tag{6.23}$$

而

$$\beta(k) = \begin{cases} \dfrac{|k|}{2}, & |k| \leqslant n+2, \\ \dfrac{n}{2}+1, & n+2 < |k| \leqslant s. \end{cases} \tag{6.24}$$

在 $X_{s,E}$ 上引入如下的度量：$\forall \bar{v}, \bar{\bar{v}} \in X_{s,E}$，

$$\rho(\bar{v}, \bar{\bar{v}}) = D_s(\bar{v} - \bar{\bar{v}}). \tag{6.25}$$

和引理 5.1 类似地可证明 $X_{s,E}$ 是一个非空的完备度量空间。

由 $X_{s,E}$ 的定义，若 $v \in X_{s,E}$，则

$$v \in L^\infty(0, \infty; H^s(\mathbf{R}^n)), \tag{6.26}$$

且

$$D_x^h v \in L^\infty(0, \infty; H^s(\mathbf{R}^n))(|h| = 2), \tag{6.27}$$

于是对任何 $T > 0$，有

$$v \in L^2(0, T; H^{s+2}(\mathbf{R}^n)). \tag{6.28}$$

此外，还成立

$$\|D_x v(t, \cdot)\|_{W^{s-n-6,\infty}(\mathbf{R}^n)} \leqslant E(1+t)^{-\frac{n+1}{2}}, \forall t \geqslant 0, \tag{6.29}$$

$$\|D_x v(t, \cdot)\|_{W^{s-3,1}(\mathbf{R}^n)} \leqslant E(1+t)^{-\frac{1}{2}}, \forall t \geqslant 0, \tag{6.30}$$

$$\|D_x^k v(t, \cdot)\|_{L^2(\mathbf{R}^n)} \leqslant E(1+t)^{-\beta(k)}, \forall t \geqslant 0, \forall |k| \leqslant s \tag{6.31}$$

及

$$\int_0^\infty \sum_{|h|=2} \|D_x^h v(t, \cdot)\|_{H^s(\mathbf{R}^n)}^2 dt \leqslant E^2. \tag{6.32}$$

6.3 Cauchy 问题 (6.1)-(6.2) 整体经典解的存在唯一性

由 (6.29) 式，并注意到 $s \geqslant n + 7$，只要取 $E \leqslant 1$，对任何 $v \in X_{s,E}$，都有

$$\|D_x v(t, \cdot)\|_{W^{1,\infty}(\mathbf{R}^n)} \leqslant 1, \forall t \geqslant 0. \tag{6.33}$$

从而，任取 $v \in X_{s,E}(E \leqslant 1)$，对函数 $F(D_x v, D_x^2 v)$ 均可应用假设 (6.4) 式。

我们要证明如下的

定理 6.1 设非线性右端函数 F 适当光滑并满足 (6.4) 式，则无需对空间维数 $n \geqslant 1$ 加以任何限制，对任何整数 $s \geqslant n + 7$，存在适当小的正数 δ 及 $E(E \leqslant 1)$，使得当初值

$$\varphi \in H^{s+1}(\mathbf{R}^n) \cap W^{s-2,1}(\mathbf{R}^n),$$

且

$$\|\varphi\|_{H^{s+1}(\mathbf{R}^n)} + \|\varphi\|_{W^{s-2,1}(\mathbf{R}^n)} \leqslant \delta E \tag{6.34}$$

时，Cauchy 问题 (6.1)-(6.2) 在 $t \geqslant 0$ 上恒存在唯一的整体解 $u \in X_{s,E}$，且必要时适当修改对 t 在区间 $[0, \infty)$ 的一个零测集上的函数值后，对任何 $T > 0$，有

$$u \in L^2(0, T; H^{s+2}(\mathbf{R}^n)) \cap C([0, T]; H^{s+1}(\mathbf{R}^n)), \tag{6.35}$$

$$u_t \in L^2(0, T; H^s(\mathbf{R}^n)) \cap C([0, T]; H^{s-1}(\mathbf{R}^n)). \tag{6.36}$$

由于定理 6.1 的成立对空间维数没有限制，为证明定理 6.1，只需考察

$$\alpha = 1 \tag{6.37}$$

的情形，此时 (6.4) 式化为：在 $|\hat{\lambda}| \leqslant 1$ 中成立

$$F(\hat{\lambda}) = O(|\hat{\lambda}|^2). \tag{6.38}$$

易知在 $\alpha \geqslant 1$ 的一般情形，仍可利用 (6.38) 式来进行讨论.

任取 $v \in X_{s,E}$，仍由求解下述非齐次热传导方程的 Cauchy 问题

$$\begin{cases} u_t - \Delta u = F(\Lambda v), & (6.39) \\ t = 0 : u = \varphi(x) & (6.40) \end{cases}$$

来定义一个映照

$$\hat{T} : v \to u = \hat{T} v, \tag{6.41}$$

其中在 (6.39) 中简记

$$\Lambda v = (D_x v,\ D_x^2 v). \tag{6.42}$$

我们仍要证明，当 δ 及 E 适当小时，映照 $\hat{T}$ 是 $X_{s,E}$ 到自身的压缩映照，由此就可得到定理 6.1 所要求的结论.

引理 6.3 对任何 $v \in X_{s,E}$，必要时适当修改对 t 在区间 $[0, \infty)$ 的一个零测集上的函数值后，对任何 $T > 0$，有

$$u = \hat{T} v \in L^2(0, T; H^{s+2}(\mathbf{R}^n)) \cap C([0, T]; H^{s+1}(\mathbf{R}^n)), \tag{6.43}$$

$$u_t \in L^2(0, T; H^s(\mathbf{R}^n)). \tag{6.44}$$

证 由 (6.28) 式，同引理 5.2 一样证明，就得到引理 6.3.

引理 6.4 当 δ 及 E 适当小时，映照 $\hat{T}$ 将 $X_{s,E}$ 映照到自身.

证 我们要证明：当 δ 及 E 适当小时，对任何 $v \in X_{s,E}$，有

$$u = \hat{T} v \in X_{s,E}. \tag{6.45}$$

由 (2.8) 式，Cauchy 问题 (6.39)-(6.40) 的解 $u = \hat{T} v$ 可写为

$$u(t, \cdot) = S(t)\varphi + \int_0^t S(t-\tau) F(\Lambda v(\tau, \cdot)) d\tau, \tag{6.46}$$

从而

$$D_x u(t,\cdot)=D_x S(t)\varphi+\int_0^t D_x S(t-\tau)F(\Lambda v(\tau,\cdot))d\tau. \tag{6.47}$$

利用 (6.5) 式，由 (6.47) 式可得

$$\begin{aligned}\|D_x u(t,\cdot)\|_{W^{s-n-6,\infty}(\mathbf{R}^n)} &\leqslant C(1+t)^{-\frac{n+1}{2}}\|\varphi\|_{W^{s-4,1}(\mathbf{R}^n)}\\ &+C\int_0^t(1+t-\tau)^{-\frac{n+1}{2}}\|F(\Lambda v(\tau,\cdot))\|_{W^{s-4,1}(\mathbf{R}^n)}d\tau.\end{aligned} \tag{6.48}$$

由 (4.43) 式(在其中取 $r=q=1$，$p=\infty$ 及 $\alpha=1$)，并注意到 (6.29)—(6.30) 式，有

$$\begin{aligned}&\|F(\Lambda v(\tau,\cdot))\|_{W^{s-4,1}(\mathbf{R}^n)}\\ &\quad\leqslant C\|D_x v(\tau,\cdot)\|_{W^{s-3,1}(\mathbf{R}^n)}\|D_x v(\tau,\cdot)\|_{W^{1,\infty}(\mathbf{R}^n)}\\ &\quad\leqslant CE^2(1+\tau)^{-\left(\frac{n}{2}+1\right)}.\end{aligned} \tag{6.49}$$

将 (6.49) 代入 (6.48) 式，利用 (5.54) 式，并注意到 (6.34) 式，就可得到

$$\sup_{t>0}(1+t)^{\frac{n+1}{2}}\|D_x u(t,\cdot)\|_{W^{s-n-6,\infty}(\mathbf{R}^n)}\leqslant C_1(\delta E+E^2), \tag{6.50}$$

其中 C_1 是一个正常数

利用 (6.6) 式，由 (6.47) 式可得

$$\begin{aligned}\|D_x u(t,\cdot)\|_{W^{s-3,1}(\mathbf{R}^n)} &\leqslant C(1+t)^{-\frac{1}{2}}\|\varphi\|_{W^{s-2,1}(\mathbf{R}^n)}\\ &+C\int_0^t(1+t-\tau)^{-\frac{1}{2}}\|F(\Lambda v(\tau,\cdot))\|_{W^{s-2,1}(\mathbf{R}^n)}d\tau.\end{aligned} \tag{6.51}$$

仍由 (4.43) 式(在其中取 $r=1$，$p=q=2$ 及 $\alpha=1$)，有

$$\begin{aligned}&\|F(\Lambda v(\tau,\cdot))\|_{W^{s-2,1}(\mathbf{R}^n)}\\ &\quad\leqslant C\|D_x v(\tau,\cdot)\|_{H^{s-1}(\mathbf{R}^n)}\|D_x v(\tau,\cdot)\|_{H^1(\mathbf{R}^n)}\\ &\quad\leqslant C\|D_x v(\tau,\cdot)\|^2_{H^{s-1}(\mathbf{R}^n)}\\ &\quad\leqslant C\left(\|D_x v(\tau,\cdot)\|^2_{L^2(\mathbf{R}^n)}+\sum_{|k|=2}^{s}\|D_x^k v(\tau,\cdot)\|^2_{L^2(\mathbf{R}^n)}\right)\end{aligned}$$

$$\leqslant C\Big(\|D_xv(\tau,\cdot)\|_{L^1(\mathbf{R}^n)}\|D_xv(\tau,\cdot)\|_{L^\infty(\mathbf{R}^n)}$$

$$+\sum_{|k|=2}^{s}\|D_x^kv(\tau,\cdot)\|^2_{L^2(\mathbf{R}^n)}\Big), \tag{6.52}$$

再注意到 (6.29)—(6.31) 式以及 (6.24) 式, 就有

$$\|F(\Lambda v(\tau,\cdot))\|_{W^{s-2,1}(\mathbf{R}^n)}\leqslant CE^2((1+\tau)^{-\left(\frac{n}{2}+1\right)}+(1+\tau)^{-2}). \tag{6.53}$$

将 (6.53) 式代入 (6.51) 式,利用 (5.54) 式, 并注意到 (6.34) 式, 就可得到

$$\sup_{t>0}(1+t)^{\frac{1}{2}}\|D_xu(t,\cdot)\|_{W^{s-3,1}(\mathbf{R}^n)}\leqslant C_2(\delta E+E^2), \tag{6.54}$$

其中 C_2 是一个正常数.

又利用 (6.19) 式,对任何多重指标 $k(|k|\leqslant s)$, 由 (6.46) 式可得

$$\|D_x^ku(t,\cdot)\|_{L^2(\mathbf{R}^n)}\leqslant C(1+t)^{-\frac{|k|}{2}}\|\varphi\|_{H^{|k|}(\mathbf{R}^n)}$$

$$+C\int_0^t(1+t-\tau)^{-\frac{|k|}{2}}\|F(\Lambda v(\tau,\cdot))\|_{H^{|k|}(\mathbf{R}^n)}d\tau. \tag{6.55}$$

再一次利用 (4.43) 式(在其中取 $r=q=2$, $p=\infty$ 及 $\alpha=1$), 并注意到 (6.29) 及 (6.31) 式,有

$$\|F(\Lambda v(\tau,\cdot))\|_{H^{|k|}(\mathbf{R}^n)}$$

$$\leqslant C\|D_xv(\tau,\cdot)\|_{H^{|k|+1}(\mathbf{R}^n)}\|D_xv(\tau,\cdot)\|_{W^{1,\infty}(\mathbf{R}^n)}$$

$$\leqslant C\|D_xv(\tau,\cdot)\|_{W^{1,\infty}(\mathbf{R}^n)}\Big(\|D_xv(\tau,\cdot)\|_{L^2(\mathbf{R}^n)}$$

$$+\sum_{|h|=1}\|D_x^hv(\tau,\cdot)\|_{H^{|k|}(\mathbf{R}^n)}\Big)\leqslant CE^2(1+\tau)^{-\left(\frac{n}{2}+1\right)}$$

$$+CE(1+\tau)^{-\frac{n+1}{2}}\sum_{|h|=1}\|D_x^hv(\tau,\cdot)\|_{H^s(\mathbf{R}^n)}. \tag{6.56}$$

将 (6.56) 式代入 (6.55) 式,用 (6.34) 式及 (5.54) 式,并注意到 (6.24) 式及 (6.32) 式,有

$$
\begin{aligned}
\|D_x^k u(t,\cdot)\|_{L^2(\mathbf{R}^n)} &\leqslant C\delta E(1+t)^{-\beta(k)} \\
&\quad + C\int_0^t (1+t-\tau)^{-\beta(k)}\|F(\Lambda v(\tau,\cdot))\|_{H^{|k|}(\mathbf{R}^n)}d\tau \\
&\leqslant C(\delta E+E^2)(1+t)^{-\beta(k)} + CE\Big(\int_0^t (1+t-\tau)^{-2\beta(k)} \\
&\quad \cdot (1+\tau)^{-(n+1)}d\tau\Big)^{\frac{1}{2}} \cdot \Big(\int_0^t \sum_{|h|=2}\|D_x^h v(\tau,\cdot)\|^2_{H^s(\mathbf{R}^n)}d\tau\Big)^{\frac{1}{2}} \\
&\leqslant C(\delta E+E^2)(1+t)^{-\beta(k)}, |k|\leqslant s,
\end{aligned} \tag{6.57}
$$

从而可得

$$
\sup_{t\geqslant 0}\sum_{|k|\leqslant s}(1+t)^{\beta(k)}\|D_x^k u(t,\cdot)\|_{L^2(\mathbf{R}^n)} \leqslant C_3(\delta E+E^2), \tag{6.58}
$$

其中 C_3 是一个正常数.

再由 (2.56) 式,有

$$
\begin{aligned}
\int_0^\infty \sum_{|h|=2}\|D_x^h u(t,\cdot)\|^2_{H^s(\mathbf{R}^n)}dt &\leqslant C\Big(\|\varphi\|^2_{H^{s+1}(\mathbf{R}^n)} \\
&\quad + \int_0^\infty \|F(\Lambda v(\tau,\cdot))\|^2_{H^s(\mathbf{R}^n)}d\tau\Big).
\end{aligned} \tag{6.59}
$$

由 (6.56) 式,易知有

$$
\begin{aligned}
\|F(\Lambda v(\tau,\cdot))\|^2_{H^s(\mathbf{R}^n)} &\leqslant CE^2(1+\tau)^{-(n+1)}\Big(E^2(1+\tau)^{-1} \\
&\quad + \sum_{|h|=2}\|D_x^h v(\tau,\cdot)\|^2_{H^s(\mathbf{R}^n)}\Big).
\end{aligned} \tag{6.60}
$$

代入 (6.59) 式,并注意到 (6.32) 及 (6.34) 式,就得到

$$
\Big(\int_0^\infty \sum_{|h|=2}\|D_x^h u(t,\cdot)\|^2_{H^s(\mathbf{R}^n)}dt\Big)^{\frac{1}{2}} \leqslant C_4(\delta E+E^2), \tag{6.61}
$$

其中 C_4 是一个正常数.

合并 (6.50), (6.54), (6.58) 及 (6.61) 式,易知只要选取 δ 及 E 适当小, (6.45) 式就成立. 引理 6.4 证毕.

引理 6.5 当 δ 及 E 适当小时,映照 $\hat{T}$ 按空间 $X_{s,E}$ 中的度量为压缩.

证 任取 $\bar{v}$, $\bar{\bar{v}}\in X_{s,E}$ 由引理 6.4, 当 δ 及 E 适当小时,有

$$\bar{u} - \hat{T}\bar{v},\ \bar{\bar{u}} - \hat{T}\bar{\bar{v}} \in X_{s,E}. \tag{6.62}$$

令

$$v^* = \bar{v} - \bar{\bar{v}},\ u^* = \bar{u} - \bar{\bar{u}}, \tag{6.63}$$

我们要证明：当 δ 及 E 适当小时，存在正常数 $\eta < 1$，使得

$$D_s(u^*) \leqslant \eta D_s(v^*). \tag{6.64}$$

易知

$$\begin{cases} u_t^* - \Delta u^* = F(\Lambda\bar{v}) - F(\Lambda\bar{\bar{v}}), & (6.65) \\ t = 0: u^* = 0. & (6.66) \end{cases}$$

类似于 (6.48) 式，现在有

$$\begin{aligned} &\|D_x u^*(t, \cdot)\|_{W^{s-n-6,\infty}(\mathbb{R}^n)} \\ &\leqslant C\int_0^t (1+t-\tau)^{-\frac{n+1}{2}} \|F(\Lambda\bar{v}(\tau, \cdot)) \\ &\quad - F(\Lambda\bar{\bar{v}}(\tau, \cdot))\|_{W^{s-4,1}(\mathbb{R}^n)} d\tau. \end{aligned} \tag{6.67}$$

由 (4.61) 式（在其中取 $r = q = 1$, $p = \infty$ 及 $\alpha = 1$），有

$$\begin{aligned} &\|F(\Lambda\bar{v}) - F(\Lambda\bar{\bar{v}})\|_{W^{s-4,1}(\mathbb{R}^n)} \\ &\leqslant C(\|D_x v^*\|_{W^{s-3,1}(\mathbb{R}^n)} \|D_x \hat{v}\|_{W^{1,\infty}(\mathbb{R}^n)} \\ &\quad + \|D_x v^*\|_{W^{1,\infty}(\mathbb{R}^n)} \|D_x \hat{v}\|_{W^{s-3,1}(\mathbb{R}^n)}), \end{aligned} \tag{6.68}$$

这儿及今后我们简记

$$\|D_x^k \hat{v}\|_{W^{m,p}(\mathbb{R}^n)} = \|D_x^k \bar{v}\|_{W^{m,p}(\mathbb{R}^n)} + \|D_x^k \bar{\bar{v}}\|_{W^{m,p}(\mathbb{R}^n)}. \tag{6.69}$$

于是由 (6.29)—(6.30) 式，并注意到 $D_s(v)$ 的定义，有

$$\begin{aligned} &\|F(\Lambda\bar{v}(\tau, \cdot)) - F(\Lambda\bar{\bar{v}}(\tau, \cdot))\|_{W^{s-4,1}(\mathbb{R}^n)} \\ &\leqslant CE(1+\tau)^{-(\frac{n}{2}+1)} D_s(v^*). \end{aligned} \tag{6.70}$$

将 (6.70) 式代入 (6.67) 式，并利用 (5.54) 式，就可得到

$$\sup_{t>0} (1+t)^{\frac{n+1}{2}} \|D_x u^*(t, \cdot)\|_{W^{s-n-6,\infty}(\mathbb{R}^n)} \leqslant C_1 E D_s(v^*), \tag{6.71}$$

其中 C_1 是一个正常数。

又类似于 (6.51) 式，现在有

$$\begin{aligned} &\|D_x u^*(t, \cdot)\|_{W^{s-3,1}(\mathbb{R}^n)} \\ &\leqslant C\int_0^t (1+t-\tau)^{-\frac{1}{2}} \|F(\Lambda\bar{v}(\tau, \cdot)) \end{aligned}$$

$$-F(\Lambda\bar{v}(\tau,\cdot))\|_{W^{s-2,1}(\mathbf{R}^n)}d\tau. \tag{6.72}$$

由 (4.61) 式 (在其中取 $r=1$, $p=q=2$ 及 $\alpha=1$), 参照 (6.52)—(6.53) 式的证明,并注意到 $D_s(v)$ 的定义,有

$$\begin{aligned}
&\|F(\Lambda\bar{v}(\tau,\cdot))-F(\Lambda\bar{v}(\tau,\cdot))\|_{W^{s-2,1}(\mathbf{R}^n)}\\
&\quad\leqslant C(\|D_xv^*\|_{H^1(\mathbf{R}^n)}\|D_x\hat{v}\|_{H^{s-1}(\mathbf{R}^n)}\\
&\qquad+\|D_xv^*\|_{H^{s-1}(\mathbf{R}^n)}\|D_x\hat{v}\|_{H^1(\mathbf{R}^n)})\\
&\quad\leqslant C\|D_xv^*\|_{H^{s-1}(\mathbf{R}^n)}\|D_x\hat{v}\|_{H^{s-1}(\mathbf{R}^n)}\\
&\quad\leqslant CE((1+\tau)^{-\left(\frac{n}{2}+1\right)}+(1+\tau)^{-2})D_s(v^*).
\end{aligned}\tag{6.73}$$

代入 (6.72) 式,并利用 (5.54) 式,就得到

$$\sup_{t\geqslant 0}(1+t)^{\frac{1}{2}}\|D_xu^*(t,\cdot)\|_{W^{s-2,1}(\mathbf{R}^n)}\leqslant C_2ED_s(v^*), \tag{6.74}$$

其中 C_2 是一个正常数.

又类似于 (6.55) 式,对任何多重指标 $k(|k|\leqslant s)$, 现在有

$$\begin{aligned}
&\|D_x^ku^*(t,\cdot)\|_{L^2(\mathbf{R}^n)}\\
&\quad\leqslant C\int_0^t(1+t-\tau)^{-\frac{|k|}{2}}\|F(\Lambda\bar{v}(\tau,\cdot))\\
&\qquad-F(\Lambda\bar{v}(\tau,\cdot))\|_{H^{|k|}(\mathbf{R}^n)}d\tau\\
&\quad\leqslant C\int_0^t(1+t-\tau)^{-\beta(k)}\|F(\Lambda\bar{v}(\tau,\cdot))\\
&\qquad-F(\Lambda\bar{v}(\tau,\cdot))\|_{H^{|k|}(\mathbf{R}^n)}d\tau.
\end{aligned}\tag{6.75}$$

由 (4.61) 式 (在其中取 $r=q=2$, $p=\infty$ 及 $\alpha=1$), 参照 (6.56) 式的证明,并注意到 $D_s(v)$ 的定义,有

$$\begin{aligned}
&\|F(\Lambda\bar{v}(\tau,\cdot))-F(\Lambda\bar{v}(\tau,\cdot))\|_{H^{|k|}(\mathbf{R}^n)}\\
&\quad\leqslant C(\|D_xv^*\|_{W^{1,\infty}(\mathbf{R}^n)}\|D_x\hat{v}\|_{H^{|k|+1}(\mathbf{R}^n)}\\
&\qquad+\|D_xv^*\|_{H^{|k|+1}(\mathbf{R}^n)}\|D_x\hat{v}\|_{W^{1,\infty}(\mathbf{R}^n)})\\
&\quad\leqslant CE(1+\tau)^{-\left(\frac{n}{2}+1\right)}D_s(v^*)\\
&\qquad+CE(1+\tau)^{-\frac{n+1}{2}}\sum_{|h|=2}\|D_x^hv^*(\tau,\cdot)\|_{H^s(\mathbf{R}^n)}\\
&\qquad+C(1+\tau)^{-\frac{n+1}{2}}D_s(v^*)\sum_{|h|=2}\|D_x^h\hat{v}(\tau,\cdot)\|_{H^s(\mathbf{R}^n)}.
\end{aligned}\tag{6.76}$$

将 (6.76) 式代入 (6.75) 式，用类似于得到 (6.57)—(6.58) 式的方法，可得

$$\sup_{t\geq 0}\sum_{|k|\leq s}(1+t)^{\beta(k)}\|D_x^k u^*(t,\cdot)\|_{L^2(\mathbf{R}^n)}\leqslant C_3 E D_s(v^*), \tag{6.77}$$

其中 C_3 是一个正常数。

最后，类似于 (6.59) 式，现在有

$$\int_0^\infty \sum_{|h|=2}\|D_x^h u^*(t,\cdot)\|^2_{H^s(\mathbf{R}^n)}dt \leqslant C\int_0^\infty \|F(\Lambda\bar{v}(\tau,\cdot))-F(\Lambda\bar{\bar{v}}(\tau,\cdot))\|^2_{H^s(\mathbf{R}^n)}d\tau. \tag{6.78}$$

由 (6.76) 式，易知有

$$\begin{aligned}
&\|F(\Lambda\bar{v}(\tau,\cdot))-F(\Lambda\bar{\bar{v}}(\tau,\cdot))\|^2_{H^s(\mathbf{R}^n)}\\
&\leqslant CE^2(1+\tau)^{-(n+2)}D_s^2(v^*)\\
&\quad+CE^2\sum_{|h|=2}\|D_x^h v^*(\tau,\cdot)\|^2_{H^s(\mathbf{R}^n)}\\
&\quad+CD_s^2(v^*)\sum_{|h|=2}\|D_x^h \bar{\bar{v}}(\tau,\cdot)\|^2_{H^s(\mathbf{R}^n)},
\end{aligned} \tag{6.79}$$

代入 (6.78) 式，并注意到 (6.32) 式及 $D_s(v)$ 的定义，就可得到

$$\left(\int_0^\infty \sum_{|h|=2}\|D_x^h u^*(t,\cdot)\|^2_{H^s(\mathbf{R}^n)}dt\right)^{\frac{1}{2}}\leqslant C_4 E D_s(v^*), \tag{6.80}$$

其中 C_4 是一个正常数。

合并 (6.71)，(6.74)，(6.77) 及 (6.80) 式，易知只要选取 E 适当小，就可得到 (6.64) 式。引理 6.5 证毕。

以下的证明完全同定理 5.1 的证明，定理 6.1 证毕。

第二章　非线性波动方程

§1　引　　言

在本章中，我们将考察 n 维非线性波动方程的 Cauchy 问题

$$\begin{cases} u_{tt}-\Delta u=F(Du,\ D_xDu)\ \left(\Delta=\dfrac{\partial^2}{\partial x_1^2}+\cdots+\dfrac{\partial^2}{\partial x_n^2}\right), & (1.1)\\ t=0:u=\varphi(x),\ u_t=\psi(x)\qquad (x=(x_1,\cdots,x_n)), & (1.2)\end{cases}$$

其中

$$Du=(u_t,\ u_{x_1},\cdots u_{x_n})=(u_{x_0},\ u_{x_1},\cdots,u_{x_n}),\tag{1.3}$$

$$D_xDu=(u_{x_ix_j},i,j=0,1,\cdots,n,i+j\geqslant 1).\tag{1.4}$$

这里为书写方便计，简记

$$x_0=t.\tag{1.5}$$

令

$$\hat{\lambda}=((\lambda_i),i=0,1,\cdots,n;(\lambda_{ij}),\ i,\ j=0,1,\cdots,n,\ i+j\geqslant 1),\tag{1.6}$$

假设方程 (1.1) 中的非线性项 $F=F(\hat{\lambda})$ 在 $\hat{\lambda}=0$ 的一个邻域中适当光滑，并成立

$$F(\hat{\lambda})=O(|\hat{\lambda}|^{1+\alpha}),\tag{1.7}$$

其中 $\alpha\geqslant 1$ 为整数.

注 1.1　和第一章中注 1.1 类似，对于形式上更为一般的非线性波动方程

$$u_{tt}-\sum_{i,j=1}^{n}a_{ij}(Du,\ D_xDu)u_{x_ix_j}-2\sum_{j=0}^{n}a_{0j}(Du,D_xDu)u_{tx_j}$$
$$=F(Du,\ D_xDu),\tag{1.8}$$

总可改写为 (1.1) 的形式(参见注 7.1 中的说明)，但 (1.7) 式中的 $\alpha=1$。

关于 Cauchy 问题(1.1)-(1.2) 在 $t \geqslant 0$ 上的整体经典解的存在唯一性，首先由 S. Klainerman ([1]) 于 1980 年在 $\alpha = 1$ 的情形借助于波动方程解的 $L^\infty(\mathbb{R}^n)$ 范数当 $t \to +\infty$ 时的衰减估计以及能量估计式，利用 Nash-Moser-Hörmander 迭代，在上述一般的情形下，证明了：若空间维数

$$n \geqslant 6, \tag{1.9}$$

则在小初值的情形(即设 $\varphi(x)$ 及 $\psi(x)$ 的某些 Sobolev 空间的范数适当小)，Cauchy 问题 (1.1)-(1.2) 在 $t \geqslant 0$ 上存在唯一的整体经典解，并在 $t \to +\infty$ 时具有一定的衰减性. 后来，S. Klainerman ([2]) 于 1982 年又用同样的方法对 $\alpha \geqslant 1$ (α 为整数) 的一般情形，在空间维数满足条件

$$\frac{1}{\alpha}\left(1 + \frac{1}{\alpha}\right) < \frac{n-1}{2} \tag{1.10}$$

时，得到了同样的结论. 特别在 $\alpha = 1$ 时，由 (1.10) 就可推得 (1.9). 一般地说，由 (1.10) 式，空间维数 n 和 α 之间的依赖关系见下表.

$\alpha =$	1	2	3, 4,…
$n \geqslant$	6	3	2

接着，S. Klainerman 和 G. Ponce ([1]) 于 1983 年借助于波动方程解的 $L^q(\mathbb{R}^n)$ ($q > 2$) 范数的衰减性，利用局部解延拓法比较简单地证得了 (1.10) 式所示的结果.

在 $\alpha = 1$ 时对空间维数所加的限制 (1.9) 其实并不是最佳的，S. Klainerman ([6]) 于 1985 年对此作了改进. 他借助于在波动算子的 Lorentz 不变性的基础上所得到的一些估计式，利用局部解延拓法将此时关于空间维数的限制改进为

$$n \geqslant 4. \tag{1.11}$$

由于 F. John ([4]) 已证明了：在 $n = 3$ 的情形，对下述非线性波动方程

$$u_{tt} - \Delta u = u_t^2 \tag{1.12}$$

的任一取紧支集初值 (1.2) 的非平凡的 C^3 经典解必在有限时间内破裂，因此，由 (1.11) 式所给出的对空间维数的限制已不可能作进一步的改进. 此外，T. C. Sideris ([2]) 已指出，在大初值的情形，不论空间的维数如何，都有可能发生解的破裂.

在 $n=3$ 这一重要的特殊情形，由于即使对于小初值而言经典解也可能在有限时间内破裂，就有必要对经典解的存在高度 T_*，即所谓生命跨度 (life span)，进行估计. 在小初值

$$t=0:\ u=\varepsilon\varphi(x),\quad u_t=\varepsilon\psi(x) \tag{1.13}$$

的情形(其中 $\varepsilon>0$ 可取得充分小)，可以证明经典解可以在一个相当长的时间内存在，然后才有可能破裂. 在这方面，F. John ([5]) 于 1983 年利用关于 ε 进行渐近展开的方法证明了生命跨度 T_* 随着 $\varepsilon\to 0$ 将至少按 $\frac{1}{\varepsilon}$ 的多项式的方式增长. 特别对于球对称的解，F. John ([4], 1981) 及 T. C. Sideris ([1], 1983) 分别对半线性的情形：$F=F(Du)$，而 S. Klainerman ([3], 1983) 对 $F=F(Du, D_xDu)$ 的一般情形，都证明了当 $\varepsilon\to 0$ 时，生命跨度 T_* 将至少以 $\exp\left(\frac{A}{\varepsilon}\right)$ ($A>0$ 为某一常数) 的指数方式增长. 到 1985 年，S. Klainerman ([6]) 在 $n=3$ 时，对一般情形下的 Cauchy 问题 (1.1)，(1.13) 的解同样证明了生命跨度 T_* 在 $\varepsilon\to 0$ 时至少以 $\exp\left(\frac{A}{\varepsilon}\right)$ 的指数方式增长，他并将这种解称为几乎整体解 (almost global solution). 关于生命跨度的研究也见 L. Hörmander ([2]).

上面的讨论都是在非线性右端项 F 不依赖于 u 的情形下进行的. 由于波动方程的解本身在 $L^2(\mathbf{R}^n)$ 空间中的范数不能用通常的能量积分法得到估计，从而影响到解本身在 $t\to+\infty$ 时的衰减性质，因此，在 F 还可能依赖于 u 的情形，为了在小初值条件下得到整体经典解的存在唯一性，对空间维数 n 将要提出更强的限制. A. Matsumura ([2]) 在其博士论文中用局部解延拓法，在 $n=2$ 或 3 的情形，讨论了系数依赖于 u 及 Du 的一类拟线性波

动方程的 Cauchy 问题,证明了其整体经典解在 $t \geqslant 0$ 上的存在唯一性,但其中 α 是一个相对说来比较大的整数(在 $n=3$ 时 $\alpha=3$; 在 $n=2$ 时 $\alpha=4$). 采用几何中的共形变换的方法, D. Christodoulou ([1]),在 $\alpha=1$, $n \geqslant 5$ 为奇数的情形,证明了类似的结果.关于非线性右端项 F 显含 u 的情形的一个完整的讨论,详见下一章 §6.

所有这些基于解在 $t \to \infty$ 时的衰减性基础上的讨论, 在空间维数 $n=1$ 时完全失效. 事实上, 由熟知的达朗贝尔公式知道此时波动方程的解不会衰减. 这说明, 在 $n=1$ 这一重要的特殊情形, 对整体经典解的存在性或解的破裂现象, 需要作专门的讨论. 此时, 可以借助于特征线法来进行更为深入细致的分析. 这方面的研究不少, 例如可见 F. John [1] 以及 S. Klainerman 和 A. Majda [1] 等.

在具有某种耗散机制时,相应的线性方程的解在 $t \to +\infty$ 时具有指数的衰减性. 因此, 为了在小初值的情形得到经典解的整体存在性, 可以无需对空间维数 n 加以限制. 这方面的工作例如可见 T. Nishida [1] (其中 $n=1$) 及 A. Matsumura [1]等.

在本章中,我们将在条件 (1.10) 下, 在小初值的情况, 证明 Cauchy 问题 (1.1)-(1.2) 在 $t \geqslant 0$ 上的整体经典解的存在唯一性. 对 $\alpha=1$ 的情形,在条件 (1.11) 下的整体经典解的存在唯一性,将留待下一章讨论. 在本章中关于解的整体存在性的证明,要充分利用波动方程的解在 $t \to +\infty$ 时的衰减性, 并且这种衰减性将随着空间维数 n 的增大而得到进一步改善. 为了说明这一事实, S. Klainerman ([4])转述了 F. John 在 [2] 中引用来加以说明的莎士比亚在其剧作《亨利四世》中的一段话:

"荣誉犹如水中的圆圈,
(它)永不停息地扩大,
直至伸展到化为乌有"
("Glory is like a circle in the water,
Which never ceaseth to enlarge itself,

Till by broad spreading it disperse to naught.")
在空间维数 n 愈高时，将为波的疏散提供更为广大的空间，从而可以导至更快的衰减.

在本章中对 Cauchy 问题 (1.1)-(1.2) 的整体经典解的存在唯一性的讨论，我们也将采用第一章中处理非线性热传导方程的类似的方式进行．这一方法对右端项依赖于 u 或具有某种耗散机制时也同样可以采用．但由于波动方程的解的正规性不如热传导方程的解的正规性，在具体讨论时需要作更为深入细致的分析和处理，从而和热传导方程的情形相比要经过一个比较迂回曲折的途径才能达到上面所宣告的最终结果．尽管如此，整个证明的思路和步骤仍然比以往的证明方法要清楚和简便得多.

§2 n 维波动方程 Cauchy 问题的解的表达式

2.1 引言

我们已知，对三维波动方程的 Cauchy 问题，可以利用球面平均的方法来求得其解的表达式，再利用降维法，就得到二维波动方程的 Cauchy 问题的解(参见谷超豪等 [1])．在本节中，我们将这一方法用于求解 n 维波动方程的 Cauchy 问题，得到相应的解的表达式，为以后的讨论作好准备．整个讨论仍分 n 为奇数及 n 为偶数这两种情形进行．先利用球面平均法得到在 n 为奇数时解的表达形式，然后再用降维法得到 n 为偶数时解的表达形式．为了以后的需要，这里的推导只着重解的表达形式，对表达式中一些常数的具体数值不一一加以指明.

根据迭加原理及据此而得的 Duhamel 原理，关键要求解如下齐次波动方程的 Cauchy 问题

$$\begin{cases} u_{tt} - \Delta u = 0 \quad \left(\Delta = \dfrac{\partial^2}{\partial x_1^2} + \cdots + \dfrac{\partial^2}{\partial x_n^2}\right), & (2.1) \\ t = 0: u = 0,\ u_t = \psi(x) \quad (x = (x_1, \cdots, x_n)). & (2.2) \end{cases}$$

此问题的解今后我们将记为

$$u = S(t)\psi. \tag{2.3}$$

这里

$$S(t): \psi \to u(t, \cdot) \tag{2.4}$$

是一个线性算子,其具体的性质反映了波动方程的本质,正是本章需要重点研究的对象.

若已求得 Cauchy 问题 (2.1)-(2.2) 的解 (2.3), 则易知 Cauchy 问题

$$\begin{cases} u_{tt} - \Delta u = 0, & (2.5) \\ t = 0: u = \varphi(x), \ u_t = 0 & (2.6) \end{cases}$$

的解可表示为

$$u = \frac{\partial}{\partial t}(S(t)\varphi); \tag{2.7}$$

而非齐次波动方程的 Cauchy 问题

$$\begin{cases} u_{tt} - \Delta u = F(t, x), & (2.8) \\ t = 0: u = 0, \ u_t = 0 & (2.9) \end{cases}$$

的解则由 Duhamel 原理可表示为

$$u = \int_0^t S(t-\tau)F(\tau, \cdot)d\tau. \tag{2.10}$$

因此,一般情形下波动方程的 Cauchy 问题

$$\begin{cases} u_{tt} - \Delta u = F(t, x), & (2.11) \\ t = 0: u = \varphi(x), \ u_t = \psi(x) & (2.12) \end{cases}$$

的解可统一表达为

$$u = \frac{\partial}{\partial t}(S(t)\varphi) + S(t)\psi + \int_0^t S(t-\tau)F(\tau, \cdot)d\tau. \tag{2.13}$$

自然,这里恒假设 φ, ψ 及 F 均具有适当的光滑性, 具体的要求在以后的讨论中再加以指明.

在本节中,我们要证明如下的

定理 2.1 设 ψ 适当光滑,则

(i) 当 n 为奇数 ($n > 1$) 时, Cauchy 问题 (2.1)-(2.2) 的解可表示为

$$u(t,\ x)=\sum_{\nu=0}^{\frac{n-3}{2}} a_\nu t^\nu \left(\frac{\partial}{\partial t}\right)^\nu Q(t,\ x) \tag{2.14}$$

的形式，其中 a_ν 是常数，而

$$Q(t,\ x)=\frac{1}{\omega_n}\int_{|\xi|=1} \psi(x+t\xi)d\omega_\xi \tag{2.15}$$

为函数 $\psi=\psi(x)$ 在以 x 为中心、t 为半径的球面上的积分平均值，ω_n 为 $\mathbf{R}^n$ 中单位球面 $\Omega_n: |\xi|=1$ 的面积，$d\omega_\xi$ 为此单位球面上的面积单元，而 $\xi=(\xi_1,\cdots,\xi_n)$.

(ii) 当 n 为偶数时，Cauchy 问题 (2.1)-(2.2) 的解可表示为

$$u(t,x)=\sum_{\nu=0}^{\frac{n-2}{2}} b_\nu t^{\nu+1}\left(\frac{\partial}{\partial t}\right)^\nu G(t,\ x) \tag{2.16}$$

的形式，其中 b_ν 是常数，而

$$G(t,\ x)=\frac{1}{\omega_{n+1}}\int_{|\tilde{\xi}|=1} \psi(x+t\xi)d\omega_{\tilde{\xi}}, \tag{2.17}$$

其中 $\xi=(\xi_1,\ \cdots,\ \xi_n)$，$\tilde{\xi}=(\xi,\ \xi_{n+1})=(\xi_1,\cdots,\ \xi_n,\ \xi_{n+1})$，$|\tilde{\xi}|=1$，而 $d\omega_{\tilde{\xi}}$ 为 $\mathbf{R}^{n+1}$ 中单位球面 $\Omega_{n+1}: |\tilde{\xi}|=1$ 上的面积单元. (2.17) 式亦可改写为

$$G(t,\ x)=\frac{2t^{-n+1}}{\omega_{n+1}}\int_0^t \frac{r^{n-1}}{\sqrt{t^2-r^2}}\int_{|\xi|=1} \psi(x+r\xi)d\omega_\xi dr. \tag{2.18}$$

2.2 球面平均方法

任意给定一个函数 $h=h(x)=h(x_1,\cdots,x_n)$，在以 x 为心、r 为半径的球面上的积分平均值记为

$$M_h(x,\ r)=\frac{1}{\omega_n r^{n-1}}\int_{|y-x|=r} h(y)dS_y, \tag{2.19}$$

其中 ω_n 为 $\mathbf{R}^n$ 中单位球面 Ω_n 的面积，dS_y 为球面 $|y-x|=r$ 上的面积单元，而 $\omega_n r^{n-1}$ 为此球面的面积. 易知上式可改写为

$$M_h(x, r) = \frac{1}{\omega_n}\int_{|\xi|=1} h(x + r\xi)d\omega_\xi. \tag{2.20}$$

由上式,原先只对 $r \geqslant 0$ 定义的函数 $M_h(x, r)$, 对 $r < 0$ 也可以定义,且为 r 的偶函数.

若 $h \in C^2$, 则显然 $M_h(x, r) \in C^2$, 且

$$M_h(x, 0) = h(x), \tag{2.21}$$

并由于 M_h 是 r 的偶函数,有

$$\frac{\partial M_h}{\partial r}(x, 0) = 0. \tag{2.22}$$

此外,由 (2.20) 式,有

$$\begin{aligned}\frac{\partial M_h(x, r)}{\partial r} &= \frac{1}{\omega_n}\int_{|\xi|=1} \sum_{i=1}^{n} h_{x_i}(x + r\xi)\cdot \xi_i d\omega_\xi \\ &= \frac{1}{\omega_n r^{n-1}}\int_{|\xi|=r} \sum_{i=1}^{n} h_{x_i}(x + r\xi)\cdot \xi_i ds,\end{aligned}$$

从而由格林公式得

$$\frac{\partial M_h(x, r)}{\partial r} = \frac{1}{\omega_n r^{n-1}}\int_{|y-x|\leqslant r} \Delta h(y)dy. \tag{2.23}$$

从而

$$\begin{aligned}\frac{\partial^2 M_h(x, r)}{\partial r^2} &= -\frac{n-1}{\omega_n r^n}\int_{|y-x|\leqslant r} \Delta h(y)dy \\ &\quad + \frac{1}{\omega_n r^{n-1}}\int_{|y-x|=r} \Delta h(y)dS \\ &= -\frac{n-1}{r}\frac{\partial M_h(x,r)}{\partial r} \\ &\quad + \frac{1}{\omega_n r^{n-1}}\int_{|y-x|=r} \Delta h(y)dS.\end{aligned} \tag{2.24}$$

另一方面,由 (2.20) 式,有

$$\begin{aligned}\Delta_x M_h(x, r) &= \frac{1}{\omega_n}\int_{|\xi|=1} \Delta_x h(x + r\xi)d\omega_\xi \\ &= \frac{1}{\omega_n r^{n-1}}\int_{|y-x|=r} \Delta h(y)dS.\end{aligned} \tag{2.25}$$

联合 (2.24)—(2.25) 式,并注意到(2.21)—(2.22)式就得到如下的

引理 2.1 设 $h(x) \in C^2$, 则其球面平均函数 $M_h(x, r) \in C^2$, 满足如下的 Darboux 方程

$$\frac{\partial^2 M_h}{\partial r^2}(x, r) + \frac{n-1}{r}\frac{\partial M_h}{\partial r}(x, r) = \Delta_x M_h(x, r), \quad (2.26)$$

且满足如下的初始条件:

$$r = 0: M_h(x, 0) = h(x), \quad \frac{\partial M_h}{\partial r}(x, 0) = 0. \quad (2.27)$$

注 2.1 上面只在 $r \geqslant 0$ 时推得了方程(2.26). 但由于 $M_h(x, r)$ 是 r 的偶函数,易知方程 (2.26) 在 $r < 0$ 时也成立,因此对一切 $r \in \mathbf{R}$ 均成立.

现在将上述事实应用于 Cauchy 问题 (2.1)-(2.2) 的 C^2 解 $u = u(t,x)$. 在解 $u = u(t, x)$ 中视 t 为参数,对 x 变量作球面平均,就得到

$$M_u(t, x, r) = \frac{1}{\omega_n}\int_{|\xi|=1} u(t, x + r\xi)d\omega_\xi; \quad (2.28)$$

反之,若已知解的球面平均 $M_u(t, x, r)$, 就可求得解

$$u(t, x) = M_u(t, x, 0). \quad (2.29)$$

因此,为了求 Cauchy 问题 (2.1)-(2.2) 的解 u, 只须求其球面平均函数 $M_u(t, x, r)$.

现在看 $M_u(t, x, r)$ 应满足的偏微分方程. 由引理 2.1, 有

$$\Delta_x M_u = \frac{\partial^2 M_u}{\partial r^2} + \frac{n-1}{r}\frac{\partial M_u}{\partial r}. \quad (2.30)$$

再利用 u 是波动方程 (2.1) 的解,由 (2.28) 式有

$$\begin{aligned}\Delta_x M_u &= \frac{1}{\omega_n}\int_{|\xi|=1} \Delta_x u(t, x + r\xi)d\omega_\xi \\ &= \frac{1}{\omega_n}\int_{|\xi|=1} \frac{\partial^2 u(t, x + r\xi)}{\partial t^2} d\omega_\xi = \frac{\partial^2 M_u}{\partial t^2}. \quad (2.31)\end{aligned}$$

因此, $M_u(t, x, r)$ 对任意固定的 $x \in \mathbf{R}^n$, 对变数 t 及 r 满足如下的 Euler-Poisson-Darboux 方程

$$\frac{\partial^2 M_u}{\partial t^2} = \frac{\partial^2 M_u}{\partial r^2} + \frac{n-1}{r}\frac{\partial M_u}{\partial r}. \quad (2.32)$$

再由 u 所满足的初始条件 (2.2), 对 M_u 有如下的初始条件

$$t = 0: M_u = 0, \quad \frac{\partial M_u}{\partial t} = M_\psi(x, r). \quad (2.33)$$

因此，有如下的

引理 2.2 若 $u=u(t, x)$ 是 Cauchy 问题 (2.1)-(2.2) 的 C^2 解，则它对 x 变量的球面平均函数 $M_u(t, x, r)$，对任意固定的 $x\in\mathbf{R}^n$，是定解问题 (2.32)-(2.33) 的解。

球面平均方法的本质就是通过求解仅包含二自变数 t 及 r (但包含参变数 $x=(x_1,\cdots,x_n)$) 的定解问题 (2.32)-(2.33) 来求得 $M_u(t, x, r)$，然后利用 (2.29) 式来得到 Cauchy 问题 (2.1)-(2.2) 的解 $u(t, x)$。

为了下面讨论的需要，将方程 (2.32) 改写为

$$\frac{\partial^2(rM_u)}{\partial t^2}=\frac{\partial^2(rM_u)}{\partial r^2}+(n-3)\frac{\partial M_u}{\partial r}. \tag{2.34}$$

2.3 $n=3$ 的情形

球面平均方法在空间维数 $n=3$ 时使用起来特别简单，并且对一般情形的讨论可以给以启发。本段我们先简单地回顾一下 $n=3$ 时的求解方法，再由此过渡到 n 为奇数 ($n>1$) 的一般情形。

在 $n=3$ 时，方程 (2.34) 采取如下的特别简单的形式

$$\frac{\partial^2(rM_u)}{\partial t^2}=\frac{\partial^2(rM_u)}{\partial r^2}, \tag{2.35}$$

而初始条件 (2.33) 可相应地写为

$$t=0:\ rM_u=0,\ \frac{\partial(rM_u)}{\partial t}=rM_\psi(x, r). \tag{2.36}$$

因此，函数 rM_u 可由熟知的 D'Alembert 公式表示为

$$rM_u(t, x, r)=\frac{1}{2}\int_{r-t}^{r+t}\alpha M_\psi(x, \alpha)d\alpha. \tag{2.37}$$

注意到 $M_\psi(x, \alpha)$ 是 α 的偶函数，上式可改写为

$$M_u(t, x, r)=\frac{1}{2r}\int_{t-r}^{t+r}\alpha M_\psi(x, \alpha)d\alpha. \tag{2.38}$$

在上式中令 $r\to 0$，由 (2.29) 式就得到

$$u(t, x)=tM_\psi(x, t). \tag{2.39}$$

若记

$$Q(t, x) = M_\psi(x, t) = \frac{1}{\omega_n}\int_{|\xi|=1} \psi(x + t\xi)\, d\omega_\xi, \quad (2.40)$$

就得到

$$u(t, x) = tQ(t, x), \quad (2.41)$$

这就是 $n = 3$ 时的 (2.14) 式，即对三维的波动方程的 Cauchy 问题所熟知的 Poisson 公式。

2.4 n 为奇数 ($n > 1$) 的一般情形

在 n 为奇数 ($n > 1$) 的情形，由上一段的结果，这里着重考察 $n > 3$ 的情形。此时由于方程 (2.34) 中有一项 $(n - 3)\frac{\partial M_u}{\partial r}$，无法直接利用 D'Alembert 公式求解，必须作进一步的考虑。

注意到

$$\frac{\partial^2(rM_u)}{\partial r^2} = \frac{1}{r}\frac{\partial}{\partial r}\left(r^2\frac{\partial M_u}{\partial r}\right), \quad (2.42)$$

可将 (2.34) 式改写为

$$\frac{\partial^2 M_u}{\partial t^2} = \frac{1}{r^2}\frac{\partial}{\partial r}\left(r^2\frac{\partial M_u}{\partial r}\right) + \frac{n-3}{r}\frac{\partial M_u}{\partial r}. \quad (2.43)$$

将上式对 r 求导一次，然后两端再乘以 r^2，可得

$$\frac{\partial^2}{\partial t^2}\left(r^2\frac{\partial M_u}{\partial r}\right) = \frac{\partial^2}{\partial r^2}\left(r^2\frac{\partial M_u}{\partial r}\right) + (n-5)r\frac{\partial^2 M_u}{\partial r^2} - (n+1)\frac{\partial M_u}{\partial r}. \quad (2.44)$$

注意到上式右端第二项的系数为 $(n - 5)$，比 (2.34) 右端第二项的系数 $(n - 3)$ 少了 2，而上式右端第三项与 (2.34) 右端第二项具有相同的形式，因此，只要作 rM_u 及 $r^2\frac{\partial M_u}{\partial r}$ 的适当的线性组合，可使其满足的方程中不含 $\frac{\partial M_u}{\partial r}$ 的项，而只含 $(n - 5)r\frac{\partial M_u}{\partial r}$ 的项。特别地，如果 $n = 5$，则此项不出现，就可利用

D'Alembert 公式．具体地说，在 $n=5$ 时，由 (2.34) 及 (2.44) 式有

$$\frac{\partial^2(rM_u)}{\partial t^2}=\frac{\partial^2(rM_u)}{\partial r^2}+2\frac{\partial M_u}{\partial r}, \tag{2.45}$$

$$\frac{\partial^2}{\partial t^2}\left(r^2\frac{\partial M_u}{\partial r}\right)=\frac{\partial^2}{\partial r^2}\left(r^2\frac{\partial M_u}{\partial r}\right)-6\frac{\partial M_u}{\partial r}. \tag{2.46}$$

于是若令

$$N=r^2\frac{\partial M_u}{\partial r}+3rM_u, \tag{2.47}$$

就可知N适合 D'Alembert 方程

$$\frac{\partial^2 N}{\partial t^2}=\frac{\partial^2 N}{\partial r^2}, \tag{2.48}$$

而相应的初始条件为

$$t=0: N=0,\ \frac{\partial N}{\partial t}=r^2\frac{\partial M_\psi(x,r)}{\partial r}+3rM_\psi(x,r). \tag{2.49}$$

于是由 D'Alembert 公式，有

$$N=\frac{1}{2}\int_{r-t}^{r+t}\left[\alpha^2\frac{\partial M_\psi(x,\alpha)}{\partial\alpha}+3\alpha M_\psi(x,\alpha)\right]d\alpha. \tag{2.50}$$

仍注意到 $M_\psi(x,\alpha)$ 是 α 的偶函数，上式可写为

$$N=\frac{1}{2}\int_{t-r}^{t+r}\left[\alpha^2\frac{\partial M_\psi(x,\alpha)}{\partial\alpha}+3\alpha M_\psi(x,\alpha)\right]d\alpha. \tag{2.51}$$

由此

$$\begin{aligned}u&=\lim_{r\to 0}M_u(t,x,r)=\lim_{r\to 0}\frac{N-r^2\dfrac{\partial M_u}{\partial r}}{3r}\\&=\lim_{r\to 0}\frac{N}{3r}=\frac{1}{3}\left[t^2\frac{\partial M_\psi(x,t)}{\partial t}+3tM_\psi(x,t)\right]\\&=\left(\frac{1}{3}t^2\frac{\partial}{\partial t}+t\right)M_\psi(x,t)=\left(\frac{1}{3}t^2\frac{\partial}{\partial t}+t\right)Q(t,x).\end{aligned} \tag{2.52}$$

这就是 $n=5$ 时的 (2.14) 式。

从上述 $n=5$ 情形的求解过程就可以看到,如果 $n>5$, 则为了求得 Cauchy 问题(2.1)-(2.2)的解的表达式,还需要进一步将方程对 r 求导,而每一次求导,方程右端第二项前的系数就会减少 2. 于是求导到一定次数后, 方程右端第二项将变为零. 再作适当的线性组合,就可以得到 D'Alembert 方程,从而求得问题的解. 为此,我们先证明

引理 2.3 对任何 $k=0,1,2,\cdots \frac{n-3}{2}$,恒有

$$\frac{\partial^2}{\partial t^2}\left(r^{k+1}\frac{\partial^k M_u}{\partial r^k}\right)=\frac{\partial^2}{\partial r^2}\left(r^{k+1}\frac{\partial^k M_u}{\partial r^k}\right)+(n-2k-3)r^k\frac{\partial^{k+1}M_u}{\partial r^{k+1}}+\sum_{i=1}^{k}C_{ki}r^{i-1}\frac{\partial^i M_u}{\partial r^i},\tag{2.53}$$

其中 $C_{ki}(i=1,\cdots,k)$ 为适当的常数.

证 在 $k=0$ 及 1 时,这就是前面已得到的(2.34)及(2.44)式. 由数学归纳法,只要证明若(2.53)式对 $k\left(0\leqslant k<\frac{n-3}{2}\right)$ 成立,则对 $k+1$ 也成立,即证明

$$\frac{\partial^2}{\partial t^2}\left(r^{k+2}\frac{\partial^{k+1}M_u}{\partial r^{k+1}}\right)=\frac{\partial^2}{\partial r^2}\left(r^{k+2}\frac{\partial^{k+1}M_u}{\partial r^{k+1}}\right)+(n-2k-5)r^{k+1}\frac{\partial^{k+2}M_u}{\partial r^{k+2}}+\sum_{i=1}^{k+1}C_{k+1,i}r^{i-1}\frac{\partial^i M_u}{\partial r^i}.\tag{2.54}$$

注意到

$$\begin{aligned}\frac{\partial^2}{\partial r^2}\left(r^{k+1}\frac{\partial^k M_u}{\partial r^k}\right)&=\frac{\partial}{\partial r}\left(r^{k+1}\frac{\partial^{k+1}M_u}{\partial r^{k+1}}+(k+1)r^k\frac{\partial^k M_u}{\partial r^k}\right)\\&=\frac{1}{r}\frac{\partial}{\partial r}\left(r^{k+2}\frac{\partial^{k+1}M_u}{\partial r^{k+1}}\right)+kr^k\frac{\partial^{k+1}M_u}{\partial r^{k+1}}\\&\quad+k(k+1)r^{k-1}\frac{\partial^k M_u}{\partial r^k},\end{aligned}\tag{2.55}$$

可将 (2.53) 式改写为

$$\frac{\partial^2}{\partial t^2}\left(\frac{\partial^k M_u}{\partial r^k}\right) = \frac{1}{r^{k+2}}\frac{\partial}{\partial r}\left(r^{k+2}\frac{\partial^{k+1}M_u}{\partial r^{k+1}}\right)$$

$$+ \frac{(n-k-3)}{r}\frac{\partial^{k+1}M_u}{\partial r^{k+1}} + \frac{k(k+1)}{r^2}\frac{\partial^k M_u}{\partial r^k}$$

$$+ \sum_{i=1}^{k} C_{ki} r^{i-k-2}\frac{\partial^i M_u}{\partial r^i}. \tag{2.56}$$

将上式两端先对 r 求导一次，再乘以 r^{k+2}，得

$$\frac{\partial^2}{\partial t^2}\left(r^{k+2}\frac{\partial^{k+1}M_u}{\partial r^{k+1}}\right) = \frac{\partial^2}{\partial r^2}\left(r^{k+2}\frac{\partial^{k+1}M_u}{\partial r^{k+1}}\right)$$

$$- \frac{k+2}{r}\frac{\partial}{\partial r}\left(r^{k+2}\frac{\partial^{k+1}M_u}{\partial r^{k+1}}\right) - (n-k-3)r^k\frac{\partial^{k+1}M_u}{\partial r^{k+1}}$$

$$+ (n-k-3)r^{k+1}\frac{\partial^{k+2}M_u}{\partial r^{k+2}} + k(k+1)r^k\frac{\partial^{k+1}M_u}{\partial r^{k+1}}$$

$$- 2k(k+1)r^{k-1}\frac{\partial^k M_u}{\partial r^k} + \sum_{i=1}^{k} C_{ki} r^i\frac{\partial^{i+1}M_u}{\partial r^{i+1}}$$

$$+ \sum_{i=1}^{k} C'_{ki} r^{i-1}\frac{\partial^i M_u}{\partial r^i} = \frac{\partial^2}{\partial r^2}\left(r^{k+2}\frac{\partial^{k+1}M_u}{\partial r^{k+1}}\right)$$

$$- \frac{k+2}{r}\frac{\partial}{\partial r}\left(r^{k+2}\frac{\partial^{k+1}M_u}{\partial r^{k+1}}\right) + (n-k-3)r^{k+1}\frac{\partial^{k+2}M_u}{\partial r^{k+2}}$$

$$+ \sum_{i=1}^{k+1} C'_{k+1,i} r^{i-1}\frac{\partial^i M_u}{\partial r^i}, \tag{2.57}$$

其中 C'_{ki} 及 $C'_{k+1,i}$ 为适当的常数．再注意到

$$\frac{k+2}{r}\frac{\partial}{\partial r}\left(r^{k+2}\frac{\partial^{k+1}M_u}{\partial r^{k+1}}\right) = (k+2)r^{k+1}\frac{\partial^{k+2}M_u}{\partial r^{k+2}}$$

$$+ (k+2)^2 r^k\frac{\partial^{k+1}M_u}{\partial r^{k+1}}, \tag{2.58}$$

由 (2.57) 式就得到所要求的 (2.54) 式．引理 2.3 证毕．

注 2.2 利用数学归纳法可以证明，在 (2.53) 式中的常数 C_{ki} $(i=1,\cdots,k)$ 具体取下述的数值：

$$\begin{cases} C_{ki} = (-1)^{k+i-1}\dfrac{k!}{(i-1)!}(n-1) \quad (i=1,\cdots,k-1), \\ C_{kk} = -k(n+k). \end{cases}$$

$$(2.59)$$

现在利用引理 2.3 在 n 为奇数 ($n>1$) 的情形来求解 Cauchy 问题 (2.1)-(2.2). 记

$$n = 2m+3, \tag{2.60}$$

并令

$$N = \sum_{k=0}^{m} d_k r^{k+1}\frac{\partial^k M_u}{\partial r^k}. \tag{2.61}$$

在 (2.61) 式中,我们取定 $d_m=1$, 而 $d_0, d_1, \cdots d_{m-1}$ 之值则由使 N 满足 D'Alembert 方程

$$\frac{\partial^2 N}{\partial t^2} = \frac{\partial^2 N}{\partial r^2} \tag{2.62}$$

的要求来决定. 由引理 2.3, 这要求将 (2.61) 中的每一项 $r^{k+1}\dfrac{\partial^k M_u}{\partial r^k}$ ($k=0,1,\cdots,m$) 所满足的方程 (2.53) 进行线性组合后, 其右端各项 $r^{i-1}\dfrac{\partial^i M_u}{\partial r^i}$ ($i=1,\cdots,m$) 前的系数均为零,即要求 d_0, $d_1,\cdots,d_{m-1}$ 满足

$$\sum_{k=i}^{m} C_{ki}d_k + (n-2i-1)d_{i-1} = 0 \quad (i=1,\cdots,m).$$

$$(2.63)$$

由于已取定 $d_m=1$, (2.63) 是 d_0, $d_1,\cdots$, d_{m-1} 所满足的一个线代数方程组. 我们要证明可由此唯一决定 d_0, d_1, $\cdots d_{m-1}$, 且

$$d_0 > 0. \tag{2.64}$$

事实上,将 (2.63) 的第 i 及第 $i+1$ 个 ($i=1,\cdots,m-1$) 方程分别改写为

$$\sum_{k=i+2}^{m} C_{ki}d_k + C_{i+1,i}d_{i+1} + C_{ii}d_i + (n-2i-1)d_{i-1} = 0,$$

$$(2.65)$$

$$\sum_{k=i+2}^{m} C_{k,i+1}d_k + C_{i+1,i+1}d_{i+1} + (n-2i-3)d_i = 0. \quad (2.66)$$

由 (2.59) 式，易知有

$$\begin{cases} C_{ki} = -iC_{k,i+1} \quad (k = i+2, \cdots, m), \\ C_{i+1,i} = (n-1)i(i+1), \\ C_{ii} = -i(n+i), C_{i+1,i+1} = -(i+1)(n+i+1). \end{cases} \quad (2.67)$$

于是用 i 乘 (2.66) 式并与 (2.65) 式相加，就得到

$$(n-2i-1)d_{i-1} = 3i(i+1)d_i + i(i+1)(i+2)d_{i+1} \quad (i = 1, \cdots, m-1), \quad (2.68)$$

而在 $i = m$ 时，注意到由 (2.59) 式有

$$C_{mm} = -m(n+m), \quad (2.69)$$

直接由 (2.63) 式及 $d_m = 1$ 可得

$$(n-2m-1)d_{m-1} = m(n+m). \quad (2.70)$$

这样 $d_0, d_1, \cdots, d_{m-1}$ 所满足的线代数方程组就简单地化为 (2.68) 及 (2.70). 注意到由 (2.60) 式，有

$$n - 2i - 1 > 0 \quad (i = 1, \cdots, m), \quad (2.71)$$

易知可由 (2.68) 及 (2.70) 依次唯一地决定出 $d_{m-1}, d_{m-2}, \cdots, d_1$ 及 d_0，它们均取正值，从而 (2.64) 式成立.

这样，对由 (2.61) 式定义的 N，方程 (2.62) 成立，而相应的初始条件为

$$t = 0: N = 0, \quad \frac{\partial N}{\partial t} = \sum_{k=0}^{m} d_k r^{k+1} \frac{\partial^k M_\phi(x, r)}{\partial r^k}. \quad (2.72)$$

于是由 D'Alembert 公式，并同样注意到 $M_\phi(x, r)$ 为 r 的偶函数，有

$$N(t, x, r) = \frac{1}{2} \int_{t-r}^{t+r} \sum_{k=0}^{m} d_k \alpha^{k+1} \frac{\partial^k M_\phi(x, \alpha)}{\partial \alpha^k} d\alpha. \quad (2.73)$$

于是，注意到 (2.64) 式，有

$$u(t, x) = \lim_{r \to 0} M_u(t, x, r)$$

$$= \frac{1}{d_0} \lim_{r \to 0} \frac{N - \sum_{k=1}^{m} d_k r^{k+1} \frac{\partial^k M_u}{\partial r^k}}{r}$$

$$= \frac{1}{d_0} \lim_{r \to 0} \frac{N}{r} = \frac{1}{d_0} \sum_{k=0}^{m} d_k t^{k+1} \frac{\partial^k M_\psi(x, t)}{\partial t^k}$$

$$= \sum_{\nu=0}^{\frac{n-3}{2}} a_\nu t^{\nu+1} \left(\frac{\partial}{\partial t}\right)^\nu Q(t, x), \tag{2.74}$$

这就是所要证明的(2.14)式. 定理 2.1 的第一部分证毕.

2.5 n 为偶数的一般情形

利用降维法,若在 $n+1$ 维空间中考察下述 Cauchy 问题

$$\begin{cases} u_{tt} - \Delta_{n+1} u = 0 \quad \left(\Delta_{n+1} = \dfrac{\partial^2}{\partial x_1^2} + \cdots + \dfrac{\partial^2}{\partial x_{n+1}^2}\right), & (2.75) \\ t = 0: u = 0, \ u_t = \psi(x) \quad (x = (x_1, \cdots, x_n)), & (2.76) \end{cases}$$

其解必与 x_{n+1} 无关,从而必为原 Cauchy 问题 (2.1)-(2.2) 的解. 但当 n 为偶数时, $n+1$ 为奇数, 故由 (2.14) 式, Cauchy 问题 (2.75)-(2.76) 的解可写为

$$u(t, x) = \sum_{\nu=0}^{\frac{n-2}{2}} b_\nu t^{\nu+1} \left(\frac{\partial}{\partial t}\right)^\nu G(t, x), \tag{2.77}$$

而

$$G(t, x) = \frac{1}{\omega_{n+1}} \int_{|\tilde{\xi}|=1} \psi(x + t\xi) d\omega_{\tilde{\xi}}, \tag{2.78}$$

其中 $\xi = (\xi_1, \cdots, \xi_n)$, $\tilde{\xi} = (\xi, \xi_{n+1}) = (\xi_1, \cdots, \xi_n, \xi_{n+1})$, $|\tilde{\xi}| = 1$, 而 $d\omega_{\tilde{\xi}}$ 为 R^{n+1} 中单位球面 $\Omega_{n+1}: |\tilde{\xi}| = 1$ 上的面积单元. 这就是所要证明的 (2.16) 式.

现在证明 $G(t, x)$ 的另一个表达式 (2.18). 它在下面的讨论中将更易于应用.

由 (2.78) 式,我们有

$$G(t, x) = \frac{t^{-n}}{\omega_{n+1}} \int_{|\xi|=1} \psi(x + t\xi) t^n d\omega_\xi. \tag{2.79}$$

记 $\tilde{y} = (y_1, \cdots, y_n, y_{n+1})$, $\tilde{x} = (x, 0) = (x_1, \cdots, x_n, 0)$, 将上式右端在球面 $|\tilde{y} - \tilde{x}| = t$ 上的积分投影到 $x_{n+1} = 0$ 平面上进行. 易知在 $x_{n+1} = 0$ 上的面积单元

$$r^{n-1} d\omega_{\hat{\xi}} dr = \frac{\sqrt{t^2 - r^2}}{t} \cdot t^n d\omega_\xi, \tag{2.80}$$

其中记

$$\hat{\xi} = \frac{\xi}{|\xi|} = \left(\frac{\xi_1}{|\xi|}, \cdots, \frac{\xi_n}{|\xi|}\right), \quad |\hat{\xi}| = 1. \tag{2.81}$$

再注意到应有

$$|\xi| = \frac{r}{t}, \tag{2.82}$$

于是由 (2.81) 式可得

$$t\xi = r\hat{\xi}. \tag{2.83}$$

这样,由 (2.79) 式可得

$$G(t, x) = \frac{2t^{-n}}{\omega_{n+1}} \int_0^t \int_{|\hat{\xi}|=1} \psi(x + r\hat{\xi}) \frac{t}{\sqrt{t^2 - r^2}} r^{n-1} d\omega_{\hat{\xi}} dr. \tag{2.84}$$

再将 $\hat{\xi}$ 改写为 ξ, 就得到了 (2.18) 式. 定理 2.1 的第二部分证毕.

§3 n 维齐次波动方程 Cauchy 问题的解的一些估计式

3.1 引言

在本节中,对 n 维齐次波动方程的 Cauchy 问题

$$\begin{cases} u_{tt} - \Delta u = 0 \quad \left(\Delta = \dfrac{\partial^2}{\partial x_1^2} + \cdots + \dfrac{\partial^2}{\partial x_n^2}\right), & (3.1) \\ t = 0: \ u = \varphi(x), \ u_t = \psi(x) \ (x = (x_1, \cdots, x_n)), & (3.2) \end{cases}$$

我们要建立其解及其偏导数的一些估计式. 着重揭示解及其偏导数按某些 Sobolev 空间的范数在 $t \to +\infty$ 时的衰减性质. 由于随着波的传播, 在一定范围中的初始扰动将扩大到愈来愈广大的范

围,而总能量保持不变,因此可以想象解及其偏导数在 $t\to+\infty$ 时必然会按某些 Sobolev 空间的范数衰减到零,而且空间的维数愈大,衰减的速度也将愈快. 和上一章中讨论非线性热传导方程的情况类似,这一事实对在本章中证明非线性波动方程的 Cauchy 问题在小初值情形整体解的存在性,将起重要的作用.

下面我们首先对解本身的 $L^\infty(\mathbf{R}^n)$ 范数建立用初值及其偏导数的 $L^1(\mathbf{R}^n)$ 范数来估计的衰减估计式(简称 L^1-L^∞ 估计式),然后对解的偏导数建立相应估计式. 再将上述 L^1-L^∞ 估计式和由能量积分得到的估计式进行插值,可得到对解的偏导数的 $L^q(\mathbf{R}^n)(q>2)$ 范数用初值及其偏导数的 $L^p(\mathbf{R}^n)$ 范数来估计的衰减估计式(简称 L^p-L^q 估计式). 这一些估计式是下文中讨论的重要基础.

3.2 L^1-L^∞ 估计式——n 为奇数($n>1$)的情形

首先考察 Cauchy 问题(2.1)-(2.2)的解.

为说明方便起见,不妨设 $\psi=\psi(x)$ 为具紧支集的无穷可微函数,即设

$$\psi\in C_0^\infty(\mathbf{R}^n). \tag{3.3}$$

由(2.15)式,有

$$\left(\frac{\partial}{\partial t}\right)^\nu Q(t,\ x)=\frac{1}{\omega_n}\int_{|\xi|=1}\left(\frac{\partial}{\partial t}\right)^\nu\psi(x+t\xi)d\omega_\xi. \tag{3.4}$$

注意到(3.3)式,有

$$\begin{aligned}\left(\frac{\partial}{\partial t}\right)^\nu\psi(x+t\xi)&=-\int_t^\infty\left(\frac{\partial}{\partial s}\right)^{\nu+1}\psi(x+s\xi)ds\\&=-\int_t^\infty\left(\frac{\partial}{\partial s}\right)^{\nu+1}\psi(x+s\xi)d(s-t).\end{aligned}\tag{3.5}$$

分部积分若干次后,就得到

$$\left(\frac{\partial}{\partial t}\right)^\nu\psi(x+t\xi)=\pm\int_t^\infty(s-t)^{\frac{n-3}{2}-\nu}\left(\frac{\partial}{\partial s}\right)^{\frac{n-1}{2}}\psi(x+s\xi)ds, \tag{3.6}$$

其中右端取正号或取负号,

这里注意对 (2.14) 式中的 $\nu=0, 1, \cdots, \frac{n-3}{2}$，恒有 $\nu+1\leqslant\frac{n-1}{2}$，因而上面的分部积分是有意义的，而且这种分部积分的目的就是使对不同 ν 值的项，对 ψ 的导数取到同样的因而是最高的阶数 $\frac{n-1}{2}$. 这样，

$$\left(\frac{\partial}{\partial t}\right)^{\nu} Q(t, x)=C\int_{t}^{\infty}(s-t)^{\frac{n-3}{2}-\nu}\int_{|\xi|=1}\left(\frac{\partial}{\partial s}\right)^{\frac{n-1}{2}}\psi(x+s\xi)d\omega_{\xi}ds, \tag{3.7}$$

从而，

$$\left|t^{\nu+1}\left(\frac{\partial}{\partial t}\right)^{\nu} Q(t, x)\right| \leqslant C\int_{t}^{\infty}t^{\nu+1}(s-t)^{\frac{n-3}{2}-\nu}\int_{|\xi|=1}\left|\left(\frac{\partial}{\partial s}\right)^{\frac{n-1}{2}}\psi(x+s\xi)\right|d\omega_{\xi}ds, \tag{3.8}$$

这里及以后，C 均表示某个正常数.

但由于 $s\geqslant t\geqslant 0$ 及 $0\leqslant\nu\leqslant\frac{n-3}{2}$，有

$$\begin{aligned} t^{\nu+1}(s-t)^{\frac{n-3}{2}-\nu} &\leqslant t^{\nu+1}s^{\frac{n-3}{2}-\nu}=t^{\nu+1}\cdot s^{-\frac{n-1}{2}-(\nu+1)}\cdot s^{n-1} \\ &\leqslant t^{-\frac{n-1}{2}}s^{n-1}, \end{aligned} \tag{3.9}$$

故由 (3.8) 式得

$$\begin{aligned} &\left|t^{\nu+1}\left(\frac{\partial}{\partial t}\right)^{\nu} Q(t, x)\right| \\ &\leqslant Ct^{-\frac{n-1}{2}}\int_{t}^{\infty}s^{n-1}\int_{|\xi|=1}\left|\left(\frac{\partial}{\partial s}\right)^{\frac{n-1}{2}}\psi(x+s\xi)\right|d\omega_{\xi}ds \\ &\leqslant Ct^{-\frac{n-1}{2}}\int_{|y-x|\geqslant t}\left|D_y^{\frac{n-1}{2}}\psi(y)\right|dy \\ &\leqslant Ct^{-\frac{n-1}{2}}\left\|D_x^{\frac{n-1}{2}}\psi\right\|_{L^1(\mathbf{R}^n)}, \end{aligned} \tag{3.10}$$

其中 $D_x^{\frac{n-1}{2}}\psi$ 表示 ψ 的一切可能的 $\frac{n-1}{2}$ 阶偏导数的集合. 代

入 (2.14) 式，最后我们得到

$$\|u(t,\cdot)\|_{L^\infty(\mathbf{R}^n)} \leqslant C t^{-\frac{n-1}{2}} \|D_x^{\frac{n-1}{2}}\phi\|_{L^1(\mathbf{R}^n)}, \forall t > 0. \quad (3.11)$$

这说明，当 n 为奇数 $(n > 1)$ 时，Cauchy 问题 (2.1)-(2.2) 的解的 $L^\infty(\mathbf{R}^n)$ 范数以 $t^{-\frac{n-1}{2}}$ 的阶数随 $t \to +\infty$ 衰减到零；空间维数 n 愈大，衰减速度愈快.

上面的估计式只在 $t > 0$ 时成立，且在 $t = 0$ 附近是不好的. 下面用类似的方法推导一个在 $t = 0$ 附近有用的估计式. 这只须在 (3.7) 式中再进行分部积分若干次，使 $(s - t)$ 的次数达到 $(n-1)-(\nu+1)$，此时对 ϕ 的偏导数应为 $(n-1)$ 次，于是有

$$\left(\frac{\partial}{\partial t}\right)^\nu Q(t,x) = C\int_t^\infty (s-t)^{(n-1)-(\nu+1)} \cdot \int_{|\xi|=1} \left(\frac{\partial}{\partial s}\right)^{n-1} \phi(x+s\xi)\,d\omega_\xi ds, \quad (3.12)$$

从而用完全类似的方法可得

$$\left| t^{\nu+1}\left(\frac{\partial}{\partial t}\right)^\nu Q(t,x)\right| \leqslant C\|D_x^{n-1}\phi\|_{L^1(\mathbf{R}^n)}, \quad (3.13)$$

其中 $D_x^{n-1}\phi$ 表示 ϕ 的一切可能的 $n-1$ 阶偏导数的集合. 代入 (2.14) 式，最后得到

$$\|u(t,\cdot)\|_{L^\infty(\mathbf{R}^n)} \leqslant C\|D_x^{n-1}\phi\|_{L^1(\mathbf{R}^n)}, \forall t \geqslant 0. \quad (3.14)$$

合并 (3.11) 及 (3.14) 式，就得到

$$\|u(t,\cdot)\|_{L^\infty(\mathbf{R}^n)} \leqslant C(1+t)^{-\frac{n-1}{2}}\|\phi\|_{W^{n-1,1}(\mathbf{R}^n)}, \quad \forall t \geqslant 0$$

$$(n \text{ 为奇数 } (n > 1)). \quad (3.15)$$

3.3 $L^1 - L^\infty$ 估计式——n 为偶数的情形

由 (2.17) 式，

$$\left(\frac{\partial}{\partial t}\right)^\nu G(t,x) = \frac{1}{\omega_{n+1}}\int_{|\xi|=1}\left(\frac{\partial}{\partial t}\right)^\nu \phi(x+t\xi)\,d\omega_\xi. \quad (3.16)$$

注意到 (2.83) 式，易知

$$\left(\frac{\partial}{\partial t}\right)^\nu \phi(x+t\xi) = \left(\frac{r}{t}\right)^\nu \left(\frac{\partial}{\partial r}\right)^\nu \phi(x+r\xi), \quad (3.17)$$

从而和推导 (2.18) 式类似地可得(最后仍将 $\tilde{\xi}$ 改记为 ξ)

$$\left(\frac{\partial}{\partial t}\right)^\nu G(t, x) = Ct^{-n+1}\int_0^t \left(\frac{r}{t}\right)^\nu \frac{r^{n-1}}{\sqrt{t^2-r^2}} \cdot \int_{|\xi|=1} \left(\frac{\partial}{\partial r}\right)^\nu \phi(x+r\xi)d\omega_\xi dr. \tag{3.18}$$

于是

$$\begin{aligned} & t^{\nu+1}\left(\frac{\partial}{\partial t}\right)^\nu G(t, x) \\ & = C_\nu t^{\nu-n+2}\int_0^t \left(\frac{r}{t}\right)^\nu \frac{r^{n-1}}{\sqrt{t^2-r^2}}\int_{|\xi|=1}\left(\frac{\partial}{\partial r}\right)^\nu \psi(x+r\xi)d\omega_\xi dr \\ & = I_{1,\nu} + I_{2,\nu}, \end{aligned} \tag{3.19}$$

其中

$$I_{1,\nu} = C_\nu t^{\nu-n+2}\int_0^{t-\varepsilon} \left(\frac{r}{t}\right)^\nu \frac{r^{n-1}}{\sqrt{t^2-r^2}}\int_{|\xi|=1}\left(\frac{\partial}{\partial r}\right)^\nu \psi(x+r\xi)d\omega_\xi dr, \tag{3.20}$$

$$I_{2,\nu} = C_\nu t^{\nu-n+2}\int_{t-\varepsilon}^t \left(\frac{r}{t}\right)^\nu \frac{r^{n-1}}{\sqrt{t^2-r^2}}\int_{|\xi|=1}\left(\frac{\partial}{\partial r}\right)^\nu \psi(x+r\xi)d\omega_\xi dr, \tag{3.21}$$

而 ε 为满足 $0<\varepsilon<t$ 的常数，其数值下面再进一步指定.

容易看到

$$\begin{aligned} |I_{1,\nu}| & \leqslant C_\nu \frac{t^{\nu-n+2}}{\sqrt{t^2-(t-\varepsilon)^2}}\int_0^{t-\varepsilon} r^{n-1} \\ & \quad \cdot \int_{|\xi|=1}\left|\left(\frac{\partial}{\partial r}\right)^\nu \psi(x+r\xi)\right|d\omega_\xi dr \\ & \leqslant C_\nu \frac{t^{\nu-n+2}}{\sqrt{t^2-(t-\varepsilon)^2}}\|D_x^\nu\psi\|_{L^1(\mathbb{R}^n)}, \end{aligned} \tag{3.22}$$

其中 $D_x^\nu\psi$ 表示 ψ 的一切可能的 ν 阶偏导数的集合.

又

$$\begin{aligned} |I_{2,\nu}| & \leqslant C_\nu t^{\nu-n+2}\int_{t-\varepsilon}^t \frac{r}{\sqrt{t^2-r^2}}dr \\ & \quad \cdot \sup_{t-\varepsilon\leqslant r\leqslant t}\left|r^{n-2}\int_{|\xi|=1}\left(\frac{\partial}{\partial r}\right)^\nu \psi(x+r\xi)d\omega_\xi\right|. \end{aligned} \tag{3.23}$$

但

$$\int_{t-\varepsilon}^{t} \frac{r}{\sqrt{t^2 - r^2}}\, dr = \sqrt{t^2 - (t-\varepsilon)^2}, \tag{3.24}$$

而

$$\begin{aligned}
&\sup_{t-\varepsilon<r<t} \left| r^{n-2} \int_{|\xi|=1} \left(\frac{\partial}{\partial r}\right)^{\nu} \phi(x + r\xi)\, d\omega_\xi \right| \\
&= \sup_{t-\varepsilon<r<t} \left| r^{n-2} \int_{|\xi|=1} \int_r^{\infty} \left(\frac{\partial}{\partial s}\right)^{\nu+1} \phi(x + s\xi)\, ds\, d\omega_\xi \right| \\
&\leqslant \sup_{t-\varepsilon<r<t} \left(r^{-1} \int_{|\xi|=1} \int_r^{\infty} \left| \left(\frac{\partial}{\partial s}\right)^{\nu+1} \phi(x + s\xi) \right| s^{n-1}\, ds\, d\omega_\xi \right) \\
&\leqslant \sup_{t-\varepsilon<r<t} \left(r^{-1} \int_{|y-x|\geqslant r} |D_y^{\nu+1} \phi(y)|\, dy \right) \\
&\leqslant (t-\varepsilon)^{-1} \|D_x^{\nu+1}\phi\|_{L^1(\mathbb{R}^n)}.
\end{aligned} \tag{3.25}$$

于是

$$|I_{2,\nu}| \leqslant C_\nu t^{\nu-n+1} \frac{\sqrt{t^2 - (t-\varepsilon)^2}}{t-\varepsilon} \|D_x^{\nu+1}\phi\|_{L^1(\mathbb{R}^n)}. \tag{3.26}$$

对 $t \geqslant 1$, 取 $\varepsilon = \frac{1}{2}$, 就有

$$\frac{1}{\sqrt{t^2 - (t-\varepsilon)^2}} = \frac{2}{\sqrt{4t-1}} \leqslant \frac{2}{\sqrt{3t}} = O(t^{-\frac{1}{2}}), \tag{3.27}$$

又

$$\frac{\sqrt{t^2 - (t-\varepsilon)^2}}{t-\varepsilon} = \frac{\sqrt{4t-1}}{2t-1} \leqslant \frac{2}{\sqrt{t}} = O(t^{-\frac{1}{2}}), \tag{3.28}$$

于是由 (3.22) 及 (3.26) 式得到: 当 $t \geqslant 1$ 时

$$\left| t^{\nu+1} \left(\frac{\partial}{\partial t}\right)^{\nu} G(t, x) \right| \leqslant C_\nu t^{\nu-n+\frac{3}{2}} (\|D_x^{\nu}\phi\|_{L^1(\mathbb{R}^n)} + \|D_x^{\nu+1}\phi\|_{L^1(\mathbb{R}^n)}). \tag{3.29}$$

再代入 (2.16) 式,就得到

$$\begin{aligned}
\|u(t, \cdot)\|_{L^\infty(\mathbb{R}^n)} \leqslant C \sum_{\nu=0}^{\frac{n-2}{2}} t^{\nu-n+\frac{3}{2}} (\|D_x^{\nu}\phi\|_{L^1(\mathbb{R}^n)} \\
+ \|D_x^{\nu+1}\phi\|_{L^1(\mathbb{R}^n)}), \quad \forall t \geqslant 1,
\end{aligned} \tag{3.30}$$

从而有

$$\|u(t,\cdot)\|_{L^\infty(\mathbb{R}^n)} \leqslant Ct^{-\frac{n-1}{2}}\sum_{i=0}^{\frac{n}{2}}\|D_x^i\phi\|_{L^1(\mathbb{R}^n)}$$

$$\leqslant Ct^{-\frac{n-1}{2}}\|\phi\|_{W^{\frac{n}{2},1}(\mathbb{R}^n)},\quad \forall t\geqslant 1. \tag{3.31}$$

它与 n 为奇数 $(n>1)$ 的情形具有同样的衰减率.

这个估计式在 $t=0$ 的近旁是失效的. 为了推导一个在 $t=0$ 附近有效的估计式,在(3.19)式右端进行分部积分,可得

$$t^{\nu+1}\left(\frac{\partial}{\partial t}\right)^\nu G(t,x) = C_\nu t^{\nu-n+2}\int_0^t\left(\frac{r}{t}\right)^\nu\frac{r^{n-1}}{\sqrt{t^2-r^2}}$$

$$\cdot\int_{|\xi|=1}\int_r^\infty\left(\frac{\partial}{\partial s}\right)^{\nu+1}\phi(x+s\xi)\,ds\,d\omega_\xi\,dr$$

$$= C_\nu t^{\nu-n+2}\int_0^t\left(\frac{r}{t}\right)^\nu\frac{r^{n-1}}{\sqrt{t^2-r^2}}$$

$$\cdot\int_{|\xi|=1}\int_r^\infty(s-r)^{n-1-(\nu+1)}\left(\frac{\partial}{\partial s}\right)^{n-1}\phi(x+s\xi)\,ds\,d\omega_\xi\,dr. \tag{3.32}$$

注意到由 $0\leqslant\nu<\dfrac{n-2}{2}$,有 $n-2\geqslant 2\nu$, 从而 $t^{\nu-n+2}\leqslant r^{\nu-n+2}$,于是得到

$$\left|t^{\nu+1}\left(\frac{\partial}{\partial t}\right)^\nu G(t,x)\right|$$

$$\leqslant C_\nu\int_0^t\frac{dr}{\sqrt{t^2-r^2}}\cdot\sup_{0\leqslant r\leqslant t}\left(r^{\nu+1}\int_{|\xi|=1}\int_r^\infty(s-r)^{n-1-(\nu+1)}\right.$$

$$\left.\cdot\left|\left(\frac{\partial}{\partial s}\right)^{n-1}\phi(x+s\xi)\right|ds\,d\omega_\xi\right). \tag{3.33}$$

但

$$\int_0^t\frac{dr}{\sqrt{t^2-r^2}}=\frac{\pi}{2}, \tag{3.34}$$

又因 $n-2\geqslant 2\nu$, 有

$$(s-r)^{n-1-(\nu+1)}\leqslant s^{n-1-(\nu+1)}\leqslant s^{n-1}\cdot r^{-(\nu+1)}, \tag{3.35}$$

于是

$$\sup_{0\leqslant r\leqslant t}\left(r^{\nu+1}\int_{|\xi|=1}\int_r^{\infty}(s-r)^{n-1-(\nu+1)}\left|\left(\frac{\partial}{\partial s}\right)^{n-1}\psi(x+s\xi)\right|dsd\omega_\xi\right)$$

$$\leqslant \sup_{0\leqslant r\leqslant t}\left(\int_{|y-x|\leqslant r}|D_y^{n-1}\psi(y)|dy\right)\leqslant\|D_x^{n-1}\psi\|_{L^1(\mathbf{R}^n)}. \quad (3.36)$$

代入 (3.33) 式就得到

$$\left|t^{\nu+1}\left(\frac{\partial}{\partial t}\right)^{\nu}G(t,\ x)\right|\leqslant C_\nu\|D_x^{n-1}\psi\|_{L^1(\mathbf{R}^n)}, \quad (3.37)$$

从而由 (2.16) 式得

$$\|u(t,\ \cdot)\|_{L^\infty(\mathbf{R}^n)}\leqslant C\|D_x^{n-1}\psi\|_{L^1(\mathbf{R}^n)},\quad \forall t\geqslant 0. \quad (3.38)$$

合并 (3.31) 及 (3.38) 式，并注意到 $n\geqslant 2$ 时，$n-1\geqslant \frac{n}{2}$，就得到

$$\|u(t,\ \cdot)\|_{L^\infty(\mathbf{R}^n)}\leqslant C(1+t)^{-\frac{n-1}{2}}\|\psi\|_{W^{n-1,1}(\mathbf{R}^n)},\forall t\geqslant 0$$
$$(n\ 为偶数). \quad (3.39)$$

将 (3.15) 与 (3.39) 式合并，就得到

引理 3.1 设 ψ 适当光滑，在空间维数 $n>1$ 时，对 Cauchy 问题 (2.1)-(2.2) 的解 (2.3)，在右端所出现的范数有意义的条件下，如下的衰减估计式

$$\|S(t)\psi\|_{L^\infty(\mathbf{R}^n)}\leqslant C(1+t)^{-\frac{n-1}{2}}\|\psi\|_{W^{n-1,1}(\mathbf{R}^n)},\ \forall t\geqslant 0 \quad (3.40)$$

成立，其中 C 是一个正常数.

3.4 导数的 L^1-L^∞ 估计式

现在对 Cauchy 问题 (2.1)-(2.2) 的解 $u(t,\ x)$ 的偏导数建立相应的 L^1-L^∞ 估计式.

$u(t,\ x)$ 关于 x 的各阶偏导数 $w\triangleq D_x^k u$，显然是下述 Cauchy 问题的解:

$$\begin{cases} w_{tt}-\Delta w=0, \\ t=0: w=0,\quad w_t=D_x^k\psi. \end{cases} \quad (3.41)$$

于是只要 ψ 适当光滑，由估计式 (3.40) 就有

$\|D_x^k u(t,\ \cdot)\|_{L^\infty(\mathbf{R}^n)}$

$$\leqslant C(1+t)^{-\frac{n-1}{2}}\|\phi\|_{W^{n+k-1,1}(\mathbf{R}^n)},\ \forall t \geqslant 0,\ n>1. \tag{3.42}$$

下面再来看解 $u(t, x)$ 对包含 t 的偏导数的估计式. 为此先看对 $\frac{\partial u}{\partial t}$ 的估计式. 由定理 2.1, 当 n 为奇数 ($n>1$) 时,

$$\frac{\partial u}{\partial t}(t,x)=\sum_{\nu=0}^{\frac{n-1}{2}} \bar{a}_\nu t^\nu\left(\frac{\partial}{\partial t}\right)^\nu Q(t,x), \tag{3.43}$$

其中 $\bar{a}_\nu$ 为常数. 完全类似于证明 (3.7) 式那样(只需多作一次分部积分),可得

$$\left(\frac{\partial}{\partial t}\right)^\nu Q(t,x)=C\int_t^\infty (s-t)^{\frac{n-1}{2}-\nu}\int_{|\xi|=1}\left(\frac{\partial}{\partial s}\right)^{\frac{n+1}{2}}\phi(x+s\xi)d\omega_\xi ds. \tag{3.44}$$

注意到 $0 \leqslant \nu \leqslant \frac{n-1}{2}$ 及 $s \geqslant t \geqslant 0$, 有

$$t^\nu(s-t)^{\frac{n-1}{2}-\nu} \leqslant t^\nu s^{\frac{n-1}{2}-\nu} \leqslant t^{-\frac{n-1}{2}} s^{n-1}, \tag{3.45}$$

从而对 $\nu=0, 1, \cdots, \frac{n-1}{2}$,有

$$\begin{aligned}
&\left|t^\nu\left(\frac{\partial}{\partial t}\right)^\nu Q(t, x)\right| \\
&\leqslant C t^{-\frac{n-1}{2}}\int_t^\infty s^{n-1}\int_{|\xi|=1}\left|\left(\frac{\partial}{\partial s}\right)^{\frac{n+1}{2}}\phi(x+s\xi)\right| d\omega_\xi ds \\
&\leqslant C t^{-\frac{n-1}{2}}\int_{|y-x|\geqslant t} |D_y^{\frac{n+1}{2}}\phi(y)|dy \\
&\leqslant C t^{-\frac{n-1}{2}}\|D_x^{\frac{n+1}{2}}\phi\|_{L^1(\mathbf{R}^n)}.
\end{aligned} \tag{3.46}$$

于是由 (3.43) 式可得

$$\left\|\frac{\partial u}{\partial t}(t, \cdot)\right\|_{L^\infty(\mathbf{R}^n)} \leqslant C t^{-\frac{n-1}{2}}\|D_x^{\frac{n+1}{2}}\phi\|_{L^1(\mathbf{R}^n)},\ \forall t>0$$

$$(n \text{ 为奇数 } (n>1)). \tag{3.47}$$

下面再推导一个在 $t=0$ 附近有效的估计式. 采用得到 (3.12) 式类似的方法(只需再进行一次分部积分),就可得到

$$\left(\frac{\partial}{\partial t}\right)^{\nu} Q(t, x) = C\int_{t}^{\infty}(s-t)^{n-(\nu+1)}$$

$$\cdot \int_{|\xi|=1}\left(\frac{\partial}{\partial s}\right)^{n}\psi(x+s\xi)d\omega_{\xi}ds, \tag{3.48}$$

从而由

$$t^{\nu}(s-t)^{n-(\nu+1)} \leqslant t^{\nu}s^{n-(\nu+1)} \leqslant s^{n-1}, \tag{3.49}$$

可得

$$\left| t^{\nu}\left(\frac{\partial}{\partial t}\right)^{\nu} Q(t, x)\right| \leqslant C\|D_x^n\psi\|_{L^1(\mathbf{R}^n)}. \tag{3.50}$$

代入(3.43)式,就得到

$$\left\|\frac{\partial u}{\partial t}(t, \cdot)\right\|_{L^{\infty}(\mathbf{R}^n)} \leqslant C\|D_x^n\psi\|_{L^1(\mathbf{R}^n)}, \quad \forall t \geqslant 0, \ n \text{ 为奇数 } (n>1). \tag{3.51}$$

合并(3.47)及(3.51)式,得到

$$\left\|\frac{\partial u}{\partial t}(t, \cdot)\right\|_{L^{\infty}(\mathbf{R}^n)} \leqslant C(1+t)^{-\frac{n-1}{2}}\|\psi\|_{W^{n,1}(\mathbf{R}^n)},$$

$$\forall t \geqslant 0, \ \forall \text{ 奇数 } n(>1). \tag{3.52}$$

再看 n 为偶数的情形. 由定理 2.1, 此时

$$\frac{\partial u}{\partial t}(t, x) = \sum_{\nu=0}^{\frac{n}{2}} \bar{b}_{\nu}t^{\nu}\left(\frac{\partial}{\partial t}\right)^{\nu} G(t, x), \tag{3.53}$$

其中 $\bar{b}_{\nu}$ 为常数. 按照和证明(3.29)式完全同样的过程,可得: 对 $0 \leqslant \nu \leqslant \frac{n}{2}$, 当 $t \geqslant 1$ 时

$$\left| t^{\nu}\left(\frac{\partial}{\partial t}\right)^{\nu} G(t, x)\right| \leqslant C_{\nu}t^{\nu-n+\frac{1}{2}}(\|D_x^{\nu}\psi\|_{L^1(\mathbf{R}^n)} + \|D_x^{\nu+1}\psi\|_{L^1(\mathbf{R}^n)})$$

$$\leqslant C_{\nu}t^{-\frac{n-1}{2}}(\|D_x^{\nu}\psi\|_{L^1(\mathbf{R}^n)} + \|D_x^{\nu+1}\psi\|_{L^1(\mathbf{R}^n)}). \tag{3.54}$$

从而由(3.53)式得到

$$\left\|\frac{\partial u}{\partial t}(t, \cdot)\right\|_{L^{\infty}(\mathbf{R}^n)} \leqslant Ct^{-\frac{n-1}{2}}\sum_{\nu=0}^{\frac{n}{2}+1}\|D_x^{\nu}\psi\|_{L^1(\mathbf{R}^n)}, \quad \forall t \geqslant 1, \tag{3.55}$$

或写为

$$\left\|\frac{\partial u}{\partial t}(t, \cdot)\right\|_{L^\infty(\mathbb{R}^n)} \leqslant C t^{-\frac{n-1}{2}}\|\psi\|_{W^{\frac{n}{2}+1,1}(\mathbb{R}^n)}, \quad \forall t \geqslant 1 \ (n \text{ 为偶数}). \tag{3.56}$$

为了得到一个在 $t=0$ 附近有效的估计式，类似于 (3.32) 式 (只需再进行一次分部积分)，有

$$t^\nu\left(\frac{\partial}{\partial t}\right)^\nu G(t, x) = C_\nu t^{\nu-n+1}\int_0^t\left(\frac{r}{t}\right)^\nu \frac{r^{n-1}}{\sqrt{t^2-r^2}}$$

$$\cdot \int_{|\xi|=1}\int_r^\infty (s-r)^{n-(\nu+1)}\left(\frac{\partial}{\partial s}\right)^n \psi(x+s\xi) \cdot ds d\omega_\xi dr, \tag{3.57}$$

于是由 $0 \leqslant \nu \leqslant \frac{n}{2}$，有 $\nu - n + 1 \leqslant -\frac{n}{2}+1 \leqslant 0$ (n 为偶数)，故有

$$t^{\nu-n+1} \leqslant r^{\nu-n+1}, \tag{3.58}$$

从而，

$$\left|t^\nu\left(\frac{\partial}{\partial t}\right)^\nu G(t, x)\right| \leqslant C_\nu \int_0^t \frac{dr}{\sqrt{t^2-r^2}}$$

$$\cdot \sup_{0\leqslant r\leqslant t}\left(r^\nu \int_{|\xi|=1}\int_r^\infty (s-r)^{n-(\nu+1)}\left|\left(\frac{\partial}{\partial s}\right)^n \psi(x+s\xi)\right|\right.$$

$$\left.\cdot ds d\omega_\xi\right). \tag{3.59}$$

再注意因 $n \geqslant 2\nu$，有 $n-(\nu+1) \geqslant n - \frac{n}{2} - 1 = \frac{n}{2} - 1 \geqslant 0$，故

$$(s-r)^{n-(\nu+1)} \leqslant s^{n-1-\nu} \leqslant s^{n-1} r^{-\nu}, \tag{3.60}$$

于是和 (3.37) 式的证明完全类似地可得

$$\left|t^\nu\left(\frac{\partial}{\partial t}\right)^\nu G(t, x)\right| \leqslant C_\nu \|D_x^n \psi\|_{L^1(\mathbb{R}^n)}, \tag{3.61}$$

从而由 (3.53) 式可得

$$\left\|\frac{\partial u}{\partial t}(t, \cdot)\right\|_{L^\infty(\mathbb{R}^n)} \leqslant C\|D_x^n\psi\|_{L^1(\mathbb{R}^n)}, \quad \forall t \geqslant 0 \ (n \text{ 为偶数}). \tag{3.62}$$

合并 (3.56) 及 (3.62) 式，就得到

$$\left\|\frac{\partial u}{\partial t}(t,\cdot)\right\|_{L^\infty(\mathbb{R}^n)} \leqslant C(1+t)^{-\frac{n-1}{2}}\|\phi\|_{W^{n,1}(\mathbb{R}^n)},\forall t \geqslant 0\ (n\ 为偶数). \tag{3.63}$$

上式和 (3.52) 式具有同样的形式，合并之得到

$$\left\|\frac{\partial u}{\partial t}(t,\cdot)\right\|_{L^\infty(\mathbb{R}^n)} \leqslant C(1+t)^{-\frac{n-1}{2}}\|\phi\|_{W^{n,1}(\mathbb{R}^n)},\quad \forall t \geqslant 0 (n > 1). \tag{3.64}$$

用得到估计式 (3.42) 同样的方法，还可以得到对 $D_x^k \dfrac{\partial u}{\partial t}$ 的相应的估计式。将这些估计式 (3.64)，(3.42) 及 (3.40) 等合并起来，就可得到如下的

引理 3.2 设 ϕ 适当光滑，在空间维数 $n > 1$ 时，对 Cauchy 问题 (2.1)-(2.2) 的解 (2.3)，在右端所出现的范数有意义的条件下，如下的衰减估计式成立。

$$\|S(t)\phi\|_{W^{N,\infty}(\mathbb{R}^n)} \leqslant C(1+t)^{-\frac{n-1}{2}}\|\phi\|_{W^{N+n-1,1}(\mathbb{R}^n)},\quad \forall t \geqslant 0, \tag{3.65}$$

$$\|DS(t)\phi\|_{W^{N,\infty}(\mathbb{R}^n)} \leqslant C(1+t)^{-\frac{n-1}{2}}\|\phi\|_{W^{N+n,1}(\mathbb{R}^n)},\quad \forall t \geqslant 0, \tag{3.66}$$

其中 $N \geqslant 0$ 为任意整数，

$$Du = \left(\frac{\partial u}{\partial t},\ \frac{\partial u}{\partial x_1},\cdots,\frac{\partial u}{\partial x_n}\right), \tag{3.67}$$

而 C 是一个正常数。

注 3.1 在引理 3.2 中只包含解 $u = u(t, x)$ 对 t 为一阶的偏导数的估计式。利用方程 (2.1)，由 (3.65)—(3.66) 式容易得到 $u = u(t, x)$ 对 t 为高阶的偏导数的相应的估计式。特别有

$$\|D^2S(t)\phi\|_{W^{N,\infty}(\mathbb{R}^n)} \leqslant C(1+t)^{-\frac{n-1}{2}}\|\phi\|_{W^{N+n+1,1}(\mathbb{R}^n)},\forall t \geqslant 0. \tag{3.68}$$

由 (2.13) 式，Cauchy 问题 (3.1)-(3.2) 的解可写为

$$u = \frac{\partial}{\partial t}(S(t)\varphi) + S(t)\psi, \tag{3.69}$$

于是由引理 3.2 及 (3.68) 式，容易得到

定理 3.1 设 φ 及 ψ 适当光滑，在空间维数 $n > 1$ 时. 对 n 维齐次波动方程的 Cauchy 问题 (3.1)-(3.2) 的解 (3.69)，在右端所出现的范数有意义的条件下，如下的衰减估计式成立.

$$\begin{aligned}&\left\|\frac{\partial}{\partial t}(S(t)\varphi) + S(t)\psi\right\|_{W^{N,\infty}(\mathbb{R}^n)} \\ &\quad \leqslant C(1+t)^{-\frac{n-1}{2}}\left(\|\psi\|_{W^{N+n,1}(\mathbb{R}^n)} + \|\psi\|_{W^{N+n-1,1}(\mathbb{R}^n)}\right), \forall t \geqslant 0,\end{aligned} \tag{3.70}$$

$$\begin{aligned}&\left\|D\left(\frac{\partial}{\partial t}(S(t)\varphi) + S(t)\psi\right)\right\|_{W^{N,\infty}(\mathbb{R}^n)} \\ &\quad \leqslant C(1+t)^{-\frac{n-1}{2}}\left(\|\varphi\|_{W^{N+n+1,1}(\mathbb{R}^n)} + \|\psi\|_{W^{N+n,1}(\mathbb{R}^n)}\right), \forall t \geqslant 0,\end{aligned} \tag{3.71}$$

其中 $N \geqslant 0$ 为任一整数，而 C 是一个正常数.

3.5 导数的 $L^2 - L^2$ 估计式——能量估计式

现在对 Cauchy 问题 (3.1)-(3.2) 的解建立相应的能量估计式. 这一结果虽是常规的，但对下面利用插值建立有关的 $L^p - L^q$ 估计式却是必不可少的.

将 u_t 与方程 (3.1) 的两端在 $L^2(\mathbb{R}^n)$ 空间中作内积，并利用 Green 公式进行分部积分，可得

$$\frac{d}{dt}\int_{\mathbb{R}^n}\left[u_t^2(t,x) + \sum_{i=1}^n u_{x_i}^2(t,x)\right]dx = 0. \tag{3.72}$$

记

$$\|Du(t,\cdot)\|^2 = \|u_t(t,\cdot)\|^2_{L^2(\mathbb{R}^n)} + \sum_{i=1}^n \|u_{x_i}(t,\cdot)\|^2_{L^2(\mathbb{R}^n)}, \tag{3.73}$$

就得到

$$\|Du(t,\cdot)\|^2_{L^2(\mathbf{R}^n)}=\|\nabla\varphi\|^2_{L^2(\mathbf{R}^n)}+\|\psi\|^2_{L^2(\mathbf{R}^n)},\tag{3.74}$$

其中 $\nabla=\left(\dfrac{\partial}{\partial x_1},\cdots,\dfrac{\partial}{\partial x_n}\right)$ 为梯度算子.从而

$$\|Du(t,\cdot)\|_{L^2(\mathbf{R}^n)}\leqslant\|\nabla\varphi\|_{L^2(\mathbf{R}^n)}+\|\psi\|_{L^2(\mathbf{R}^n)},\quad\forall t\geqslant 0\ (n\geqslant 1).\tag{3.75}$$

将同样的方法用于 $D_x^k u(t,x)$，就可得到

定理 3.2 设 φ 及 ψ 适当光滑，在空间维数 $n\geqslant 1$ 时，对 n 维齐次波动方程的 Cauchy 问题 (3.1)-(3.2) 的解 (3.69)，在右端所出现的范数有意义的条件下，如下的能量估计式成立.

$$\left\|D\left(\frac{\partial}{\partial t}(S(t)\varphi)+S(t)\psi\right)\right\|_{H^N(\mathbf{R}^n)}$$
$$\leqslant\|\nabla\varphi\|_{H^N(\mathbf{R}^n)}+\|\psi\|_{H^N(\mathbf{R}^n)},\quad\forall t\geqslant 0,\tag{3.76}$$

其中 $N\geqslant 0$ 为任一整数，而 C 是一个正常数.

推论 3.1 在定理 3.2 的条件下，

$$\left\|D\left(\frac{\partial}{\partial t}(S(t)\varphi)+S(t)\psi\right)\right\|_{H^N(\mathbf{R}^n)}$$
$$\leqslant\|\varphi\|_{H^{N+1}(\mathbf{R}^n)}+\|\psi\|_{H^N(\mathbf{R}^n)},\forall t\geqslant 0.\tag{3.77}$$

3.6 导数的 L^p-L^q 估计式

首先利用插值空间的理论证明下面的

引理 3.3 设

$$g\to v\tag{3.78}$$

是一个线性映照，并满足

$$\|v\|_{L^\infty(\mathbf{R}^n)}\leqslant M_1\|g\|_{W^{n,1}(\mathbf{R}^n)},\tag{3.79}$$
$$\|v\|_{L^2(\mathbf{R}^n)}\leqslant M_2\|g\|_{L^2(\mathbf{R}^n)},\tag{3.80}$$

其中 M_1 及 M_2 为正常数. 则对任何 $q\geqslant 2$，必有

$$\|v\|_{L^q(\mathbf{R}^n)}\leqslant M\|g\|_{W^{N_p,p}(\mathbf{R}^n)},\tag{3.81}$$

其中 $p\leqslant 2$ 满足

$$\frac{1}{p}+\frac{1}{q}=1,\tag{3.82}$$

而 N_p 为满足

$$N_p \geqslant \frac{n(q-2)}{q} = \frac{n(2-p)}{p} \tag{3.83}$$

的任一整数，并有

$$M \leqslant C M_1^{1-\frac{2}{q}} M_2^{\frac{2}{q}}, \tag{3.84}$$

其中 C 是一个正常数.

证 由插值空间的理论(参见 P. L. Butzer 和 H. Berens[1], Jöran Bergh 和 Jörgen Löfström[1])，由 (3.79)—(3.80) 式通过插值可得

$$\|v\|_{[L^\infty, L^2]_{\theta,q}} \leqslant M \|g\|_{[W^{n,1}, L^2]_{\theta,q}}, \tag{3.85}$$

其中 $q \geqslant 2$，$0 \leqslant \theta \leqslant 1$，而

$$M \leqslant C M_1^{1-\theta} M_2^{\theta}. \tag{3.86}$$

由于

$$[L^\infty, L^2]_{\theta,q} = L_q^{\bar{q}}(\mathbb{R}^n), \tag{3.87}$$

其中 $\bar{q}$ 满足

$$\frac{1}{\bar{q}} = \frac{1-\theta}{\infty} + \frac{\theta}{2} = \frac{\theta}{2}, \tag{3.88}$$

而 $L_q^{\bar{q}}$ 为相应的 Besov 空间(或 Lorentz 空间). 由定义，在

$$\bar{q} = q, \tag{3.89}$$

即

$$\theta = \frac{2}{q} \tag{3.90}$$

时，此 Besov 空间化为普通的 Lebesgue 空间:

$$L_q^q(\mathbb{R}^n) = L^q(\mathbb{R}^n). \tag{3.91}$$

另一方面，由于

$$[W^{n,1}, L^2]_{\theta,q} = B_q^{\bar{N}_p, p}(\mathbb{R}^n), \tag{3.92}$$

其中 p 满足

$$\frac{1}{p} = \frac{1-\theta}{1} + \frac{\theta}{2} = 1 - \frac{\theta}{2}, \tag{3.93}$$

$\bar{N}_p$ 满足

$$\bar{N}_p = (1-\theta)n + n \cdot 0 = (1-\theta)n, \tag{3.94}$$

而 $B_q^{\bar{N}_p, p}(\mathbf{R}^n)$ 为相应的 Besov 空间. 特别取 θ 满足 (3.90) 式,由 (3.93)—(3.94) 式就得到 (3.82) 式及

$$\bar{N}_p = \frac{n(q-2)}{q} = \frac{n(2-p)}{p}, \tag{3.95}$$

并由 (3.85)—(3.86) 式就得到

$$\|v\|_{L^q(\mathbf{R}^n)} \leqslant M\|g\|_{B_q^{\bar{N}_p, p}(\mathbf{R}^n)} \tag{3.96}$$

及 (3.84) 式.

再注意到由 (3.83) 式及 $p \leqslant q$, 有

$$W^{N_p, p}(\mathbf{R}^n) = B_p^{N_p, p}(\mathbf{R}^n) \subset B_q^{\bar{N}_p, p}(\mathbf{R}^n) \text{ 连续嵌入}, \tag{3.97}$$

由 (3.96) 式就得到所要求的不等式 (3.81). 引理 3.3 证毕.

推论 3.2 若在引理 3.3 中,代替 (3.79)—(3.80) 式,假设

$$\|v\|_{W^{N,\infty}(\mathbf{R}^n)} \leqslant M_1\|g\|_{W^{N+n,1}(\mathbf{R}^n)}, \tag{3.98}$$

$$\|v\|_{H^N(\mathbf{R}^n)} \leqslant M_2\|g\|_{H^N(\mathbf{R}^n)}, \tag{3.99}$$

其中 $N \geqslant 0$ 为任一整数,则

$$\|v\|_{W^{N,q}(\mathbf{R}^n)} \leqslant M\|g\|_{W^{N+N_p, p}(\mathbf{R}^n)}, \tag{3.100}$$

其中 $q \geqslant 2$, 且 (3.82)—(3.84) 式仍成立.

将推论 3.2 用于 Cauchy 问题 (3.1)-(3.2) 的解,由 (3.71) 式及 (3.77) 式,就得到如下的

定理 3.3 设 φ 及 ψ 适当光滑,在空间维数 $n > 1$ 时, 对 n 维齐次波动方程的 Cauchy 问题 (3.1)-(3.2) 的解 (3.69),在右端所出现的范数有意义的条件下, 如下的衰减估计式成立:

$$\begin{aligned}&\left\|D\left(\frac{\partial}{\partial t}(S(t)\varphi) + S(t)\psi\right)\right\|_{W^{N,q}(\mathbf{R}^n)} \\ &\leqslant C(1+t)^{-\frac{n-1}{2}+\frac{n-1}{q}}\left(\|\varphi\|_{W^{N+N_p+1, p}(\mathbf{R}^n)}\right. \\ &\qquad \left. + \|\psi\|_{W^{N+N_p, p}(\mathbf{R}^n)}\right), \quad \forall t \geqslant 0,\end{aligned} \tag{3.101}$$

其中 $N \geqslant 0$ 为任一整数, C 是一个正常数, $q \geqslant 2$, 且 (3.82)—(3.84) 式成立.

注 3.2 特别, 分别取 $q = \infty$ 及 $q = 2$, 由 (3.101) 式就得到 (3.71) 式及 (3.77) 式.

在今后的讨论中，我们将用到 $q=2(\alpha+1)$ $(\alpha>0)$ 时的上述估计式(3.101)，此时

$$q=2(\alpha+1),\ p=\frac{2(\alpha+1)}{2\alpha+1}, \tag{3.102}$$

而(3.83)式化为

$$N_p \geqslant \frac{\alpha}{\alpha+1}\ n, \tag{3.103}$$

故可特别取

$$N_p=\left[\frac{\alpha n}{\alpha+1}\right]+1, \tag{3.104}$$

其中 $\left[\frac{\alpha n}{\alpha+1}\right]$ 表示 $\frac{\alpha n}{\alpha+1}$ 的整数部分. 于是我们有

推论 3.3 在定理 3.3 的假设下,

$$\begin{aligned}&\left\|D\left(\frac{\partial}{\partial t}(S(t)\varphi)+S(t)\phi\right)\right\|_{W^{N,2(\alpha+1)}(\mathbf{R}^n)}\\&\leqslant C(1+t)^{-\frac{n-1}{2}\frac{\alpha}{\alpha+1}}\left(\|\varphi\|_{W^{N+\left[\frac{\alpha n}{\alpha+1}\right]+2,\frac{2(\alpha+1)}{2\alpha+1}}(\mathbf{R}^n)}\right.\\&\qquad\left.+\|\phi\|_{W^{N+\left[\frac{\alpha n}{\alpha+1}\right]+1,\frac{2(\alpha+1)}{2\alpha+1}}(\mathbf{R}^n)}\right),\ \forall t\geqslant 0,\end{aligned} \tag{3.105}$$

其中 $\alpha>0$ 为任一实数, $N\geqslant 0$ 为任一整数, 而 C 是一个正常数.

§4. n 维非齐次波动方程的 Cauchy 问题

为了下文的需要，在本节中我们要对 n 维非齐次波动方程的 Cauchy 问题

$$\begin{cases}u_{tt}-\Delta u=F(t,\ x) \qquad \left(\Delta=\frac{\partial^2}{\partial x_1^2}+\cdots+\frac{\partial^2}{\partial x_n^2}\right), & (4.1)\\ t=0: u=\varphi(x),\ u_t=\phi(x)\quad (x=(x_1,\cdots,x_n)) & (4.2)\end{cases}$$

的解的存在唯一性及正规性作进一步的讨论.

我们先证明

引理 4.1 对任意给定的正数 $T>0$, 若设

$$\varphi\in H^{s+1}(\mathbf{R}^n),\ \phi\in H^s(\mathbf{R}^n), \tag{4.3}$$

$$F\in L^2(0,\ T;\ H^s(\mathbf{R}^n)), \tag{4.4}$$

其中 $s \geqslant 0$ 为任一整数，则 Cauchy 问题 (4.1)-(4.2) 存在唯一的解 $u = u(t, x)$，满足

$$u \in L^\infty(0, T; H^{s+1}(\mathbf{R}^n)), \tag{4.5}$$

$$u_t \in L^\infty(0, T; H^s(\mathbf{R}^n)), \tag{4.6}$$

$$u_{tt} \in L^2(0, T; H^{s-1}(\mathbf{R}^n)), \tag{4.7}$$

且如下的估计式成立.

$$\|u(t, \cdot)\|^2_{H^{s+1}(\mathbf{R}^n)} + \|u_t(t, \cdot)\|^2_{H^s(\mathbf{R}^n)} \leqslant C(T) \Big(\|\varphi\|^2_{H^{s+1}(\mathbf{R}^n)} + \|\psi\|^2_{H^s(\mathbf{R}^n)} + \int_0^T \|F(\tau, \cdot)\|^2_{H^s(\mathbf{R}^n)} d\tau \Big), \quad \forall t \in [0, T], \tag{4.8}$$

其中 $C(T) > 0$ 是一个与 T 有关的常数.

证 用 Галеркин 方法来证明 (参见 J. L. Lions [2]). 易知 $H^{s+1}(\mathbf{R}^n)$ 是一个可分空间，在其中任取一组基 $\{w_j\}(j = 1, 2, \cdots)$. 对任何固定的 $m \in \mathbf{N}$，求近似解

$$u_m(t) = \sum_{i=1}^m g_{im}(t) w_i, \tag{4.9}$$

使其满足

$$(u''_m(t), w_j)_{H^s(\mathbf{R}^n)} + (\nabla u_m(t), \nabla w_j)_{H^s(\mathbf{R}^n)} = (F(t), w_j)_{H^s(\mathbf{R}^n)}, \quad 1 \leqslant j \leqslant m, \ t \in [0, T] \tag{4.10}$$

及

$$u_m(0) = u_{0m} = \sum_{i=1}^m \xi_{im} w_i, \tag{4.11}$$

$$u'_m(0) = u_{1m} = \sum_{i=1}^m \eta_{im} w_i, \tag{4.12}$$

并设当 $m \to \infty$ 时，

$$u_{0m} \to \varphi \ \text{在}\ H^{s+1}(\mathbf{R}^n)\ \text{中强收敛}, \tag{4.13}$$

$$u_{1m} \to \psi \ \text{在}\ H^s(\mathbf{R}^n)\ \text{中强收敛}. \tag{4.14}$$

这里在 (4.10) 式中，$(\cdot, \cdot)_{H^s(\mathbf{R}^n)}$ 表示 $H^s(\mathbf{R}^n)$ 空间中的内积，而 $\nabla = \left(\frac{\partial}{\partial x_1}, \cdots, \frac{\partial}{\partial x_n}\right)$ 为梯度算子.

由 (4.9) 式, (4.10)—(4.12) 式可改写为

$$\sum_{i=1}^{m} g_{im}''(t)(w_i, w_j)_{H^s(\mathbf{R}^n)} + \sum_{i=1}^{m} g_{im}(t)(\nabla w_i, \nabla w_j)_{H^s(\mathbf{R}^n)}$$
$$= (F(t), w_j)_{H^s(\mathbf{R}^n)}, \quad 1 \leqslant j \leqslant m, \quad t \in [0, T] \tag{4.15}$$

及

$$g_{im}(0) = \xi_{im}, \quad g_{im}'(0) = \eta_{im}, \quad 1 \leqslant i \leqslant m. \tag{4.16}$$

于是我们得到一个决定 $\{g_{im}(t), 1 \leqslant i \leqslant m\}$ 的二阶线性常微分方程组的 Cauchy 问题. 由于由 $w_1, \cdots, w_m$ 的线性无关性有

$$\det|(w_i, w_j)_{H^s(\mathbf{R}^n)}| \neq 0, \tag{4.17}$$

根据常微分方程的理论立刻可得: Cauchy 问题 (4.15)-(4.16) 在区间 $[0, T]$ 上存在唯一的解

$$g_{im}(t) \in H^2(0, T), \quad 1 \leqslant i \leqslant m, \tag{4.18}$$

从而可唯一决定近似解 $u_m(t)$, 且

$$u_m(t) \in H^2(0, T; H^{s+1}(\mathbf{R}^n)). \tag{4.19}$$

下面对近似解的序列 $\{u_m(t)\}$ 进行估计.

用 $g_{jm}'(t)$ 乘 (4.10) 式, 并对 j 作和, 可得

$$\frac{1}{2} \frac{d}{dt} (\|u_m'(t)\|^2_{H^s(\mathbf{R}^n)} + \|\nabla u_m(t)\|^2_{H^s(\mathbf{R}^n)}) = (F(t), u_m'(t))_{H^s(\mathbf{R}^n)}, \tag{4.20}$$

其中 $\|\cdot\|_{H^s(\mathbf{R}^n)}$ 表示 $H^s(\mathbf{R}^n)$ 空间中的范数. 将上式在区间 $[0, t]$ 上对 t 积分, 并注意到 (4.11)—(4.12) 式, 就得到

$$\|u_m'(t)\|^2_{H^s(\mathbf{R}^n)} + \|\nabla u_m(t)\|^2_{H^s(\mathbf{R}^n)} \leqslant \|u_{1m}\|^2_{H^s(\mathbf{R}^n)} + \|\nabla u_{0m}\|^2_{H^s(\mathbf{R}^n)}$$
$$+ \int_0^t \|F(\tau)\|^2_{H^s(\mathbf{R}^n)} d\tau + \int_0^t \|u_m'(\tau)\|^2_{H^s(\mathbf{R}^n)} d\tau, \quad 0 \leqslant t \leqslant T. \tag{4.21}$$

又由

$$u_m(t) = u_m(0) + \int_0^t u_m'(\tau) d\tau = u_{0m} + \int_0^t u_m'(\tau) d\tau, \tag{4.22}$$

有

$$\|u_m(t)\|_{H^s(\mathbf{R}^n)} \leqslant \|u_{0m}\|_{H^s(\mathbf{R}^n)} + \int_0^t \|u_m'(\tau)\|_{H^s(\mathbf{R}^n)} d\tau. \tag{4.23}$$

由 (4.21) 及 (4.23) 式，利用第一章引理 2.1 中所述的 Gronwall 不等式,并注意到 (4.13)—(4.14) 式就可得到

$$\{u_m(t)\} \in L^\infty(0,\ T;\ H^{s+1}(\mathbf{R}^n)) \text{ 中的有界集;} \tag{4.24}$$

$$\{u'_m(t)\} \in L^\infty(0,\ T;\ H^s(\mathbf{R}^n)) \text{ 中的有界集.} \tag{4.25}$$

于是由弱紧性可得：存在 $\{u_m(t)\}$ 的一个子列 $\{u_\mu(t)\}$，使得当 $\mu\to\infty$ 时

$$u_\mu(t) \overset{*}{\rightharpoonup} u(t) \text{ 在 } L^\infty(0,\ T;\ H^{s+1}(\mathbf{R}^n)) \text{ 中弱 * 收敛,} \tag{4.26}$$

$$u'_\mu(t) \overset{*}{\rightharpoonup} u'(t) \text{ 在 } L^\infty(0,\ T;\ H^s(\mathbf{R}^n)) \text{ 中弱 * 收敛.} \tag{4.27}$$

由于 $w_j \in H^{s+1}(\mathbf{R}^n)$，(4.10) 式可改写为

$$\langle u''_m(t),\ w_j\rangle = \langle \Delta u_m(t) + F(t),\ w_j\rangle,\quad 1\leqslant j\leqslant m,\ t\in[0,\ T], \tag{4.28}$$

其中$\langle\cdot,\cdot\rangle$表示 $H^{s-1}(\mathbf{R}^n)$ 与 $H^{s+1}(\mathbf{R}^n)$ 空间之间的对偶内积. 在上式中取 $m=\mu\to\infty$，由 (4.26) 式易知对任何 $j\in\mathbf{N}$

$$\frac{d^2}{dt^2}\langle u_\mu(t),\ w_j\rangle = \langle u''_\mu(t),\ w_j\rangle \overset{*}{\rightharpoonup} \langle \Delta u(t) + F(t),\ w_j\rangle \tag{4.29}$$

$$\text{在 } L^\infty(0,\ T) \text{ 中弱 * 收敛.}$$

另一方面,由 (4.27) 式,当 $\mu\to\infty$ 时有

$$\frac{d}{dt}\langle u_\mu(t),\ w_j\rangle = \langle u'_\mu(t),\ w_j\rangle \overset{*}{\rightharpoonup} \frac{d}{dt}\langle u(t),\ w_j\rangle = \langle u'(t),\ w_j\rangle \tag{4.30}$$

$$\text{在 } L^\infty(0,\ T) \text{ 中弱 * 收敛,}$$

于是有

$$\frac{d^2}{dt^2}\langle u_\mu(t),\ w_j\rangle \longrightarrow \frac{d^2}{dt^2}\langle u(t),\ w_j\rangle = \langle u''(t),\ w_j\rangle \tag{4.31}$$

$$\text{在 } \mathscr{D}'(0,\ T) \text{ 中收敛.}$$

联合 (4.29) 及 (4.31) 式,就得到对任何 $j\in\mathbf{N}$,

$$\langle u''(t)-\Delta u(t)-F(t),\ w_j\rangle=0 \tag{4.32}$$

在 $\mathscr{D}'(0,T)$ 中成立，

即有

$$\left\langle\int_0^T(u''(t)-\Delta u(t)-F(t))\varphi(t)dt,\ w_j\right\rangle=0,$$

$$\forall\varphi\in\mathscr{D}(0,T),\forall j\in\mathbf{N}. \tag{4.33}$$

由于 $\{w_j\}$ $(j=1,2,\cdots)$ 是 $H^{s+1}(\mathbf{R}^n)$ 中的一组基，由上式就得到

$$\int_0^T(u''(t)-\Delta u(t)-F(t))\varphi(t)dt=0 \tag{4.34}$$

在 $H^{s-1}(\mathbf{R}^n)$ 中成立，$\forall\varphi\in\mathscr{D}(0,T)$，

于是

$$u''-\Delta u=F \tag{4.35}$$

在 $\mathscr{D}'(0,T;H^{s-1}(\mathbf{R}^n))$ 中成立，

即 u 为方程 (4.1) 的解．注意到 (4.26)—(4.27) 及 (4.4) 式，并利用方程 (4.35)，就得到 (4.5)—(4.7) 式．此外，由 (4.29) 及 (4.35) 式，还得到当 $\mu\to\infty$ 时有

$$\frac{d^2}{dt^2}\langle u_\mu(t),\ w_j\rangle\overset{*}{\rightharpoonup}\frac{d^2}{dt^2}\langle u(t),\ w_j\rangle \tag{4.36}$$

在 $L^\infty(0,T)$ 中弱 $*$ 收敛．

现在证明 u 满足初始条件 (4.2)．由(4.26)—(4.27)式可得当 $\mu\to\infty$ 时

$$u_\mu(0)\rightharpoonup u(0) \tag{4.37}$$

在 $H^s(\mathbf{R}^n)$ 中弱收敛，

于是由 (4.13) 式就立刻得到

$$u(0)=\varphi, \tag{4.38}$$

这就是 (4.2) 的第一式．另一方面，注意到 (4.6) 式，(4.30) 式可改写为

$$(u'_\mu(t),\ w_j)\overset{*}{\rightharpoonup}(u'(t),\ w_j) \tag{4.39}$$

在 $L^\infty(0,T)$ 中弱 $*$ 收敛，

同理 (4.36) 可改写为

$$\frac{d}{dt}(u'_\mu(t), w_j) \xrightarrow{*} \frac{d}{dt}(u'(t), w_j) \tag{4.40}$$
在 $L^\infty(0, T)$ 中弱＊收敛.

由 (4.39)—(4.40) 式可得当 $\mu \to \infty$ 时,有

$$(u'_\mu(0), w_j) \to (u'(0), w_j), \quad \forall j \in \mathbf{N}. \tag{4.41}$$

从而由 (4.14) 式就得到

$$(u'(0), w_j) = (\psi, w_j), \quad \forall j \in \mathbf{N}. \tag{4.42}$$

因为 $\{w_j\}(j = 1, 2, \cdots)$ 同时也是 $H^s(\mathbf{R}^n)$ 空间中的一组基,由上式就得到

$$u'(0) = \psi, \tag{4.43}$$

这就是 (4.2) 的第二式.

这就证明了 Cauchy 问题 (4.1)-(4.2) 的解的存在性.

用 u_t 与方程 (4.1) 的两端作 $H^s(\mathbf{R}^n)$ 空间中的内积,然后在区间 $[0, t]$ 上对 t 积分,和前面对近似解建立估计式 (4.21) 的方法完全类似,可以得到

$$\|u'(t)\|^2_{H^s(\mathbf{R}^n)} + \|\nabla u(t)\|^2_{H^s(\mathbf{R}^n)} \leqslant \|\nabla \varphi\|^2_{H^s(\mathbf{R}^n)} + \|\psi\|^2_{H^s(\mathbf{R}^n)}$$
$$+ \int_0^t \|F(\tau)\|^2_{H^s(\mathbf{R}^n)} d\tau + \int_0^t \|u'(\tau)\|^2_{H^s(\mathbf{R}^n)} d\tau, \quad 0 \leqslant t \leqslant T. \tag{4.44}$$

又类似于 (4.23) 式,有

$$\|u(t)\|_{H^s(\mathbf{R}^n)} \leqslant \|\varphi\|_{H^s(\mathbf{R}^n)} + \int_0^t \|u'(\tau)\|_{H^s(\mathbf{R}^n)} d\tau, \quad 0 \leqslant t \leqslant T. \tag{4.45}$$

联合 (4.44)—(4.45) 式,并利用 Gronwall 不等式,就得到所要求的估计式 (4.8). 由此立刻可得 Cauchy 问题 (4.1)-(4.2) 的解的唯一性,从而整个近似解的序列收敛. 引理 4.1 证毕.

由引理 4.1 的证明过程可见,我们有

推论 4.1 若在引理 4.1 中,进一步假设

$$F \in L^2(0, T; H^s(\mathbf{R}^n)) \cap L^\infty(0, T; H^{s-1}(\mathbf{R}^n)), \tag{4.46}$$

则对 Cauchy 问题 (4.1)-(4.2) 的解有

$$u_{tt} \in L^\infty(0, T; H^{s-1}(\mathbf{R}^n)). \tag{4.47}$$

由第一章中的引理 2.2，并由 (4.5)—(4.7) 式易得

推论 4.2 在引理 4.1 的假设下，对 Cauchy 问题 (4.1)-(4.2) 的解，必要时适当修改在区间 $[0, T]$ 的一个零测集上的数值后，有

$$u \in C([0, T]; H^s(\mathbb{R}^n)), \tag{4.48}$$

$$u_t \in C([0, T]; H^{s-1}(\mathbb{R}^n)). \tag{4.49}$$

利用一个磨光的手续，由 (4.8) 式还可将推论 4.2 中所述的结论加以改进. 为此，记 J_δ 为对变数 $x \in \mathbb{R}^n$ 的磨光算子:

$$J_\delta f = j_\delta * f, \tag{4.50}$$

其中 $f = f(x)$，而 j_δ 例如说可用如下的方式定义:

$$j_\delta(x) = \frac{1}{\delta^n} j\left(\frac{x}{\delta}\right), \tag{4.51}$$

其中

$$j(x) = \begin{cases} C\exp\left(\dfrac{1}{|x|^2 - 1}\right), & |x| \leqslant 1 \\ 0, & |x| \geqslant 1 \end{cases} \in \mathscr{D}(\mathbb{R}^n) = C_0^\infty(\mathbb{R}^n), \tag{4.52}$$

而常数 C 的选择得使

$$\int_{\mathbb{R}^n} j(x)dx = 1. \tag{4.53}$$

我们有熟知的(参见 L. Hörmander [1])

引理 4.2 设

$$f \in H^s(\mathbb{R}^n), \tag{4.54}$$

这里 $s \geqslant 0$ 为任一整数，则

(i)

$$J_\delta f \in C^\infty(\mathbb{R}^n), \tag{4.55}$$

且对任何整数 $N \geqslant 0$，

$$J_\delta f \in H^N(\mathbb{R}^n). \tag{4.56}$$

(ii) 对任何多重指标 $k = (k_1, \cdots, k_n)$，$|k| \leqslant s$，

$$J_\delta D^k f = D^k J_\delta f. \tag{4.57}$$

(iii) 对任何 $\delta > 0$

$$\|J_\delta f\|_{H^s(\mathbf{R}^n)} \leqslant C\|f\|_{H^s(\mathbf{R}^n)}, \tag{4.58}$$

其中 C 是一个与 δ 无关的正常数；且当 $\delta \to 0$ 时 (4.59)

$$J_\delta f \to f \quad \text{在 } H^s(\mathbf{R}^n) \text{ 中强收敛.}$$

(iv) 对任意固定的 $\delta > 0$ 及任何整数 $N > s$,

$$\|J_\delta f\|_{H^N(\mathbf{R}^n)} \leqslant C(\delta)\|f\|_{H^s(\mathbf{R}^n)}, \tag{4.60}$$

其中 $C(\delta)$ 是一个与 δ 及 N 有关的正常数.

记

$$u^\delta(t, \cdot) = J_\delta u(t, \cdot), \tag{4.61}$$

其中 u 为 Cauchy 问题 (4.1)-(4.2) 的解. 分别将磨光算子作用于方程 (4.1) 及初始条件 (4.2) 的两端，并注意到 (4.57) 式，易知 u^δ 是下述 Cauchy 问题的解:

$$\begin{cases} u^\delta_{tt} - \Delta u^\delta = F^\delta(t, x), & (4.62) \\ t = 0: \ u^\delta = \varphi^\delta, \ u^\delta_t = \psi^\delta, & (4.63) \end{cases}$$

其中

$$\begin{cases} F^\delta(t, \cdot) = J_\delta F(t, \cdot), & (4.64) \\ \varphi^\delta = J_\delta \varphi, \ \psi^\delta = J_\delta \psi. & (4.65) \end{cases}$$

由假设 (4.3)—(4.4) 式，并注意到 (4.58)—(4.59) 式，可得当 $\delta \to 0$ 时，

$$\begin{cases} \varphi^\delta \to \varphi \ \text{在 } H^{s+1}(\mathbf{R}^n) \text{ 中强收敛,} \\ \psi^\delta \to \psi \ \text{在 } H^s(\mathbf{R}^n) \text{ 中强收敛} \end{cases} \tag{4.66}$$

及(利用 Lebesgue 控制收敛定理)

$$F^\delta \to F \quad \text{在 } L^2(0, T; H^s(\mathbf{R}^n)) \text{ 中强收敛.} \tag{4.67}$$

利用 (4.60) 式，由 (4.5)—(4.7) 式例如说可得对任何固定的 $\delta > 0$，有

$$u^\delta \in L^\infty(0, T; H^{s+2}(\mathbf{R}^n)), \tag{4.68}$$

$$u^\delta_t \in L^\infty(0, T; H^{s+1}(\mathbf{R}^n)), \tag{4.69}$$

$$u^\delta_{tt} \in L^2(0, T; H^s(\mathbf{R}^n)), \tag{4.70}$$

于是由第一章中的引理 2.2 就得到，必要时适当修改在区间 [0, T] 的一个零测集上的数值后，有

$$u^\delta \in C([0, T]; H^{s+1}(\mathbf{R}^n)), \tag{4.71}$$

$$u_t^\delta \in C([0, T]; H^s(\mathbf{R}^n)). \tag{4.72}$$

由已建立的估计式 (4.8)，对任何 $\delta, \delta' > 0$，易知

$$\|u^\delta(t,\cdot) - u^{\delta'}(t,\cdot)\|^2_{H^{s+1}(\mathbf{R}^n)} + \|u_t^\delta(t,\cdot) - u_t^{\delta'}(t,\cdot)\|^2_{H^s(\mathbf{R}^n)}$$

$$\leqslant C(T)\Big(\|\varphi^\delta - \varphi^{\delta'}\|^2_{H^{s+1}(\mathbf{R}^n)} + \|\psi^\delta - \psi^{\delta'}\|^2_{H^s(\mathbf{R}^n)}$$

$$+ \int_0^T \|F^\delta(\tau,\cdot) - F^{\delta'}(\tau,\cdot)\|^2_{H^s(\mathbf{R}^n)} d\tau\Big). \tag{4.73}$$

于是由 (4.66)—(4.67) 以及 (4.71)-(4.72) 式易知当 $\delta \to 0$ 时

$$u^\delta \text{ 在 } C([0, T]; H^{s+1}(\mathbf{R}^n)) \text{ 中强收敛}, \tag{4.74}$$

$$u_t^\delta \text{ 在 } C([0, T]; H^s(\mathbf{R}^n)) \text{ 中强收敛}. \tag{4.75}$$

但由 (4.5)—(4.6) 式，类似于证明 (4.67) 式可得在 $\delta \to 0$ 时

$$u^\delta \to u \text{ 在 } L^2(0, T; H^{s+1}(\mathbf{R}^n)) \text{ 中强收敛}, \tag{4.76}$$

$$u_t^\delta \to u_t \text{ 在 } L^2(0, T; H^s(\mathbf{R}^n)) \text{ 中强收敛}. \tag{4.77}$$

于是当 $\delta \to 0$ 时恒

$$u^\delta \to u \text{ 在 } C([0, T]; H^{s+1}(\mathbf{R}^n)) \text{ 中强收敛}, \tag{4.78}$$

$$u_t^\delta \to u_t \text{ 在 } C([0, T]; H^s(\mathbf{R}^n)) \text{ 中强收敛}. \tag{4.79}$$

这样，我们得到

定理 4.1 在引理 4.1 的假设下，对 Cauchy 问题 (4.1)-(4.2) 的解 $u = u(t, x)$，必要时适当修改在区间 [0, T] 的一个零测集上的数值后，还有

$$u \in C([0, T]; H^{s+1}(\mathbf{R}^n)), \tag{4.80}$$

$$u_t \in C([0, T]; H^s(\mathbf{R}^n)). \tag{4.81}$$

推论 4.3 若在定理 4.1 中，进一步假设

$$F \in C([0, T]; H^{s-1}(\mathbf{R}^n)), \tag{4.82}$$

则对 Cauchy 问题(4.1)-(4.2)的解还成立

$$u_{tt} \in C([0, T]; H^{s-1}(\mathbf{R}^n)). \tag{4.83}$$

§5 关于乘积函数和复合函数的一些估计式(续)

为了下面讨论的需要，在本节中对第一章 §4 中所得的有关乘积函数和复合函数的估计式作一些补充.

定理 5.1 设 $F = F(w)$ 充分光滑，其中 $w = (w_1, \cdots, w_N)$. 并设当

$$|w| \leqslant \nu_0 \tag{5.1}$$

时成立

$$F(w) = O(|w|^{1+\alpha}) \quad (\alpha \geqslant 1 \text{ 为整数}). \tag{5.2}$$

对任何整数 $s \geqslant 0$，若向量函数 $w = w(x)$ 使下述不等式右端出现的范数有意义，且

$$\|w\|_{L^\infty(\mathbf{R}^n)} \leqslant \nu_0, \tag{5.3}$$

则

$$\|F(w)\|_{W^{s,r}(\mathbf{R}^n)} \leqslant C_s \|w\|_{W^{s,q}(\mathbf{R}^n)} \prod_{i=1}^{\alpha} \|w\|_{L^{p_i}(\mathbf{R}^n)}, \tag{5.4}$$

其中 C_s 是一个正常数(可与 ν_0 有关)，而

$$\frac{1}{r} = \sum_{i=1}^{\alpha} \frac{1}{p_i} + \frac{1}{q}, \ 1 \leqslant p_i (i = 1, \cdots, \alpha), \ q, \ r \leqslant +\infty. \tag{5.5}$$

注 5.1 在定理 5.1 中令 $p_1 = p$, $p_2 = \cdots = p_\alpha = +\infty$，就得到第一章中的定理 4.4.

定理 5.1 的证明 只需证明对任何整数 $s \geqslant 0$，

$$\|D_x^s F(w)\|_{L^r(\mathbf{R}^n)} \leqslant C \|D_x^s w\|_{L^q(\mathbf{R}^n)} \cdot \prod_{i=1}^{\alpha} \|w\|_{L^{p_i}(\mathbf{R}^n)}, \tag{5.6}$$

其中 D_x^s 表示对 $x = (x_1, \cdots, x_n)$ 的一切 s 阶偏导数.

和第一章定理 4.4 的证明类似，可将 $F = F(w)$ 改写为

$$F(w) = \bar{F}(w) w^\alpha, \tag{5.7}$$

而

$$\bar{F}(0)=0. \tag{5.8}$$

由复合函数的求导法则，由(5.7)式有

$$D_x^s F(w)=\sum_{\substack{s_0+s_1+\cdots+s_\alpha=s\\ s_0,s_1,\cdots,s_\alpha\geqslant 0}} C_{s_0s_1\cdots s_\alpha} D_x^{s_0}\bar{F}(w) D_x^{s_1}w\cdots D_x^{s_\alpha}w. \tag{5.9}$$

于是由 Hölder 不等式（见第一章引理 4.1)，并注意到由第一章定理 4.3 中的(4.34)式可得

$$\|D_x^{s_0}\bar{F}(w)\|_{L^{r_0}(\mathbf{R}^n)}\leqslant C\|D_x^{s_0}w\|_{L^{r_0}(\mathbf{R}^n)}. \tag{5.10}$$

我们有

$$\begin{aligned}&\|D_x^s F(w)\|_{L^r(\mathbf{R}^n)}\\ \leqslant C&\sum_{s_0+s_1+\cdots+s_\alpha=s}\|D_x^{s_0}w\|_{L^{r_0}(\mathbf{R}^n)}\|D_x^{s_1}w\|_{L^{r_1}(\mathbf{R}^n)}\cdots\|D_x^{s_\alpha}w\|_{L^{r_\alpha}(\mathbf{R}^n)},\end{aligned} \tag{5.11}$$

其中 $r_i(i=0,1,\cdots,\alpha)$ 满足

$$\frac{1}{r}=\sum_{i=0}^{\alpha}\frac{1}{r_i},\ 1\leqslant r_i\leqslant+\infty(i=0,1,\cdots,\alpha), \tag{5.12}$$

其值在下面确定.

由 Nirenberg 不等式(第一章(4.6)式)，有

$$\|D_x^{s_i}w\|_{L^{r_i}(\mathbf{R}^n)}\leqslant C\|w\|_{L^p(\mathbf{R}^n)}^{1-\frac{s_i}{s}}\cdot\|D_x^s w\|_{L^q(\mathbf{R}^n)}^{\frac{s_i}{s}}\quad(i=0,1,\cdots,\alpha), \tag{5.13}$$

其中 q 由定理 5.1 所给定，$p(1\leqslant p\leqslant+\infty)$ 与 i 无关，并满足

$$\frac{1}{r_i}=\left(1-\frac{s_i}{s}\right)\frac{1}{p}+\frac{s_i}{s}\frac{1}{q}\ (i=0,1,\cdots,\alpha). \tag{5.14}$$

由(5.12)式，并注意到 $\sum_{i=0}^{\alpha}s_i=s$，由(5.14)式可得

$$\frac{1}{r}=\frac{\alpha}{p}+\frac{1}{q}. \tag{5.15}$$

因此，根据定理 5.1 中已给定的 q, r 及 α，可由上式决定 p，从而由(5.5)式有

$$\frac{\alpha}{p}=\sum_{i=1}^{\alpha}\frac{1}{p_i},\ 1\leqslant p\leqslant+\infty; \tag{5.16}$$

而 $r_i(i=0,1,\cdots,\alpha)$ 可由 (5.14) 式给定，它们显然满足 (5.12) 式.

将 (5.13) 式代入 (5.11) 式，并注意到 $\sum_{i=0}^{\alpha} s_i=s$，就得到

$$\|D_x^s F(w)\|_{L^r(\mathbf{R}^n)}\leqslant C\|D_x^s w\|_{L^q(\mathbf{R}^n)}\|w\|_{L^p(\mathbf{R}^n)}^{\alpha}, \tag{5.17}$$

其中 p 由 (5.15) 式决定.

再利用 Hölder 不等式，并注意到 (5.16) 式，就有

$$\|w\|_{L^p(\mathbf{R}^n)}\leqslant C\prod_{i=1}^{\alpha}\|w^{\frac{1}{\alpha}}\|_{L^{\alpha p_i}(\mathbf{R}^n)}\leqslant C\prod_{i=1}^{\alpha}\|w\|_{L^{p_i}(\mathbf{R}^n)}^{\frac{1}{\alpha}}, \tag{5.18}$$

代入 (5.17) 式就得到所要证明的不等式 (5.6). 定理 5.1 证毕.

推论 5.1 在定理 5.1 的假设下，

$$\|F(w)\|_{W^{s,r}(\mathbf{R}^n)}\leqslant C_s\|w\|_{W^{s,q}(\mathbf{R}^n)}\cdot\|w\|_{L^p(\mathbf{R}^n)}^{\alpha}, \tag{5.19}$$

其中 $1\leqslant p,\ q,\ r\leqslant+\infty$，并满足 (5.15) 式.

为了下文的需要，我们证明

定理 5.2 设 $G=G(w)$ 充分光滑，其中 $w=(w_1,\cdots,w_N)$. 并设当 (5.1) 式成立时有

$$G(w)=O(|w|^{\alpha}),\ \alpha\geqslant1\ \text{为整数}. \tag{5.20}$$

对任何整数 $s\geqslant0$，若向量函数 $w=w(x)$ 满足 (5.3) 式，且下述不等式右端出现的范数有意义，则

$$\begin{aligned}\|G(w)u\|_{W^{s,r}(\mathbf{R}^n)}\leqslant C_s(&\|u\|_{L^p(\mathbf{R}^n)}\|w\|_{W^{s,q}(\mathbf{R}^n)}\\&+\|u\|_{W^{s,q}(\mathbf{R}^n)}\|w\|_{L^p(\mathbf{R}^n)})\|w\|_{L^p(\mathbf{R}^n)}^{\alpha-1},\end{aligned} \tag{5.21}$$

其中 $p,\ q,\ r$ 满足

$$\frac{1}{r}=\frac{\alpha}{p}+\frac{1}{q},\ 1\leqslant p,\ q,\ r\leqslant+\infty, \tag{5.22}$$

而 C_s 是一个正常数(可与 ν_0 有关).

证 和定理 5.1 的证明类似，对任何整数 $s\geqslant0$，可得

$$\|D_x^s(G(w)u)\|_{L^r(\mathbf{R}^n)}\leqslant C\sum_{s_0+s_1+\cdots+s_\alpha=s}\|D_x^{s_0}u\|_{L^{r_0}(\mathbf{R}^n)}\prod_{i=1}^{\alpha}\|D_x^{s_i}w\|_{L^{r_i}(\mathbf{R}^n)}, \tag{5.23}$$

其中 $r_i(i=0,1,\cdots,\alpha)$ 仍满足 (5.12) 式，其值在下面确定.

由 Nirenberg 不等式(第一章 (4.6) 式)，有

$$\|D_x^{s_0}u\|_{L^{r_0}(\mathbf{R}^n)}\leqslant C\|u\|_{L^p(\mathbf{R}^n)}^{1-\frac{s_0}{s}}\cdot\|D_x^s u\|_{L^q(\mathbf{R}^n)}^{\frac{s_0}{s}},\tag{5.24}$$

$$\|D_x^{s_i}w\|_{L^{r_i}(\mathbf{R}^n)}\leqslant C\|w\|_{L^p(\mathbf{R}^n)}^{1-\frac{s_i}{s}}\cdot\|D_x^s w\|_{L^q(\mathbf{R}^n)}^{\frac{s_i}{s}},\quad 1\leqslant i\leqslant\alpha,\tag{5.25}$$

其中 p 及 q 由定理 5.2 中给定，且 (5.14) 式成立. 由于 $\sum_{i=0}^{\alpha}s_i=s$，由 (5.14) 式决定的 $r_i(i=0,1,\cdots,\alpha)$ 必满足 (5.12) 式.

将 (5.24)—(5.25) 式代入 (5.23)式，并注意到 $\sum_{i=0}^{\alpha}s_i=s$，就得到

$$\|D_x^s(G(w)w)\|_{L^r(\mathbf{R}^n)}\leqslant C\sum_{s_0\leqslant s}(\|u\|_{L^p(\mathbf{R}^n)}\|D^s w\|_{L^q(\mathbf{R}^n)})^{1-\frac{s_0}{s}}$$

$$\cdot(\|D_x^s u\|_{L^q(\mathbf{R}^n)}\|w\|_{L^p(\mathbf{R}^n)})^{\frac{s_0}{s}}\|w\|_{L^p(\mathbf{R}^n)}^{\alpha-1}.\tag{5.26}$$

对上式右端前二项的乘积再利用不等式

$$ab\leqslant\frac{1}{\bar{p}}a^{\bar{p}}+\frac{1}{\bar{q}}b^{\bar{q}}\left(a,\ b\geqslant 0,\ \frac{1}{\bar{p}}+\frac{1}{\bar{q}}=1\right),\tag{5.27}$$

并特别取 $\bar{p}=\dfrac{s}{s-s_0}$ 及 $\bar{q}=\dfrac{s}{s_0}$，就得到

$$\|D_x^s(G(w)w)\|_{L^r(\mathbf{R}^n)}$$

$$\leqslant C(\|u\|_{L^p(\mathbf{R}^n)}\|D_x^s w\|_{L^q(\mathbf{R}^n)}+\|D_x^s u\|_{L^q(\mathbf{R}^n)}\|w\|_{L^p(\mathbf{R}^n)})\|w\|_{L^p(\mathbf{R}^n)}^{\alpha-1},\tag{5.28}$$

由此立刻得到所要求的不等式 (5.21). 定理 5.2 证毕.

定理 5.3 设 $F=F(w)$ 满足定理 5.1 中的条件. 若向量函数 $w=\bar{w}(x)$ 及 $w=\bar{\bar{w}}(x)$ 分别满足 (5.3) 式，且使下述不等式右端出现的范数有意义，则对任何整数 $s\geqslant 0$,

$$\|F(\bar{w})-F(\bar{\bar{w}})\|_{W^{s,r}(\mathbf{R}^n)}$$

$$\leqslant C_s(\|w^*\|_{L^p(\mathbf{R}^n)}(\|\bar{w}\|_{W^{s,q}(\mathbf{R}^n)} + \|\bar{\bar{w}}\|_{W^{s,q}(\mathbf{R}^n)})$$
$$+ \|w^*\|_{W^{s,q}(\mathbf{R}^n)}(\|\bar{w}\|_{L^p(\mathbf{R}^n)} + \|\bar{\bar{w}}\|_{L^p(\mathbf{R}^n)}))$$
$$\cdot (\|\bar{w}\|_{L^p(\mathbf{R}^n)} + \|\bar{\bar{w}}\|_{L^p(\mathbf{R}^n)})^{\alpha-1}, \tag{5.29}$$

其中记

$$w^* = \bar{w} - \bar{\bar{w}}, \tag{5.30}$$

p, q, r 满足 (5.22) 式,而 C_s 是一个正常数 (可与 v_0 有关).

证 我们有

$$F(\bar{w}) - F(\bar{\bar{w}}) = G(\bar{w}, \bar{\bar{w}})w^*, \tag{5.31}$$

而

$$G(\bar{w},\bar{\bar{w}}) = O(|\bar{w}|^\alpha + |\bar{\bar{w}}|^\alpha), \tag{5.32}$$

于是由定理 5.2 就立刻得到所要求的结论.

定理 5.4 设 $G = G(w)$ 充分光滑,则对任何 u, $w \in H^s(\mathbf{R}^n)$, 其中 $s \geqslant \left[\frac{n}{2}\right] + 1$, 且 (5.3) 式成立时,有

$$G(w)u \in H^s(\mathbf{R}^n), \tag{5.33}$$

且

$$\|G(w)u\|_{H^s(\mathbf{R}^n)} \leqslant C_s\|u\|_{H^s(\mathbf{R}^n)} \cdot (|G(0)| + \|w\|_{H^s(\mathbf{R}^n)}), \tag{5.34}$$

其中 C_s 为一个正常数(可与 v_0 有关).

证 注意到

$$G(w)u = (G(w) - G(0))u + G(0)u, \tag{5.35}$$

并由 (5.21) 式(在其中取 $r = q = 2$, $p = \infty$ 及 $\alpha = 1$), 有

$$\|(G(w) - G(0))u\|_{H^s(\mathbf{R}^n)} \leqslant C(\|u\|_{L^\infty(\mathbf{R}^n)}\|w\|_{H^s(\mathbf{R}^n)}$$
$$+ \|u\|_{H^s(\mathbf{R}^n)}\|w\|_{L^\infty(\mathbf{R}^n)}), \tag{5.36}$$

再由于 $s \geqslant \left[\frac{n}{2}\right] + 1$, 有

$$H^s(\mathbf{R}^n) \subset L^\infty(\mathbf{R}^n) \text{ 连续嵌入}, \tag{5.37}$$

就立刻得到所要求的结论. 定理 5.4 证毕.

推论 5.2 若 $s \geqslant \left[\frac{n}{2}\right] + 1$, 对任何 u, $w \in H^s(\mathbf{R}^n)$, 必有

$$uw \in H^s(\mathbf{R}^n), \tag{5.38}$$

且
$$\|uw\|_{H^s(\mathbf{R}^n)} \leqslant C_s \|u\|_{H^s(\mathbf{R}^n)} \|w\|_{H^s(\mathbf{R}^n)}, \tag{5.39}$$
其中 C_s 为一个正常数。

定理 5.5 对任意整数 $s \geqslant 0$，在右端出现的范数有意义的条件下，
$$\left\| D^s \left(\prod_{i=0}^{\alpha} f_i \right) \right\|_{L^r(\mathbf{R}^n)} \leqslant C_s \sum_{i=0}^{\alpha} \left(\|D^s f_i\|_{L^q(\mathbf{R}^n)} \prod_{\substack{j=0 \\ j \neq i}}^{\alpha} \|f_j\|_{L^p(\mathbf{R}^n)} \right), \tag{5.40}$$
其中 $\alpha \geqslant 1$ 为整数，$1 \leqslant p, q, r \leqslant +\infty$，并满足 (5.15) 式，而 C_s 为一个与 s 有关的正常数。

注 5.2 在定理 5.5 中令 $\alpha = 1$，特别就得到第一章定理 4.2 中的 (4.20) 式。

定理 5.5 的证明 和第一章定理 4.2 的证明类似，由 Hölder 不等式，有
$$\left\| D^s \left(\prod_{i=0}^{\alpha} f_i \right) \right\|_{L^r(\mathbf{R}^n)} \leqslant C_s \sum_{\sum_{i=0}^{\alpha} s_i = s} \prod_{i=0}^{\alpha} \|D^{s_i} f_i\|_{L^{r_i}(\mathbf{R}^n)}, \tag{5.41}$$
其中 $1 \leqslant r_i \leqslant +\infty (i = 0, \cdots, \alpha)$，且满足
$$\frac{1}{r} = \sum_{i=0}^{\alpha} \frac{1}{r_i}. \tag{5.42}$$
特别取
$$\frac{1}{r_i} = \left(1 - \frac{s_i}{s}\right) \frac{1}{p} + \frac{s_i}{s} \frac{1}{q} \, (i = 0, \cdots, \alpha), \tag{5.43}$$
由 Nirenberg 不等式(第一章 (4.6) 式)，有
$$\|D^{s_i} f_i\|_{L^{r_i}(\mathbf{R}^n)} \leqslant C \|f_i\|_{L^p(\mathbf{R}^n)}^{1-\frac{s_i}{s}} \cdot \|D^s f_i\|_{L^q(\mathbf{R}^n)}^{\frac{s_i}{s}} \, (i = 0, \cdots, \alpha). \tag{5.44}$$
将 (5.44) 式代入 (5.41) 式，并注意到 $\sum_{i=0}^{\alpha} s_i = s$，就得到

$$\left\|D^s\left(\prod_{i=0}^{\alpha} f_i\right)\right\|_{L^r(\mathbf{R}^n)} \leqslant C \sum_{\sum_{i=0}^{\alpha} s_i = s} \prod_{i=0}^{\alpha}\left(\|D^s f_i\|_{L^q(\mathbf{R}^n)} \prod_{j\neq i}\|f_j\|_{L^p(\mathbf{R}^n)}\right)^{\frac{s_i}{s}}. \tag{5.45}$$

再利用不等式

$$\prod_{i=0}^{\alpha} a_i \leqslant \sum_{i=0}^{\alpha} \frac{1}{\bar{p}_i} a_i^{\bar{p}_i} \quad (a_i \geqslant 0,\ i=0,\cdots,\alpha), \tag{5.46}$$

其中

$$\sum_{i=0}^{\alpha} \frac{1}{\bar{p}_i} = 1,\ 1 \leqslant \bar{p}_i \leqslant +\infty (i=0,\cdots,\alpha), \tag{5.47}$$

并在其中特别取 $\bar{p}_i = \frac{s}{s_i}(i=0,\cdots,\alpha)$，就可由 (5.45) 式得到所要求的不等式 (5.40). 定理 5.5 证毕.

推论 5.3 在定理 5.5 的假设下,对任意给定的整数 $s \geqslant 0$,

$$\left\|\prod_{i=0}^{\alpha} f_i\right\|_{W^{s,r}(\mathbf{R}^n)} \leqslant C_s \sum_{i=0}^{\alpha}\left(\|f_i\|_{W^{s,q}(\mathbf{R}^n)} \prod_{j\neq i}\|f_j\|_{L^p(\mathbf{R}^n)}\right). \tag{5.48}$$

定理 5.6 设 $H=H(w)$ 充分光滑，其中 $w=(w_1,\cdots,w_N)$. 并设当 (5.1) 式成立时有

$$H(w)=O(|w|^{\alpha-1}) \quad (\alpha \geqslant 1 \text{ 为整数}). \tag{5.49}$$

对任何整数 $s \geqslant 0$，若向量函数 $w=w(x)$ 满足 (5.3) 式,且使下述不等式右端出现的范数有意义,则

(i) 当 $\alpha=1$ 时,

$$\begin{aligned}\|D^s(H(w)uv)\|_{L^r(\mathbf{R}^n)} \leqslant C_s(&\|D^s u\|_{L^q(\mathbf{R}^n)}(\|v\|_{L^p(\mathbf{R}^n)} \\ &+ \|v\|_{L^\infty(\mathbf{R}^n)}\|w\|_{L^p(\mathbf{R}^n)}) + \|D^s v\|_{L^q(\mathbf{R}^n)}(\|u\|_{L^p(\mathbf{R}^n)} \\ &+ \|u\|_{L^\infty(\mathbf{R}^n)}\|w\|_{L^p(\mathbf{R}^n)}) + \|D^s w\|_{L^q(\mathbf{R}^n)}(\|u\|_{L^p(\mathbf{R}^n)}\|v\|_{L^\infty(\mathbf{R}^n)} \\ &+ \|u\|_{L^\infty(\mathbf{R}^n)}\|v\|_{L^p(\mathbf{R}^n)}));\end{aligned} \tag{5.50}$$

(ii) 当 $\alpha \geqslant 2$ 时,

$$\begin{aligned}\|D^s(H(w)uv)\|_{L^r(\mathbf{R}^n)} \leqslant C_s(&\|D^s u\|_{L^q(\mathbf{R}^n)}\|v\|_{L^p(\mathbf{R}^n)}\|w\|_{L^p(\mathbf{R}^n)} \\ &+ \|u\|_{L^p(\mathbf{R}^n)}\|D^s v\|_{L^q(\mathbf{R}^n)}\|w\|_{L^p(\mathbf{R}^n)}\end{aligned}$$

$$+\|u\|_{L^p(\mathbf{R}^n)}\|v\|_{L^p(\mathbf{R}^n)}\|D^s w\|_{L^q(\mathbf{R}^n)})\|w\|^{\alpha-2}_{L^\infty(\mathbf{R}^n)}, \tag{5.51}$$

其中 $1 \leqslant p,\ q,\ r \leqslant +\infty$，并满足(5.15)式，而 C_s 是一个正常数(可与 ν_0 有关).

证 首先考察 $\alpha \geqslant 2$ 的情形. 此时由(5.29)式,有

$$H(w) = \overline{H}(w)w^{\alpha-2}, \tag{5.52}$$

而

$$\overline{H}(0) = 0. \tag{5.53}$$

于是由定理5.5，并利用第一章中的(4.33)式,就立刻得到(5.51)式.

现在考察 $\alpha = 1$ 的情形. 此时,注意到

$$\begin{aligned} H(w)uv &= (H(w) - H(0))uv + H(0)uv \\ &\triangleq \overline{H}(w)uv + H(0)uv, \end{aligned} \tag{5.54}$$

其中 $\overline{H}(w)$ 仍满足(5.53)式. 由定理5.5，并利用第一章中的(4.33)式,容易得到

$$\begin{aligned} &\|D^s(\overline{H}(w)uv)\|_{L^r(\mathbf{R}^n)} \\ &\leqslant C(\|D^s u\|_{L^q(\mathbf{R}^n)}\|v\|_{L^{2p}(\mathbf{R}^n)}\|w\|_{L^{2p}(\mathbf{R}^n)} \\ &\quad + \|u\|_{L^{2p}(\mathbf{R}^n)}\|D^s v\|_{L^q(\mathbf{R}^n)}\|w\|_{L^{2p}(\mathbf{R}^n)} \\ &\quad + \|u\|_{L^{2p}(\mathbf{R}^n)}\|v\|_{L^{2p}(\mathbf{R}^n)}\|D^s w\|_{L^q(\mathbf{R}^n)}). \end{aligned} \tag{5.55}$$

再注意到

$$\|u\|_{L^{2p}(\mathbf{R}^n)} \leqslant \|u\|^{\frac{1}{2}}_{L^\infty(\mathbf{R}^n)}\|u\|^{\frac{1}{2}}_{L^p(\mathbf{R}^n)} \tag{5.56}$$

及对 v 与 w 的类似的估计式,又注意到 w 满足(5.3)式，就可由(5.55)式得到

$$\begin{aligned} &\|D^s(\overline{H}(w)uv)\|_{L^r(\mathbf{R}^n)} \\ &\leqslant C(\|D^s u\|_{L^q(\mathbf{R}^n)}(\|v\|_{L^p(\mathbf{R}^n)} + \|v\|_{L^\infty(\mathbf{R}^n)}\|w\|_{L^p(\mathbf{R}^n)}) \\ &\quad + \|D^s v\|_{L^q(\mathbf{R}^n)}(\|u\|_{L^p(\mathbf{R}^n)} + \|u\|_{L^\infty(\mathbf{R}^n)}\|w\|_{L^p(\mathbf{R}^n)}) \\ &\quad + \|D^s w\|_{L^q(\mathbf{R}^n)}(\|u\|_{L^p(\mathbf{R}^n)}\|v\|_{L^\infty(\mathbf{R}^n)} \\ &\quad + \|u\|_{L^\infty(\mathbf{R}^n)}\|v\|_{L^p(\mathbf{R}^n)})). \end{aligned} \tag{5.57}$$

再注意到由第一章中的(4.20)式,有

$$\begin{aligned} \|D^s(uv)\|_{L^r(\mathbf{R}^n)} \leqslant C(&\|D^s u\|_{L^q(\mathbf{R}^n)}\|v\|_{L^p(\mathbf{R}^n)} \\ &+ \|u\|_{L^p(\mathbf{R}^n)}\|D^s v\|_{L^q(\mathbf{R}^n)}). \end{aligned} \tag{5.58}$$

联合 (5.54) 及 (5.57)—(5.58) 式，就得到 (5.50) 式. 定理 5.6 证毕.

推论 5.4 在定理 5.6 的假设下，对任意给定的整数 $s\geqslant 0$,

(i) 当 $\alpha=1$ 时，

$$
\begin{aligned}
&\|H(w)uv\|_{W^{s,r}(\mathbf{R}^n)}\\
&\quad\leqslant C_s(\|u\|_{W^{s,q}(\mathbf{R}^n)}(\|v\|_{L^p(\mathbf{R}^n)}+\|v\|_{L^\infty(\mathbf{R}^n)}\|w\|_{L^p(\mathbf{R}^n)})\\
&\quad+\|v\|_{W^{s,q}(\mathbf{R}^n)}(\|u\|_{L^p(\mathbf{R}^n)}+\|u\|_{L^\infty(\mathbf{R}^n)}\|w\|_{L^p(\mathbf{R}^n)})\\
&\quad+\|w\|_{W^{s,q}(\mathbf{R}^n)}(\|u\|_{L^p(\mathbf{R}^n)}\|v\|_{L^\infty(\mathbf{R}^n)}+\|u\|_{L^\infty(\mathbf{R}^n)}\|v\|_{L^p(\mathbf{R}^n)}));
\end{aligned}
\tag{5.59}
$$

(ii) 当 $\alpha\geqslant 2$ 时，

$$
\begin{aligned}
&\|H(w)uv\|_{W^{s,r}(\mathbf{R}^n)}\\
&\quad\leqslant C_s(\|u\|_{W^{s,q}(\mathbf{R}^n)}\|v\|_{L^p(\mathbf{R}^n)}\|w\|_{L^p(\mathbf{R}^n)}\\
&\quad+\|u\|_{L^p(\mathbf{R}^n)}\|v\|_{W^{s,q}(\mathbf{R}^n)}\|w\|_{L^p(\mathbf{R}^n)}\\
&\quad+\|u\|_{L^p(\mathbf{R}^n)}\|v\|_{L^p(\mathbf{R}^n)}\|w\|_{W^{s,q}(\mathbf{R}^n)})\|w\|_{L^p(\mathbf{R}^n)}^{\alpha-2}.
\end{aligned}
\tag{5.60}
$$

定理 5.7 设 $G=G(w)$ 满足定理 5.2 中的条件. 若向量函数 $w=\bar{w}(x)$ 及 $w=\bar{\bar{w}}(x)$ 分别满足 (5.3) 式，且使下述不等式右端出现的范数有意义，则对任何整数 $s\geqslant 0$,

(i) 当 $\alpha=1$ 时，

$$
\begin{aligned}
&\|(G(\bar{w})-G(\bar{\bar{w}}))u\|_{W^{s,r}(\mathbf{R}^n)}\\
&\quad\leqslant C_s(\|u\|_{W^{s,q}(\mathbf{R}^n)}(\|w^*\|_{L^p(\mathbf{R}^n)}+\|w^*\|_{L^\infty(\mathbf{R}^n)}(\|\bar{w}\|_{L^p(\mathbf{R}^n)}\\
&\qquad+\|\bar{\bar{w}}\|_{L^p(\mathbf{R}^n)}))+\|w^*\|_{W^{s,q}(\mathbf{R}^n)}(\|u\|_{L^p(\mathbf{R}^n)}\\
&\qquad+\|u\|_{L^\infty(\mathbf{R}^n)}(\|\bar{w}\|_{L^p(\mathbf{R}^n)}+\|\bar{\bar{w}}\|_{L^p(\mathbf{R}^n)}))+(\|\bar{w}\|_{W^{s,q}(\mathbf{R}^n)}\\
&\qquad+\|\bar{\bar{w}}\|_{W^{s,q}(\mathbf{R}^n)})(\|w^*\|_{L^p(\mathbf{R}^n)}\|u\|_{L^\infty(\mathbf{R}^n)}\\
&\qquad+\|w^*\|_{L^\infty(\mathbf{R}^n)}\|u\|_{L^p(\mathbf{R}^n)}));
\end{aligned}
\tag{5.61}
$$

(ii) 当 $\alpha\geqslant 2$ 时，

$$
\begin{aligned}
&\|(G(\bar{w})-G(\bar{\bar{w}}))u\|_{W^{s,r}(\mathbf{R}^n)}\\
&\quad\leqslant C_s(\|w^*\|_{W^{s,q}(\mathbf{R}^n)}\|u\|_{L^p(\mathbf{R}^n)}(\|\bar{w}\|_{L^p(\mathbf{R}^n)}+\|\bar{\bar{w}}\|_{L^p(\mathbf{R}^n)})\\
&\qquad+\|w^*\|_{L^p(\mathbf{R}^n)}\|u\|_{W^{s,q}(\mathbf{R}^n)}(\|\bar{w}\|_{L^p(\mathbf{R}^n)}+\|\bar{\bar{w}}\|_{L^p(\mathbf{R}^n)})\\
&\qquad+\|w^*\|_{L^p(\mathbf{R}^n)}\|u\|_{L^p(\mathbf{R}^n)}(\|\bar{w}\|_{W^{s,q}(\mathbf{R}^n)}+\|\bar{\bar{w}}\|_{W^{s,q}(\mathbf{R}^n)}))\\
&\qquad\cdot(\|\bar{w}\|_{L^p(\mathbf{R}^n)}+\|\bar{\bar{w}}\|_{L^p(\mathbf{R}^n)})^{\alpha-2},
\end{aligned}
\tag{5.62}
$$

其中记

$$w^* = \bar{w} - \bar{\bar{w}}, \tag{5.63}$$

$1 \leqslant p, q, r \leqslant +\infty$，并满足(5.15)式，而 C_r 是一个正常数(可与 ν_0 有关).

证 由

$$G(\bar{w}) - G(\bar{\bar{w}}) = H(\bar{w}, \bar{\bar{w}})w^*, \tag{5.64}$$

其中

$$H(\bar{w}, \bar{\bar{w}}) = O(|\bar{w}|^{\alpha-1} + |\bar{\bar{w}}|^{\alpha-1}), \tag{5.65}$$

利用推论 5.4 就立刻得到本定理的结论.

§6 半线性波动方程的 Cauchy 问题

6.1 引言

为在一般情形下对非线性波动方程的 Cauchy 问题进行研究而提供一个比较简单而有意义的模型，在前几节讨论的基础上，在本节中我们考察下述 n 维半线性波动方程的 Cauchy 问题

$$\begin{cases} u_{tt} - \Delta u = F(Du) \quad \left(\Delta = \dfrac{\partial^2}{\partial x_1^2} + \cdots + \dfrac{\partial^2}{\partial x_n^2}\right), & (6.1) \\ t = 0: u = \varphi(x), u_t = \psi(x) \quad (x = (x_1, \cdots, x_n)), & (6.2) \end{cases}$$

这里记

$$Du = (u_t, u_{x_1}, \cdots, u_{x_n}). \tag{6.3}$$

对方程(6.1)中的非线性项加如下的假设：记

$$\hat{\lambda} = (\lambda_i, i = 0, 1, \cdots, n), \tag{6.4}$$

则

$F = F(\hat{\lambda})$ 在 $\hat{\lambda} = 0$ 的一个邻域，例如 $|\hat{\lambda}| \leqslant 1$ 中适当光滑，(6.5)

并满足

$$F(0) = F'(0) = \cdots = F^{(\alpha)}(0) = 0, \tag{6.6}$$

其中 $\alpha \geqslant 1$ 为整数，从而在 $\hat{\lambda} = 0$ 的一个邻域，仍不妨设为 $|\hat{\lambda}| \leqslant 1$ 中

$$F(\hat{\lambda}) = O(|\hat{\lambda}|^{1+\alpha}). \tag{6.7}$$

下面我们要利用前几节中的结果证明：若空间维数 n 满足以下的条件

$$\frac{1}{\alpha}\left(1+\frac{1}{\alpha}\right)<\frac{n-1}{2}, \tag{6.8}$$

只要 φ 及 Φ 适当光滑，且在某些 Sobolev 空间中的范数足够小，则上述半线性波动方程的 Cauchy 问题 (6.1)-(6.2) 必在 $t\geqslant 0$ 上存在唯一的整体经典解，且此解在 $t\to+\infty$ 时具有一定的衰减性．这一事实说明，只要空间的维数适当大(即满足 (6.8) 式)，对小初值而言，波动方程右端的上述半线性摄动项的存在不影响在 $t\geqslant 0$ 上整体经典解的存在唯一性及解在 $t\to+\infty$ 时的衰减性质．而如果条件 (6.8) 不满足，上述事实将不一定成立 (参见 F. John [4])．

6.2 度量空间 $X_{s_0,s,E}$

由 Sobolev 嵌入定理，有

$$H^{[\frac{n}{2}]+1}(\mathbf{R}^n)\subset L^\infty(\mathbf{R}^n) \text{ 连续嵌入}, \tag{6.9}$$

因此，可找到 $E_0>0$ 适当小，使

$$\|f\|_{L^\infty(\mathbf{R}^n)}\leqslant 1,\ \forall f\in H^{[\frac{n}{2}]+1}(\mathbf{R}^n),\ \|f\|_{H^{[\frac{n}{2}]+1}(\mathbf{R}^n)}\leqslant E_0. \tag{6.10}$$

为了下文的需要，我们对任意给定的整数 $s_0>\dfrac{n}{2(\alpha+1)}+1$ 与 $s\geqslant s_0+\left[\dfrac{\alpha}{\alpha+1}n\right]+1$ 及正常数 $E\leqslant E_0$，引入如下的函数集合

$$X_{s_0,s,E}=\{v=v(t,x)\mid D_{s_0,s}(v)\leqslant E,\ v(0,x)=\varphi(x)\}. \tag{6.11}$$

其中记

$$D_{s_0,s}(v)=\sup_{t\geqslant 0}\|Dv(t,\cdot)\|_{H^s(\mathbf{R}^n)}$$
$$+\sup_{t\geqslant 0}(1+t)^{\frac{n-1}{2}\cdot\frac{\alpha}{\alpha+1}}\|Dv(t,\cdot)\|_{W^{s_0,2(\alpha+1)}(\mathbf{R}^n)}. \tag{6.12}$$

而

$$\varphi(x) \in H^{s+1}(\mathbf{R}^n) \cap W^{s+1, \frac{2(\alpha+1)}{2\alpha+1}}(\mathbf{R}^n). \tag{6.13}$$

注意到

$$v(t, \cdot) = \varphi + \int_0^t v_t(\tau, \cdot) d\tau \tag{6.14}$$

及 (6.13) 式,由定义可知,当 $v \in X_{s_0, s, E}$, 则

$$Dv \in L^\infty(0, \infty; H^s(\mathbf{R}^n)), \tag{6.15}$$

$$Dv \in L^\infty(0, \infty; W^{s_0, 2(\alpha+1)}(\mathbf{R}^n)), \tag{6.16}$$

$$(1+t)^{\frac{n-1}{2} \cdot \frac{\alpha}{\alpha+1}} Dv \in L^\infty(0, \infty; W^{s_0, 2(\alpha+1)}(\mathbf{R}^n)) \tag{6.17}$$

及

$$v \in L^\infty(0, T; H^{s+1}(\mathbf{R}^n)), \ \forall T > 0. \tag{6.18}$$

在 $X_{s_0, s, E}$ 上引入如下的度量: $\forall \bar{v}, \bar{\bar{v}} \in X_{s_0, s, E}$,

$$\rho(\bar{v}, \bar{\bar{v}}) = D_{s_0, s}(\bar{v} - \bar{\bar{v}}). \tag{6.19}$$

我们要证明

引理 6.1 若

$$\|\varphi\|_{H^{s+1}(\mathbf{R}^n)} + \|\varphi\|_{W^{s+1, \frac{2(\alpha+1)}{2\alpha+1}}(\mathbf{R}^n)} \text{ 适当小}, \tag{6.20}$$

则 $X_{s_0, s, E}$ 是一个非空的完备度量空间.

证 首先证明 $X_{s_0, s, E}$ 是一个非空的集合. 为此求解齐次波动方程的下述 Cauchy 问题

$$\begin{cases} u_{tt} - \Delta u = 0, & (6.21) \\ t = 0: u = \varphi(x), \ u_t = 0. & (6.22) \end{cases}$$

由 (3.77) (在其中取 $N = s$) 及 (3.105) 式 (在其中取 $N = s_0$), 并注意到 $s \geqslant s_0 + \left[\frac{\alpha}{\alpha+1} n\right] + 1$, 有

$$\|Du(t, \cdot)\|_{H^s(\mathbf{R}^n)} \leqslant \|\varphi\|_{H^{s+1}(\mathbf{R}^n)}, \ \forall t \geqslant 0 \tag{6.23}$$

及

$$\begin{aligned} &(1+t)^{\frac{n-1}{2} \cdot \frac{\alpha}{\alpha+1}} \|Du(t, \cdot)\|_{W^{s_0, 2(\alpha+1)}(\mathbf{R}^n)} \\ &\leqslant C \|\varphi\|_{W^{s_0 + \left[\frac{\alpha}{\alpha+1} n\right] + 2, \frac{2(\alpha+1)}{2\alpha+1}}(\mathbf{R}^n)} \\ &\leqslant C \|\varphi\|_{W^{s+1, \frac{2(\alpha+1)}{2\alpha+1}}(\mathbf{R}^n)}, \ \forall t \geqslant 0. \end{aligned} \tag{6.24}$$

由此易知，只要 (6.20) 式满足，Cauchy 问题 (6.21)-(6.22) 的解 u 必属于 $X_{t_0,s,E}$，从而 $X_{t_0,s,E}$ 非空.

此外，易知 $X_{t_0,s,E}$ 对度量 (6.19) 构成一度量空间. 为了证明它的完备性，设 $\{v_i\}$ 为其一 Cauchy 列，即设

$$\rho(v_i,\ v_j) \to 0,\ i,\ j \to \infty, \tag{6.25}$$

我们要证明存在 $u \in X_{t_0,s,E}$，使

$$\rho(v_i,\ u) \to 0,\ i \to \infty. \tag{6.26}$$

注意到由 (6.14) 式，有

$$v_i(t,\cdot) - v_j(t,\cdot) = \int_0^t \left(\frac{\partial v_i}{\partial t}(\tau,\cdot) - \frac{\partial v_j}{\partial t}(\tau,\cdot) \right) dt. \tag{6.27}$$

由(6.25)可得 $\{Dv_i\}$ 分别为空间 $L^\infty(0,\ \infty;\ H^s(\mathbf{R}^n))$ 及 $L^\infty(0,\ \infty;\ W^{s_0,(2\alpha+1)}(\mathbf{R}^n))$ 中的 Cauchy 列，$\{(1+t)^{\frac{n-1}{2}\cdot\frac{\alpha}{\alpha+1}}Dv_i\}$为空间 $L^\infty(0,\ \infty;\ W^{s_0,2(\alpha+1)}\mathbf{R}^n))$ 中的 Cauchy 列，而对任何 $T>0$，$\{v_i\}$ 为空间 $L^\infty(0,\ T;\ H^{s+1}(\mathbf{R}^n))$ 中的 Cauchy 列. 由此利用和第一章中证明引理 5.1 的类似方法，可得存在函数 $u=u(t,x)$，使得当 $i\to\infty$ 时

$$v_i \to u \tag{6.28}$$

在 $L^\infty(0,\ T;\ H^{s+1}(\mathbf{R}^n))$ 中强收敛，$\forall T>0$，

$$Dv_i \to Du \tag{6.29}$$

在 $L^\infty(0,\ \infty;\ H^s(\mathbf{R}^n))$ 中强收敛，

$$(1+t)^{\frac{n-1}{2}\cdot\frac{\alpha}{\alpha+1}}Dv_i \to (1+t)^{\frac{n-1}{2}\cdot\frac{\alpha}{\alpha+1}}Du \tag{6.30}$$

在 $L^\infty(0,\ \infty;\ W^{s_0,2(\alpha+1)}(\mathbf{R}^n))$中强收敛，

且由 (6.28)—(6.29) 式有

$$v_i(0,\cdot) \to u(0,\cdot) \tag{6.31}$$

在 $H^s(\mathbf{R}^n)$ 中强收敛，

从而

$$u(0,\ x) = \varphi(x). \tag{6.32}$$

于是 $u \in X_{t_0,s,E}$，且 (6.26) 式成立. 引理 6.1 证毕.

6.3 Cauchy 问题 (6.1)-(6.2) 的整体经典解的存在唯一性

我们现在要证明

定理 6.1 设非线性右端函数 F 满足 (6.5)—(6.7) 式,并设空间维数满足 (6.8) 式,则对任何整数 $s_0 > \frac{n}{2(\alpha+1)} + 1$ 及 $s \geqslant s_0 + \left[\frac{\alpha}{\alpha+1} n\right] + 1$, 存在适当小的正常数 δ 及 $E(E \leqslant E_0)$, 使得当初值

$$\begin{cases}\varphi \in H^{s+1}(\mathbf{R}^n) \cap W^{s+1, \frac{2(\alpha+1)}{2\alpha+1}}(\mathbf{R}^n), \\ \psi \in H^s(\mathbf{R}^n) \cap W^{s, \frac{2(\alpha+1)}{2\alpha+1}}(\mathbf{R}^n)\end{cases} \tag{6.33}$$

且

$$\|\varphi\|_{H^{s+1}(\mathbf{R}^n)} + \|\varphi\|_{W^{s+1, \frac{2(\alpha+1)}{2\alpha+1}}(\mathbf{R}^n)} + \|\psi\|_{H^s(\mathbf{R}^n)} + \|\psi\|_{W^{s, \frac{2(\alpha+1)}{2\alpha+1}}(\mathbf{R}^n)} \leqslant \delta E \tag{6.34}$$

时, Cauchy 问题 (6.1)-(6.2) 在 $t \geqslant 0$ 上存在唯一的整体解 $u \in X_{s_0, s, E}$, 且必要时适当修改对 t 在区间 $[0, \infty)$ 的一个零测集上的数值后,对任何 $T > 0$, 有

$$u \in C([0, T]; H^{s+1}(\mathbf{R}^n)), \tag{6.35}$$

$$u_t \in C([0, T]; H^s(\mathbf{R}^n)), \tag{6.36}$$

$$u_{tt} \in C([0, T]; H^{s-1}(\mathbf{R}^n)). \tag{6.37}$$

注 6.1 由 (6.35)—(6.37) 式,并注意到 $s_0 > \frac{n}{2(\alpha+1)} + 1$ 及 $s \geqslant s_0 + \left[\frac{\alpha}{\alpha+1} n\right] + 1 \geqslant s_0 + \left[\frac{n}{2}\right] + 1$, 由 Sobolev 嵌入定理,易知定理 6.1 所得的 u 是 Cauchy 问题 (6.1)-(6.2) 的整体经典解.又由 $X_{s_0, s, E}$ 的定义,并与 (3.77) 及 (3.105) 式相比较,易知此时半线性波动方程 Cauchy 问题 (6.1)-(6.2) 的解与齐次波动方程 Cauchy 问题 (3.1)-(3.2) 的解当 $t \to +\infty$ 时具有同样的衰减性。

现在来证明定理 6.1.

任取

$$v \in X_{t_0, s, E},\tag{6.38}$$

由求解下述非齐次波动方程的 Cauchy 问题

$$\begin{cases} u_{tt} - \Delta u = F(Dv), & (6.39)\\ t = 0: u = \varphi(x),\ u_t = \psi(x) & (6.40)\end{cases}$$

来定义一个映照

$$\hat{T}: v \to u = \hat{T}v.\tag{6.41}$$

我们下面要证明,当 δ 及 E 适当小时,映照 $\hat{T}$ 将 $X_{t_0,s,E}$ 映照到自身,并在 $X_{t_0,s,E}$ 的度量下为压缩。从而由 Banach 不动点定理就可得到所要求的结论.

首先证明

引理 6.2 对任何 $v \in X_{t_0,s,E}$,必要时适当修改 t 在区间 $[0, \infty)$ 的一个零测集上的数值后,对任何 $T>0$,有

$$u = \hat{T}v \in C([0, T];\ H^{s+1}(\mathbf{R}^n)),\tag{6.42}$$

$$u_t \in C([0, T];\ H^s(\mathbf{R}^n)),\tag{6.43}$$

$$u_{tt} \in L^\infty(0, T;\ H^{s-1}(\mathbf{R}^n)).\tag{6.44}$$

证 注意到 (6.15) 式,由第一章的 (4.33) 式就有

$$F(Dv) \in L^\infty(0, \infty;\ H^s(\mathbf{R}^n)).\tag{6.45}$$

再注意到 (6.33) 式, 由定理 4.1 及推论 4.1 就立刻得到所要求的结果 (6.42)—(6.44).

引理 6.3 当 δ 及 E 适当小时, 映照 $\hat{T}$ 将 $X_{t_0,s,E}$ 映照到自身.

证 我们要证明当 δ 及 E 适当小时,对任何 $v \in X_{t_0,s,E}$,

$$u = \hat{T}v \in X_{t_0,s,E}.\tag{6.46}$$

由 (2.13) 式, Cauchy 问题 (6.39)-(6.40) 的解可写为

$$u = \hat{T}v = \frac{\partial}{\partial t}(S(t)\varphi) + S(t)\psi + \int_0^t S(t-\tau)F(Dv(\tau,\cdot))\,d\tau,\tag{6.47}$$

从而由

$$s(0) = 0, \tag{6.48}$$

易知

$$Du = D\left(\frac{\partial}{\partial t}(S(t)\varphi) + S(t)\psi\right) + \int_0^t DS(t-\tau)F(Dv(\tau,\cdot))d\tau, \tag{6.49}$$

其中 Du 由 (6.3) 式定义.

利用能量估计式 (3.77) (在其中取 $N = s$), 由 (6.49) 式就得到

$$\|Du(t,\cdot)\|_{H^s(\mathbf{R}^n)} \leqslant \|\varphi\|_{H^{s+1}(\mathbf{R}^n)} + \|\psi\|_{H^s(\mathbf{R}^n)} + \int_0^t \|F(Dv(\tau,\cdot)\|_{H^s(\mathbf{R}^n)} d\tau. \tag{6.50}$$

由假设 (6.7) 式, 利用第一章中的 (4.56) 式, 有

$$\|F(Dv(\tau,\cdot))\|_{H^s(\mathbf{R}^n)} \leqslant C\|Dv(\tau,\cdot)\|_{H^s(\mathbf{R}^n)} \cdot \|Dv(\tau,\cdot)\|^{\alpha}_{L^\infty(\mathbf{R}^n)}, \tag{6.51}$$

这儿及今后 C 表示某个正常数. 再注意到 $s_0 > \frac{n}{2(\alpha+1)} + 1$, 由 Sobolev 嵌入定理, 有

$$W^{s_0, 2(\alpha+1)}(\mathbf{R}^n) \subset L^\infty(\mathbf{R}^n) \text{ 连续嵌入}, \tag{6.52}$$

于是由 $X_{s_0,s,E}$ 的定义, 有

$$\|Dv(\tau,\cdot)\|_{L^\infty(\mathbf{R}^n)} \leqslant C\|Dv(\tau,\cdot)\|_{W^{s_0,2(\alpha+1)}(\mathbf{R}^n)} \leqslant CE(1+\tau)^{-\frac{n-1}{2}\cdot\frac{\alpha}{\alpha+1}}. \tag{6.53}$$

又由 $X_{s_0,s,E}$ 的定义, 也有

$$\|Dv(\tau,\cdot)\|_{H^s(\mathbf{R}^n)} \leqslant E. \tag{6.54}$$

将 (6.51) 及 (6.53)—(6.54) 代入 (6.50) 式, 并注意到 (6.34) 式, 就可得到

$$\|Du(t,\cdot)\|_{H^s(\mathbf{R}^n)} \leqslant \delta E + CE^{1+\alpha}\int_0^t (1+\tau)^{-\frac{n-1}{2}\cdot\frac{\alpha^2}{\alpha+1}} d\tau. \tag{6.55}$$

注意到 (6.8) 式, 有

$$\int_0^t (1+\tau)^{-\frac{n-1}{2}\cdot\frac{\alpha^2}{\alpha+1}} d\tau \leqslant C, \tag{6.56}$$

于是由 (6.55) 式就得到

$$\sup_{t\geq 0}\|Du(t,\cdot)\|_{H^s(\mathbf{R}^n)}\leqslant \delta E + C_1E^{1+\alpha}, \tag{6.57}$$

其中 C_1 是一个正常数。

另一方面，由衰减估计式 (3.105) (在其中取 $N = s_0$)，由 (6.49) 式并注意到 $s\geqslant s_0+\left[\frac{\alpha}{\alpha+1}n\right]+1$，就得到

$$\begin{aligned}&\|Du(t,\cdot)\|_{W^{s_0,2(\alpha+1)}(\mathbf{R}^n)}\\ &\quad\leqslant C(1+t)^{-\frac{n-1}{2}\cdot\frac{\alpha}{\alpha+1}}\left(\|\varphi\|_{W^{s+1,\frac{2(\alpha+1)}{2\alpha+1}}(\mathbf{R}^n)}+\|\psi\|_{W^{s,\frac{2(\alpha+1)}{2\alpha+1}}(\mathbf{R}^n)}\right)\\ &\quad\quad+C\int_0^t(1+t-\tau)^{-\frac{n-1}{2}\cdot\frac{\alpha}{\alpha+1}}\|F(Dv(\tau,\cdot))\|_{W^{s,\frac{2(\alpha+1)}{2\alpha+1}}(\mathbf{R}^n)}d\tau.\end{aligned} \tag{6.58}$$

由假设 (6.7) 式,利用推论 5.1 中的 (5.19) 式 (在其中取 $r=\frac{2(\alpha+1)}{2\alpha+1}$, $q=2$ 及 $p=2(\alpha+1)$), 并注意到 (6.53)—(6.54) 式, 就有

$$\begin{aligned}&\|F(Dv(\tau,\cdot))\|_{W^{s,\frac{2(\alpha+1)}{2\alpha+1}}(\mathbf{R}^n)}\\ &\quad\leqslant C\|Dv(\tau,\cdot)\|_{H^s(\mathbf{R}^n)}\|Dv(\tau,\cdot)\|^{\alpha}_{L^{2(\alpha+1)}(\mathbf{R}^n)}\\ &\quad\leqslant C\|Dv(\tau,\cdot)\|_{H^s(\mathbf{R}^n)}\|Dv(\tau,\cdot)\|^{\alpha}_{W^{s_0,2(\alpha+1)}(\mathbf{R}^n)}\\ &\quad\leqslant CE^{1+\alpha}(1+\tau)^{-\frac{n-1}{2}\cdot\frac{\alpha^2}{\alpha+1}}.\end{aligned} \tag{6.59}$$

于是由 (6.58) 式,并注意到 (6.34) 式,就得到

$$\begin{aligned}\|Du(t,\cdot)\|_{W^{s_0,2(\alpha+1)}(\mathbf{R}^n)}&\leqslant C\delta E(1+t)^{-\frac{n-1}{2}\cdot\frac{\alpha}{\alpha+1}}\\ &\quad+CE^{1+\alpha}\int_0^t(1+t-\tau)^{-\frac{n-1}{2}\cdot\frac{\alpha}{\alpha+1}}(1+\tau)^{-\frac{n-1}{2}\cdot\frac{\alpha^2}{\alpha+1}}d\tau.\end{aligned} \tag{6.60}$$

再注意到在 (6.8) 式成立时,由第一章中的 (5.54) 式,有

$$\int_0^t(1+t-\tau)^{-\frac{n-1}{2}\cdot\frac{\alpha}{\alpha+1}}(1+\tau)^{-\frac{n-1}{2}\cdot\frac{\alpha}{\alpha+1}}d\tau\leqslant C(1+t)^{-\frac{n-1}{2}\cdot\frac{\alpha}{\alpha+1}}. \tag{6.61}$$

由 (6.60)—(6.61) 式就得到

$$\sup_{t\geq 0}(1+t)^{\frac{n-1}{2}\cdot\frac{\alpha}{\alpha+1}}\|Du(t,\cdot)\|_{W^{s_0,2(\alpha+1)}(\mathbf{R}^n)}\leqslant C_2(\delta E+E^{1+\alpha}),\tag{6.62}$$

其中 C_2 是一个正常数。

由 (6.57) 及 (6.62) 式，易见只要选取 δ 及 E 适当小，就有 (6.46) 式成立. 引理 6.3 证毕.

引理 6.4 当 δ 及 E 适当小时，映照 $\hat{T}$ 按空间 $X_{s_0,s,E}$ 中的度量是压缩的.

证 任取 $\bar{v}$, $\bar{\bar{v}}\in X_{s_0,s,E}$, 由引理 6.3, 当 δ 及 E 适当小时，有

$$\bar{u}=\hat{T}\bar{v},\ \bar{\bar{u}}=\hat{T}\bar{\bar{v}}\in X_{s_0,s,E}.\tag{6.63}$$

记

$$v^*=\bar{v}-\bar{\bar{v}},\ u^*=\bar{u}-\bar{\bar{u}},\tag{6.64}$$

我们要证明：当 δ 及 E 适当小时，存在正常数 $\eta<1$，使得

$$\rho(\bar{u},\bar{\bar{u}})\leqslant\eta\rho(\bar{v},\bar{\bar{v}}).\tag{6.65}$$

由映照 $\hat{T}$ 的定义，

$$\begin{cases}u^*_{tt}-\Delta u^*=F(D\bar{v})-F(D\bar{\bar{v}}), & (6.66)\\ t=0: u^*=0,\ u^*_t=0. & (6.67)\end{cases}$$

类似于 (6.50) 式，现在有

$$\|Du^*(t,\cdot)\|_{H^s(\mathbf{R}^n)}\leqslant\int_0^t\|F(D\bar{v}(\tau,\cdot))-F(D\bar{\bar{v}}(\tau,\cdot))\|_{H^s(\mathbf{R}^n)}d\tau.\tag{6.68}$$

由第一章中的 (4.61) 式 (在其中取 $r=q=2$ 及 $p=\infty$)，并注意到 (6.53)—(6.54) 式和 $D_{s_0,s}(v^*)$ 的定义，有

$$\begin{aligned}&\|F(D\bar{v}(\tau,\cdot))-F(D\bar{\bar{v}}(\tau,\cdot))\|_{H^s(\mathbf{R}^n)}\\&\quad\leqslant C(\|Dv^*(\tau,\cdot)\|_{H^s(\mathbf{R}^n)}(\|D\bar{v}(\tau,\cdot)\|_{L^\infty(\mathbf{R}^n)}\\&\quad\quad+\|D\bar{\bar{v}}(\tau,\cdot)\|_{L^\infty(\mathbf{R}^n)})+\|Dv^*(\tau,\cdot)\|_{L^\infty(\mathbf{R}^n)}(\|D\bar{v}(\tau,\cdot)\|_{H^s(\mathbf{R}^n)}\\&\quad\quad+\|D\bar{\bar{v}}(\tau,\cdot)\|_{H^s(\mathbf{R}^n)})\cdot(\|D\bar{v}(\tau,\cdot)\|_{L^\infty(\mathbf{R}^n)}\\&\quad\quad+\|D\bar{\bar{v}}(\tau,\cdot)\|_{L^\infty(\mathbf{R}^n)})^{\alpha-1}\\&\quad\leqslant CE^\alpha D_{s_0,s}(v^*)(1+\tau)^{-\frac{n-1}{2}\cdot\frac{\alpha}{\alpha+1}}.\end{aligned}\tag{6.69}$$

于是注意到 (6.56) 式，由 (6.68) 式就得到

$$\sup_{t\geq 0}\|Du^*(t,\cdot)\|_{H^s(\mathbf{R}^n)}\leq C_1E^\alpha D_{s_0,s}(v^*),\tag{6.70}$$

其中 C_1 是一个正常数.

另一方面,类似于 (6.58) 式,现在有

$$\begin{aligned}&\|Du^*(t,\cdot)\|_{W^{s_0,2(\alpha+1)}(\mathbf{R}^n)}\\&\leq C\int_0^t(1+t-\tau)^{-\frac{n-1}{2}\cdot\frac{\alpha}{\alpha+1}}\|F(D\bar{v}(\tau,\cdot))\\&\quad-F(D\bar{\bar{v}}(\tau,\cdot))\|_{W^{s,\frac{2(\alpha+1)}{2\alpha+1}}(\mathbf{R}^n)}d\tau.\end{aligned}\tag{6.71}$$

由定理 5.3 中的 (5.29) 式 $\left(\text{在其中特别取 } r=\dfrac{2(\alpha+1)}{2\alpha+1}, q=2\right.$ 及 $\left.p=2(\alpha+1)\right)$, 并注意到 (6.53)—(6.54) 式及 $D_{s_0,s}(v^*)$ 的定义,有

$$\begin{aligned}&\|F(D\bar{v}(\tau,\cdot))-F(D\bar{\bar{v}}(\tau,\cdot))\|_{W^{s,\frac{2(\alpha+1)}{2\alpha+1}}(\mathbf{R}^n)}\\&\leq C(\|Dv^*(\tau,\cdot)\|_{L^{2(\alpha+1)}(\mathbf{R}^n)}\cdot(\|D\bar{v}(\tau,\cdot)\|_{H^s(\mathbf{R}^n)}\\&\quad+\|D\bar{\bar{v}}(\tau,\cdot)\|_{H^s(\mathbf{R}^n)})\\&\quad+\|Dv^*(\tau,\cdot)\|_{H^s(\mathbf{R}^n)}(\|D\bar{v}(\tau,\cdot)\|_{L^{2(\alpha+1)}(\mathbf{R}^n)}\\&\quad+\|D\bar{\bar{v}}(\tau,\cdot)\|_{L^{2(\alpha+1)}(\mathbf{R}^n)}))\cdot(\|D\bar{v}(\tau,\cdot)\|_{L^{2(\alpha+1)}(\mathbf{R}^n)}\\&\quad+\|D\bar{\bar{v}}(\tau,\cdot)\|_{L^{2(\alpha+1)}(\mathbf{R}^n)})^{\alpha-1}\\&\leq CE^\alpha D_{s_0,s}(v^*)(1+\tau)^{-\frac{n-1}{2}\cdot\frac{\alpha^2}{\alpha+1}}.\end{aligned}\tag{6.72}$$

于是注意到 (6.61) 式,由 (6.71) 式就得到

$$\sup_{t\geq 0}(1+t)^{\frac{n-1}{2}\cdot\frac{\alpha}{\alpha+1}}\|Du^*(t,\cdot)\|_{W^{s_0,2(\alpha+1)}(\mathbf{R}^n)}\leq C_2E^\alpha D_{s_0,s}(v^*).\tag{6.73}$$

其中 C_2 是一个正常数.

联合 (6.70) 及 (6.73) 式,就得到

$$D_{s_0,s}(u^*)\leq C_0E^\alpha D_{s_0,s}(v^*),\tag{6.74}$$

其中 C_0 是一个正常数. 于是只要 E 适当小,就可得到

$$D_{s_0,s}(u^*)\leq \eta D_{s_0,s}(v^*),\tag{6.75}$$

其中 $\eta<1$ 为常数,这就是所要证明的 (6.65) 式,引理 6.4 证毕.

由引理 6.3 及引理 6.4, 利用 Banach 不动点定理, 就可得

到：当 δ 及 E 适当小时，映照 $\hat{T}$ 在 $X_{s_0,s,E}$ 上具有唯一的不动点 $u \in X_{s_0,s,E}$:

$$u = \hat{T}u. \tag{6.76}$$

由于由映照 $\hat{T}$ 的定义 (6.39)-(6.40)，$u=u(t, x)$ 即为 Cauchy 问题 (6.1)-(6.2) 的唯一解，且由引理 6.2，(6.42)—(6.44)式成立. 为了得到定理 6.1，剩下来只须证明 (6.37) 式.

由 (6.42)—(6.43) 式，应有

$$F(Du) \in C([0, T]; H^s(\mathbf{R}^n)), \quad \forall T \geqslant 0. \tag{6.77}$$

事实上，由 (5.29) 式(在其中取 $r = q = 2,\ p = \infty$)，有

$$\begin{aligned}
&\|F(Du(t,\cdot)) - F(Du(t',\cdot))\|_{H^s(\mathbf{R}^n)} \\
&\quad \leqslant C(\|Du(t,\cdot) - Du(t',\cdot)\|_{H^s(\mathbf{R}^n)}(\|Du(t,\cdot)\|_{L^\infty(\mathbf{R}^n)} \\
&\qquad + \|Du(t',\cdot)\|_{L^\infty(\mathbf{R}^n)}) + \|Du(t,\cdot) \\
&\qquad - Du(t',\cdot)\|_{L^\infty(\mathbf{R}^n)}(\|Du(t,\cdot)\|_{H^s(\mathbf{R}^n)} \\
&\qquad + \|Du(t',\cdot)\|_{H^s(\mathbf{R}^n)})) \\
&\qquad \cdot (\|Du(t,\cdot)\|_{L^\infty(\mathbf{R}^n)} + \|Du(t',\cdot)\|_{L^\infty(\mathbf{R}^n)})^{\alpha-1}.
\end{aligned} \tag{6.78}$$

注意到由于 $s \geqslant s_0 + \left[\dfrac{\alpha}{\alpha+1} n\right] + 1 \geqslant s_0 + \left[\dfrac{n}{2}\right] + 1$，显然有

$$H^s(\mathbf{R}^n) \subset L^\infty(\mathbf{R}^n) \text{ 连续嵌入}, \tag{6.79}$$

并利用 $u \in X_{s_0,s,E}$ 及 (6.42)—(6.43) 式，由 (6.78) 式就得到

$$\begin{aligned}
&\|F(Du(t,\cdot)) - F(Du(t',\cdot))\|_{H^s(\mathbf{R}^n)} \\
&\quad \leqslant C(T)\|Du(t,\cdot) - Du(t',\cdot)\|_{H^s(\mathbf{R}^n)}, \quad \forall t, t' \in [0, T].
\end{aligned} \tag{6.80}$$

这就证明了 (6.77) 式.

利用推论 4.3，由 (6.77) 式就得到 (6.37) 式. 定理 6.1 证毕.

§7 n 维线性波动方程的 Cauchy 问题

为了下面求解拟线性波动方程 Cauchy 问题的需要，在本节中我们考察下述 n 维线性波动方程的 Cauchy 问题

$$
\begin{cases}
u_{tt}-\sum_{i,j=1}^{n} a_{ij}(t,x)u_{x_ix_j}-2\sum_{j=1}^{n} a_{0j}(t,x)u_tx_j = F(t,x), & (7.1)\\
t=0: u=\varphi(x),\ u_t=\psi(x), & (7.2)
\end{cases}
$$

证明其解的存在唯一性及正规性. 这里假设在所考察的区域上

$$a_{ij}=a_{ji}\quad (i,\ j=1,\cdots,n) \tag{7.3}$$

及

$$\sum_{i,j=1}^{n} a_{ij}(t,x)\xi_i\xi_j \geqslant m_0|\xi|^2,\ \forall\xi\in\mathbf{R}^n\quad (m_0>0\text{ 常数}). \tag{7.4}$$

注 7.1 在上述假设 (7.3)-(7.4) 下, 方程 (7.1) 是一个二阶线性双曲型方程. 为说明这一点, 只需说明在所考察的区域上的任一点 (t,x), 相应的特征二次型

$$\lambda_0^2-2\sum_{j=1}^{n} a_{0j}\lambda_0\lambda_j-\sum_{i,j=1}^{n} a_{ij}\lambda_i\lambda_j \tag{7.5}$$

可写为平方和的形式,其系数为一正 n 负. 由于 (a_{ij}) $(i,j=1,\cdots,n)$ 是一个对称正定阵,可先通过一个正交变换将 $(\lambda_1,\cdots,\lambda_n)$ 变为 $(\lambda_1,\cdots,\lambda_n)$, 使二次型 (7.5) 化为

$$\lambda_0^2-2\sum_{j=1}^{n} \bar{a}_{0j}\lambda_0\lambda_j-\sum_{i=1}^{n} \bar{a}_{ii}\lambda_i^2 \tag{7.6}$$

的形式,其中

$$\bar{a}_{ii}\geqslant m_0>0\quad (i=1,\cdots,n). \tag{7.7}$$

于是通过配方就可将此二次型写为

$$\left(1+\sum_{i=1}^{n}\frac{\bar{a}_{0i}^2}{\bar{a}_{ii}}\right)\lambda_0^2-\sum_{i=1}^{n}\bar{a}_{ii}\left(\lambda_i+\frac{\bar{a}_{0i}}{\bar{a}_{ii}}\lambda_0\right)^2, \tag{7.8}$$

这就是所要求的形式.

我们利用 Галёркин 方法证明如下的

引理 7.1 对任意给定的正数 $T>0$, 若设

$$\varphi\in H^{s+1}(\mathbf{R}^n),\ \psi\in H^s(\mathbf{R}^n), \tag{7.9}$$

$$a_{ij}\in L^\infty(0,T;H^s(\mathbf{R}^n)),\ \frac{\partial a_{ij}}{\partial t}\in L^\infty(0,T;H^{s-1}(\mathbf{R}^n))$$

$$(i,j=1,\cdots,n), \tag{7.10}$$

$$a_{0j} \in L^\infty(0, T; H^s(\mathbf{R}^n)) \quad (j = 1, \cdots, n) \tag{7.11}$$

及

$$F \in L^2(0, T; H^s(\mathbf{R}^n)), \tag{7.12}$$

其中 $s \geqslant \left[\frac{n}{2}\right] + 2$ 为整数，则 Cauchy 问题 (7.1)-(7.2) 存在唯一解 $u = u(t, x)$，满足

$$u \in L^\infty(0, T; H^{s+1}(\mathbf{R}^n)), \tag{7.13}$$

$$u_t \in L^\infty(0, T; H^s(\mathbf{R}^n)), \tag{7.14}$$

$$u_{tt} \in L^2(0, T; H^{s-1}(\mathbf{R}^n)), \tag{7.15}$$

并有如下的估计式

$$\|u(t)\|^2_{H^{s+1}(\mathbf{R}^n)} + \|u'(t)\|^2_{H^s(\mathbf{R}^n)} \leqslant C_0(T) \Big(\|\varphi\|^2_{H^{s+1}(\mathbf{R}^n)} + \|\psi\|^2_{H^s(\mathbf{R}^n)} + \int_0^t \|F(\tau)\|^2_{H^s(\mathbf{R}^n)} d\tau \Big), \forall t \in [0, T], \tag{7.16}$$

其中 $C_0(T)$ 是一个与 T 有关的常数，并依赖于 a_{ij} 及 $a_{0j}(i, j = 1, \cdots, n)$ 的 $L^\infty(0, T; H^s(\mathbf{R}^n))$ 范数及 $\frac{\partial a_{ij}}{\partial t}$ $(i, j = 1, \cdots, n)$ 的 $L^\infty(0, T; H^{s-1}(\mathbf{R}^n))$ 范数.

证 在 $H^{s+1}(\mathbf{R}^n)$ 空间中任取一组基 $\{w_j\}$ $(j = 1, 2, \cdots)$. 对任何固定的 $m \in \mathbf{N}$，求近似解

$$u_m(t) = \sum_{i=1}^m g_{im}(t) w_i, \tag{7.17}$$

使其满足

$$(u''_m(t), w_j)_{H^s(\mathbf{R}^n)} - \sum_{i,j=1}^n \left\langle a_{ij}(t, x) \frac{\partial^2 u_m(t)}{\partial x_i \partial x_j}, w_j \right\rangle_{H^{s-1}(\mathbf{R}^n), H^{s+1}(\mathbf{R}^n)} - 2 \sum_{j=1}^n \left(a_{0j}(t, x) \frac{\partial u'_m(t)}{\partial x_j}, w_j \right)_{H^s(\mathbf{R}^n)} = (F(t), w_j)_{H^s(\mathbf{R}^n)}, \quad 1 \leqslant j \leqslant m, \ t \in [0, T] \tag{7.18}$$

及

$$u_m(0) = u_{0m} = \sum_{i=1}^m \xi_{im} w_i, \tag{7.19}$$

$$u'_m(0) = u_{1m} = \sum_{i=1}^{m} \eta_{im} w_i, \tag{7.20}$$

并设当 $m \to \infty$ 时，

$$u_{0m} \to \varphi \quad 在\ H^{s+1}(\mathbf{R}^n)\ 中强收敛, \tag{7.21}$$

$$u_{1m} \to \psi \quad 在\ H^s(\mathbf{R}^n)\ 中强收敛. \tag{7.22}$$

这儿在 (7.18) 式中，和前一样，$(\cdot,\cdot)_{H^s(\mathbf{R}^n)}$ 表示 $H^s(\mathbf{R}^n)$ 空间中的内积，而 $\langle\cdot,\cdot\rangle_{H^{s-1}(\mathbf{R}^n),H^{s+1}(\mathbf{R}^n)}$ 表示在 $H^{s-1}(\mathbf{R}^n)$ 与 $H^{s+1}(\mathbf{R}^n)$ 空间之间的对偶内积.

注意到假设 (7.10)—(7.12) 以及推论 5.2，可以和 § 4 中类似地说明能唯一地决定近似解 $u_m(t)$，且

$$u_m(t) \in H^2(0, T; H^{s+1}(\mathbf{R}^n)). \tag{7.23}$$

下面对近似解的序列 $\{u_m(t)\}$ 进行估计.

用 $g'_{jm}(t)$ 乘 (7.18) 式，并对 j 作和可得

$$\frac{1}{2}\frac{d}{dt}\|u'_m(t)\|^2_{H^s(\mathbf{R}^n)} - \sum_{i,j=1}^{n}\left\langle a_{ij}(t,x)\frac{\partial^2 u_m(t)}{\partial x_i \partial x_j}, u'_m(t)\right\rangle_{H^{s-1}(\mathbf{R}^n),H^{s+1}(\mathbf{R}^n)}$$

$$- 2\sum_{i=1}^{n}\left(a_{0i}(t,x)\frac{\partial u'_m(t)}{\partial x_i}, u'_m(t)\right)_{H^s(\mathbf{R}^n)}$$

$$= (F(t), u'_m(t))_{H^s(\mathbf{R}^n)}, \quad t \in [0, T]. \tag{7.24}$$

我们有

$$\left\langle a_{ij}(t,x)\frac{\partial^2 u_m(t)}{\partial x_i \partial x_j}, u'_m(t)\right\rangle_{H^{s-1}(\mathbf{R}^n),H^{s+1}(\mathbf{R}^n)}$$

$$= \sum_{|k|\le s}\left\langle D_x^k\left(a_{ij}(t,x)\frac{\partial^2 u_m(t)}{\partial x_i \partial x_j}\right), D_x^k u'_m(t)\right\rangle_{H^{-1}(\mathbf{R}^n),H^1(\mathbf{R}^n)}$$

$$= \sum_{|k|\le s}\left\langle a_{ij}(t,x)D_x^k\frac{\partial^2 u_m(t)}{\partial x_i \partial x_j}, D_x^k u'_m(t)\right\rangle_{H^{-1}(\mathbf{R}^n),H^1(\mathbf{R}^n)}$$

$$+ \sum_{|k|\le s}\left\langle D_x^k\left(a_{ij}(t,x)\frac{\partial^2 u_m(t)}{\partial x_i \partial x_j}\right)\right.$$

$$\left. - a_{ij}(t,x)D_x^k\frac{\partial^2 u_m(t)}{\partial x_i \partial x_j}, D_x^k u'_m(t)\right\rangle_{H^{-1}(\mathbf{R}^n),H^1(\mathbf{R}^n)}$$

$$
\begin{aligned}
&= \sum_{|k|\le s} \left\langle a_{ij}(t,x) D_x^k \frac{\partial^2 u_m(t)}{\partial x_i \partial x_j}, D_x^k u_m'(t) \right\rangle_{H^{-1}(\mathbf{R}^n), H^1(\mathbf{R}^n)} \\
&\quad + \sum_{|k|\le s} \left(D_x^k \left(a_{ij}(t,x) \frac{\partial^2 u_m(t)}{\partial x_i \partial x_j} \right) \right. \\
&\quad \left. - a_{ij}(t,x) D_x^k \frac{\partial^2 u_m(t)}{\partial x_i \partial x_j}, D_x^k u_m'(t) \right)_{L^2(\mathbf{R}^n)},
\end{aligned} \tag{7.25}
$$

其中 $(\cdot,\cdot)_{L^2(\mathbf{R}^n)}$ 表示 $L^2(\mathbf{R}^n)$ 空间中的内积，而 $\langle\cdot,\cdot\rangle_{H^{-1}(\mathbf{R}^n), H^1(\mathbf{R}^n)}$ 表示在 $H^{-1}(\mathbf{R}^n)$ 与 $H^1(\mathbf{R}^n)$ 空间之间的对偶内积. 对上式右端的第一项，有

$$
\begin{aligned}
&\sum_{|k|\le s} \left\langle a_{ij}(t,x) D_x^k \frac{\partial^2 u_m(t)}{\partial x_i \partial x_j}, D_x^k u_m'(t) \right\rangle_{H^{-1}(\mathbf{R}^n), H^1(\mathbf{R}^n)} \\
&= \sum_{|k|\le s} \left\langle \frac{\partial}{\partial x_i} \left(a_{ij}(t,x) \frac{\partial}{\partial x_j} D_x^k u_m(t) \right), D_x^k u_m'(t) \right\rangle_{H^{-1}(\mathbf{R}^n), H^1(\mathbf{R}^n)} \\
&\quad - \sum_{|k|\le s} \left\langle \frac{\partial a_{ij}(t,x)}{\partial x_i} \cdot \frac{\partial}{\partial x_j} D_x^k u_m(t), D_x^k u_m'(t) \right\rangle_{H^{-1}(\mathbf{R}^n), H^1(\mathbf{R}^n)} \\
&= - \sum_{|k|\le s} \left(a_{ij}(t,x) \frac{\partial}{\partial x_j} D_x^k u_m(t), \frac{\partial}{\partial x_i} D_x^k u_m'(t) \right)_{L^2(\mathbf{R}^n)} \\
&\quad - \sum_{|k|\le s} \left(\frac{\partial a_{ij}(t,x)}{\partial x_i} \frac{\partial}{\partial x_j} D_x^k u_m(t), D_x^k u_m'(t) \right)_{L^2(\mathbf{R}^n)}.
\end{aligned} \tag{7.26}
$$

但

$$
\begin{aligned}
&\left(a_{ij}(t,x) \frac{\partial}{\partial x_j} D_x^k u_m(t), \frac{\partial}{\partial x_i} D_x^k u_m'(t) \right)_{L^2(\mathbf{R}^n)} \\
&= \frac{d}{dt} \left(a_{ij}(t,x) \frac{\partial}{\partial x_j} D_x^k u_m(t), \frac{\partial}{\partial x_i} D_x^k u_m(t) \right)_{L^2(\mathbf{R}^n)} \\
&\quad - \left(a_{ij}(t,x) \frac{\partial}{\partial x_j} D_x^k u_m'(t), \frac{\partial}{\partial x_i} D_x^k u_m(t) \right)_{L^2(\mathbf{R}^n)} \\
&\quad - \left(\frac{\partial a_{ij}(t,x)}{\partial t} \frac{\partial}{\partial x_j} D_x^k u_m(t), \frac{\partial}{\partial x_i} D_x^k u_m(t) \right)_{L^2(\mathbf{R}^n)},
\end{aligned} \tag{7.27}
$$

再注意到 a_{ij} 的对称性，就得到

$$
\begin{aligned}
&\left(a_{ij}(t,x) \frac{\partial}{\partial x_j} D_x^k u_m(t), \frac{\partial}{\partial x_i} D_x^k u_m'(t) \right)_{L^2(\mathbf{R}^n)} \\
&= \frac{1}{2} \frac{d}{dt} \left(a_{ij}(t,x) \frac{\partial}{\partial x_j} D_x^k u_m(t), \frac{\partial}{\partial x_i} D_x^k u_m(t) \right)_{L^2(\mathbf{R}^n)}
\end{aligned}
$$

$$-\frac{1}{2}\left(\frac{\partial a_{ij}}{\partial t}(t,x)\frac{\partial}{\partial x_j}D_x^k u_m(t),\ \frac{\partial}{\partial x_i}D_x^k u_m(t)\right)_{L^2(\mathbf{R}^n)}. \tag{7.28}$$

由 (7.25)—(7.26) 及 (7.28) 式，可将 (7.24) 中左端的第二项改写为

$$\begin{aligned}
&-\sum_{i,j=1}^{n}\left\langle a_{ij}(t,x)\frac{\partial^2 u_m(t)}{\partial x_i\partial x_j},\ u_m'(t)\right\rangle_{H^{s-1}(\mathbf{R}^n),H^{s+1}(\mathbf{R}^n)}\\
&\quad=\frac{1}{2}\frac{d}{dt}\sum_{|k|\le s}\sum_{i,j=1}^{n}\left(a_{ij}(t,x)\frac{\partial}{\partial x_j}D_x^k u_m(t),\ \frac{\partial}{\partial x_i}D_x^k u_m(t)\right)_{L^2(\mathbf{R}^n)}\\
&\quad-\frac{1}{2}\sum_{|k|\le s}\sum_{i,j=1}^{n}\left(\frac{\partial a_{ij}}{\partial t}(t,x)\frac{\partial}{\partial x_j}D_x^k u_m(t),\ \frac{\partial}{\partial x_i}D_x^k u_m(t)\right)_{L^2(\mathbf{R}^n)}\\
&\quad+\sum_{|k|\le s}\sum_{i,j=1}^{n}\left(\frac{\partial a_{ij}}{\partial x_i}(t,x)\frac{\partial}{\partial x_j}D_x^k u_m(t),\ D_x^k u_m'(t)\right)_{L^2(\mathbf{R}^n)}\\
&\quad-\sum_{|k|\le s}\sum_{i,j=1}^{n}\left(D_x^k\left(a_{ij}(t,x)\frac{\partial^2 u_m(t)}{\partial x_i\partial x_j}\right)\right.\\
&\quad\left.-a_{ij}(t,x)D_x^k\frac{\partial^2 u_m(t)}{\partial x_i\partial x_j},D_x^k u_m'(t)\right)_{L^2(\mathbf{R}^n)}.
\end{aligned}\tag{7.29}$$

此外，我们有

$$\begin{aligned}
&\left(a_{0j}(t,x)\frac{\partial u_m'(t)}{\partial x_j},\ u_m'(t)\right)_{H^s(\mathbf{R}^n)}\\
&\quad=\sum_{|k|\le s}\left(D_x^k\left(a_{0j}(t,x)\frac{\partial u_m'(t)}{\partial x_j}\right),D_x^k u_m'(t)\right)_{L^2(\mathbf{R}^n)}\\
&\quad=\sum_{|k|\le s}\left(a_{0j}(t,x)D_x^k\frac{\partial u_m'(t)}{\partial x_j},\ D_x^k u_m'(t)\right)_{L^2(\mathbf{R}^n)}\\
&\qquad+\sum_{|k|\le s}\left(D_x^k\left(a_{0j}(t,x)\frac{\partial u_m'(t)}{\partial x_j}\right)\right.\\
&\qquad\left.-a_{0j}(t,x)D_x^k\frac{\partial u_m'(t)}{\partial x_j},D_x^k u_m'(t)\right)_{L^2(\mathbf{R}^n)}.
\end{aligned}\tag{7.30}$$

注意到对其中右端的第一项，有

$$\left(a_{0j}(t,x)D_x^k\frac{\partial u_m'(t)}{\partial x_j},D_x^k u_m'(t)\right)_{L^2(\mathbf{R}^n)}$$

$$= \left(\frac{\partial}{\partial x_j} (a_{0j}(t, x) D_x^k u'_m(t)), D_x^k u'_m(t) \right)_{L^2(\mathbf{R}^n)}$$

$$- \left(\frac{\partial a_{0j}}{\partial x_j} (t, x) D_x^k u'_m(t), D_x^k u'_m(t) \right)_{L^2(\mathbf{R}^n)}$$

$$= - \left(a_{0j}(t, x) D_x^k u'_m(t), D_x^k \frac{\partial u'_m(t)}{\partial x_j} \right)_{L^2(\mathbf{R}^n)}$$

$$- \left(\frac{\partial a_{0j}}{\partial x_j} (t, x) D_x^k u'_m(t), D_x^k u'_m(t) \right)_{L^2(\mathbf{R}^n)}$$

$$= - \frac{1}{2} \left(\frac{\partial a_{0j}}{\partial x_j} (t, x) D_x^k u'_m(t), D_x^k u'_m(t) \right)_{L^2(\mathbf{R}^n)}. \tag{7.31}$$

由(7.30)—(7.31)式，可将(7.24)中左端的第三项改写为

$$- 2 \sum_{j=1}^{n} \left(a_{0j}(t, x) \frac{\partial u'_m(t)}{\partial x_j}, u'_m(t) \right)_{H^s(\mathbf{R}^n)}$$

$$= \sum_{|k| \leq s} \sum_{j=1}^{n} \left(\frac{\partial a_{0j}}{\partial x_j} (t, x) D_x^k u'_m(t), D_x^k u'_m(t) \right)_{L^2(\mathbf{R}^n)}$$

$$- 2 \sum_{|k| \leq s} \sum_{j=1}^{n} \left(D_x^k \left(a_{0j}(t, x) \frac{\partial u'_m(t)}{\partial x_j} \right) \right.$$

$$\left. - a_{0j}(t, x) D_x^k \frac{\partial u'_m(t)}{\partial x_j}, D_x^k u'_m(t) \right)_{L^2(\mathbf{R}^n)}. \tag{7.32}$$

利用(7.29)及(7.32)式，(7.24)可改写为

$$\frac{1}{2} \frac{d}{dt} \left(\|u'_m(t)\|^2_{H^s(\mathbf{R}^n)} + \sum_{|k| \leq s} \sum_{i,j=1}^{n} \left(a_{ij}(t, x) \frac{\partial}{\partial x_j} \right. \right.$$

$$\left. \left. \cdot D_x^k u_m(t), \frac{\partial}{\partial x_i} D_x^k u_m(t) \right)_{L^2(\mathbf{R}^n)} \right)$$

$$= \frac{1}{2} \sum_{|k| \leq s} \sum_{i,j=1}^{n} \left(\frac{\partial a_{ij}}{\partial t} (t, x) \frac{\partial}{\partial x_j} D_x^k u_m(t), \frac{\partial}{\partial x_i} D_x^k u_m(t) \right)_{L^2(\mathbf{R}^n)}$$

$$- \sum_{|k| \leq s} \sum_{i,j=1}^{n} \left(\frac{\partial a_{ij}}{\partial x_i} (t, x) \frac{\partial}{\partial x_j} D_x^k u_m(t), D_x^k u'_m(t) \right)_{L^2(\mathbf{R}^n)}$$

$$+ \sum_{|k| \leq s} \sum_{i,j=1}^{n} \left(D_x^k \left(a_{ij}(t, x) \frac{\partial^2 u_m(t)}{\partial x_i \partial x_j} \right) \right.$$

$$- a_{ij}(t,x)D_x^k\frac{\partial^2 u_m(t)}{\partial x_i\partial x_j}, D_x^k u_m'(t)\Big)_{L^2(\mathbf{R}^n)}$$

$$-\sum_{|k|\le s}\sum_{j=1}^{n}\Big(\frac{\partial a_{0j}}{\partial x_j}(t,x)D_x^k u_m'(t), D_x^k u_m'(t)\Big)_{L^2(\mathbf{R}^n)}$$

$$+2\sum_{|k|\le s}\sum_{j=1}^{n}\Big(D_x^k\Big(a_{0j}(t,x)\frac{\partial u_m'(t)}{\partial x_j}\Big)$$

$$- a_{0j}(t,x)D_x^k\frac{\partial u_m'(t)}{\partial x_j}, D_x^k u_m'(t)\Big)_{L^2(\mathbf{R}^n)}$$

$$+(F(t), u_m'(t))_{H^s(\mathbf{R}^n)},\quad t\in[0,T]. \qquad (7.33)$$

对 t 积分,并注意到(7.19)—(7.20)式,就得到当 $0\le t\le T$ 时

$$\|u_m'(t)\|^2_{H^s(\mathbf{R}^n)}+\sum_{|k|\le s}\sum_{i,j=1}^{n}\Big(a_{ij}(t,x)$$

$$\cdot\frac{\partial}{\partial x_j}D_x^k u_m(t), \frac{\partial}{\partial x_i}D_x^k u_m(t)\Big)_{L^2(\mathbf{R}^n)}$$

$$=\|u_{1m}\|^2_{H^s(\mathbf{R}^n)}+\sum_{|k|\le s}\cdot\sum_{i,j=1}^{n}\Big(a_{ij}(0,x)$$

$$\cdot\frac{\partial}{\partial x_j}D_x^k u_{0m}, \frac{\partial}{\partial x_i}D_x^k u_{0m}\Big)_{L^2(\mathbf{R}^n)}$$

$$+\sum_{|k|\le s}\sum_{i,j=1}^{n}\int_0^t\Big(\frac{\partial a_{ij}}{\partial\tau}(\tau,x)$$

$$\cdot\frac{\partial}{\partial x_j}D_x^k u_m(\tau), \frac{\partial}{\partial x_i}D_x^k u_m(\tau)\Big)_{L^2(\mathbf{R}^n)}d\tau$$

$$-2\sum_{|k|\le s}\sum_{i,j=1}^{n}\int_0^t\Big(\frac{\partial a_{ij}}{\partial x_i}(\tau,x)$$

$$\cdot\frac{\partial}{\partial x_j}D_x^k u_m(\tau), D_x^k u_m'(\tau)\Big)_{L^2(\mathbf{R}^n)}d\tau$$

$$+2\sum_{|k|\le s}\sum_{i,j=1}^{n}\int_0^t\Big(D_x^k\Big(a_{ij}(\tau,x)\frac{\partial^2 u_m(\tau)}{\partial x_i\partial x_j}\Big)$$

$$- a_{ij}(\tau,x)D_x^k\frac{\partial^2 u_m(\tau)}{\partial x_i\partial x_j}, D_x^k u_m'(\tau)\Big)_{L^2(\mathbf{R}^n)}d\tau$$

$$-2\sum_{|k|\le s}\sum_{i=1}^{n}\int_0^t\left(\frac{\partial a_{0i}}{\partial x_i}(\tau,x)D_x^k u_m'(\tau),\ D_x^k u_m'(\tau)\right)_{L^2(\mathbf{R}^n)}d\tau$$

$$+4\sum_{|k|\le s}\sum_{j=1}^{n}\int_0^t\Bigg(D_x^k\left(a_{0j}(\tau,x)\frac{\partial u_m'(\tau)}{\partial x_j}\right)$$

$$-a_{0j}(\tau,x)D_x^k\frac{\partial u_m'(\tau)}{\partial x_j},\ D_x^k u_m'(\tau)\Bigg)_{L^2(\mathbf{R}^n)}d\tau$$

$$+2\int_0^t(F(\tau),u_m'(\tau))_{H^s(\mathbf{R}^n)}d\tau=\|u_{1m}\|^2_{H^s(\mathbf{R}^n)}$$

$$+\sum_{|k|\le s}\sum_{i,j=1}^{n}\left(a_{ij}(0,x)\frac{\partial}{\partial x_j}D_x^k u_{0m},\ \frac{\partial}{\partial x_i}D_x^k u_{0m}\right)_{L^2(\mathbf{R}^n)}$$

$$+\mathrm{I}+\mathrm{II}+\mathrm{III}+\mathrm{IV}+\mathrm{V}+\mathrm{VI}. \tag{7.34}$$

注意到当 $s\geqslant\left[\frac{n}{2}\right]+2$ 时,由 Sobolev 嵌入定理有

$$H^{s-1}(\mathbf{R}^n)\subset L^\infty(\mathbf{R}^n)\ \text{连续嵌入}, \tag{7.35}$$

由假设 (7.10)—(7.11) 式易知

$$\mathrm{I}+\mathrm{II}+\mathrm{IV}\leqslant C_1\int_0^t(\|\nabla u_m(\tau)\|^2_{H^s(\mathbf{R}^n)}+\|u_m'(\tau)\|^2_{H^s(\mathbf{R}^n)})d\tau, \tag{7.36}$$

其中常数 $C_1>0$ 依赖于 a_{ij} 及 a_{0j} 的 $L^\infty(0,T;H^s(\mathbf{R}^n))$ 范数以及 $\frac{\partial a_{ij}}{\partial t}$ 的 $L^\infty(0,T;H^{s-1}(\mathbf{R}^n))$ 范数 $(i,j=1,\cdots,n)$.

又由第一章中的 (4.21) 式 (在其中取 $p=\infty$ 及 $q=r=2$),有

$$\left\|D_x^k\left(a_{ij}(\tau,x)\frac{\partial^2 u_m(\tau)}{\partial x_i\partial x_j}\right)-a_{ij}(\tau,x)D_x^k\frac{\partial^2 u_m(\tau)}{\partial x_i\partial x_j}\right\|_{L^2(\mathbf{R}^n)}$$

$$\leqslant C\left(\|D_x a_{ij}\|_{L^\infty(\mathbf{R}^n)}\left\|D_x^{k-1}\frac{\partial^2 u_m(\tau)}{\partial x_i\partial x_j}\right\|_{L^2(\mathbf{R}^n)}\right.$$

$$\left.+\|D_x^k a_{ij}\|_{L^2(\mathbf{R}^n)}\left\|\frac{\partial^2 u_m(\tau)}{\partial x_i\partial x_j}\right\|_{L^\infty(\mathbf{R}^n)}\right). \tag{7.37}$$

注意到当 $s\geqslant\left[\frac{n}{2}\right]+2$ 时,由 Sobolev 嵌入定理有

$$H^s(\mathbf{R}^n) \subset W^{1,\infty}(\mathbf{R}^n) \text{ 连续嵌入，} \tag{7.38}$$

于是上式可得

$$\left\| D_x^k \left(a_{ij}(\tau, x) \frac{\partial^2 u_m(\tau)}{\partial x_i \partial x_j} \right) - a_{ij}(\tau, x) D_x^k \frac{\partial^2 u_m(\tau)}{\partial x_i \partial x_j} \right\|_{L^2(\mathbf{R}^n)}$$
$$\leqslant C \| a_{ij}(\tau, \cdot) \|_{H^s(\mathbf{R}^n)} \| \nabla u_m(\tau) \|_{H^s(\mathbf{R}^n)}, \tag{7.39}$$

于是由假设 (7.10) 可得

$$\mathrm{III} \leqslant C_2 \int_0^t (\| \nabla u_m(\tau) \|^2_{H^s(\mathbf{R}^n)} + \| u'_m(\tau) \|^2_{H^s(\mathbf{R}^n)}) d\tau, \tag{7.40}$$

其中常数 $C_2 > 0$ 依赖于 $a_{ij}(i, j = 1, \cdots, n)$ 的 $L^\infty(0, T; H^s(\mathbf{R}^n))$ 范数. 同理有

$$\mathrm{V} \leqslant C_3 \int_0^t \| u'_m(\tau) \|^2_{H^s(\mathbf{R}^n)} d\tau, \tag{7.41}$$

其中常数 $C_3 > 0$ 依赖于 $a_{0j}(j = 1, \cdots, n)$ 的 $L^\infty(0, T; H^s(\mathbf{R}^n))$ 范数.

此外，显然有

$$\mathrm{VI} \leqslant \int_0^t \| u'_m(\tau) \|^2_{H^s(\mathbf{R}^n)} d\tau + \int_0^t \| F(\tau) \|^2_{H^s(\mathbf{R}^n)} d\tau. \tag{7.42}$$

再由假设 (7.4) 式，显然有

$$\sum_{|k| \leqslant s} \sum_{i,j=1}^n \left(a_{ij}(t, x) \frac{\partial}{\partial x_j} D_x^k u_m(t), \frac{\partial}{\partial x_i} D_x^k u_m(t) \right)_{L^2(\mathbf{R}^n)}$$
$$\geqslant m_0 \| \nabla u_m(t) \|^2_{H^s(\mathbf{R}^n)}, \tag{7.43}$$

其中 ∇ 为梯度算子，而 $m_0 > 0$ 为常数.

于是，由 (7.34) 式，利用 (7.36)，(7.40)—(7.43) 式，并注意到 (7.10) 及 (7.38) 式，可以得到

$$\| u'_m(t) \|^2_{H^s(\mathbf{R}^n)} + \| \nabla u_m(t) \|^2_{H^s(\mathbf{R}^n)}$$
$$\leqslant C_4 \Big(\| u_{1m} \|^2_{H^s(\mathbf{R}^n)} + \| \nabla u_{0m} \|^2_{H^s(\mathbf{R}^n)} + \int_0^t \| F(\tau) \|^2_{H^s(\mathbf{R}^n)} d\tau$$
$$+ \int_0^t (\| u'_m(\tau) \|^2_{H^s(\mathbf{R}^n)} + \| \nabla u_m(\tau) \|^2_{H^s(\mathbf{R}^n)}) d\tau \Big), \quad t \in [0, T], \tag{7.44}$$

其中常数 $C_4 > 0$ 依赖于 a_{ij} 及 $a_{0j}(i, j = 1, \cdots, n)$ 在 (7.10)—(7.11) 式中所列的空间中的范数.

再由 (7.21)—(7.22) 式及假设(7.9) 与 (7.12),并利用 Gronwall 不等式(见第一章引理 2.1),就可得到

$$\|u_m'(t)\|^2_{H^s(\mathbf{R}^n)} + \|\nabla u_m(t)\|^2_{H^s(\mathbf{R}^n)} \leqslant C(T), \ \forall t \in [0, T]. \tag{7.45}$$

其中 $C(T)$ 是一个与 T 有关的正常数. 又由

$$u_m(t) = u_m(0) + \int_0^t u_m'(\tau)d\tau = u_{0m} + \int_0^t u_m'(\tau)d\tau, \tag{7.46}$$

易知也有

$$\|u_m(t)\|_{H^s(\mathbf{R}^n)} \leqslant C(T), \ \forall t \in [0, T]. \tag{7.47}$$

这样,我们就同样得到

$$\{u_m(t)\} \in L^\infty(0, T; H^{s+1}(\mathbf{R}^n)) \text{ 中的有界集}, \tag{7.48}$$

$$\{u_m'(t)\} \in L^\infty(0, T, H^s(\mathbf{R}^n)) \text{ 中的有界集}. \tag{7.49}$$

再由 (7.39) 式,对 $|k| \leqslant s$,有

$$\left\{D_x^k \left(a_{ij}(t, x)\frac{\partial^2 u_m(t)}{\partial x_i \partial x_j}\right) - a_{ij}(t, x) D_x^k \frac{\partial^2 u_m(t)}{\partial x_i \partial x_j}\right\}$$

$$\in L^\infty(0, T; L^2(\mathbf{R}^n)) \text{ 中的有界集}, \tag{7.50}$$

同理有

$$\left\{D_x^k \left(a_{0j}(t, x)\frac{\partial u_m'(t)}{\partial x_j}\right) - a_{0j}(t, x) D_x^k \frac{\partial u_m'(t)}{\partial x_j}\right\}$$

$$\in L^\infty(0, T; L^2(\mathbf{R}^n)) \text{ 中的有界集}. \tag{7.51}$$

于是由弱紧性可得:存在 $\{u_m(t)\}$ 的一个子列 $\{u_\mu(t)\}$,使得当 $\mu \to \infty$时,

$$u_\mu(t) \overset{*}{\rightarrow} u(t) \tag{7.52}$$

在 $L^\infty(0, T; H^{s+1}(\mathbf{R}^n))$ 中弱*收敛,

$$u_\mu'(t) \overset{*}{\rightarrow} u'(t) \tag{7.53}$$

在 $L^\infty(0, T; H^s(\mathbf{R}^n))$ 中弱*收敛,

并对 $|k| \leqslant s$ 有

$$D_x^k\left(a_{ij}(t,x)\frac{\partial^2 u_\mu(t)}{\partial x_i \partial x_j}\right)-a_{ij}(t,x)D_x^k\frac{\partial^2 u_\mu(t)}{\partial x_i \partial x_j}$$

$$\xrightarrow{*} D_x^k\left(a_{ij}(t,x)\frac{\partial^2 u(t)}{\partial x_i \partial x_j}\right)-a_{ij}(t,x)D_x^k\frac{\partial^2 u(t)}{\partial x_i \partial x_j} \tag{7.54}$$

在 $L^\infty(0, T; L^2(\mathbf{R}^n))$ 中弱$*$收敛，

$$D_x^k\left(a_{0j}(t,x)\frac{\partial u'_\mu(t)}{\partial x_j}\right)-a_{0j}(t,x)D_x^k\frac{\partial u'_\mu(t)}{\partial x_j}$$

$$\xrightarrow{*} D_x^k\left(a_{0j}(t,x)\frac{\partial u'(t)}{\partial x_j}\right)-a_{0j}(t,x)D_x^k\frac{\partial u'(t)}{\partial x_j} \tag{7.55}$$

在 $L^\infty(0, T; L^2(\mathbf{R}^n))$ 中弱$*$收敛。

注意到类似于(7.25)式及(7.30)式，我们有

$$\left\langle a_{ij}(t,x)\frac{\partial^2 u_\mu(t)}{\partial x_i \partial x_j}, w_j\right\rangle_{H^{s-1}(\mathbf{R}^n), H^{s+1}(\mathbf{R}^n)}$$

$$=\sum_{|k|\leqslant s}\left\langle a_{ij}(t,x)D_x^k\frac{\partial^2 u_\mu(t)}{\partial x_i \partial x_j}, D_x^k w_j\right\rangle_{H^{-1}(\mathbf{R}^n), H^1(\mathbf{R}^n)}$$

$$+\sum_{|k|\leqslant s}\left(D_x^k\left(a_{ij}(t,x)\frac{\partial^2 u_\mu(t)}{\partial x_i \partial x_j}\right)\right.$$

$$\left.-a_{ij}(t,x)D_x^k\frac{\partial^2 u_\mu(t)}{\partial x_i \partial x_j}, D_x^k w_j\right)_{L^2(\mathbf{R}^n)} \tag{7.56}$$

及

$$\left(a_{0j}(t,x)\frac{\partial u'_\mu(t)}{\partial x_j}, w_j\right)_{H^s(\mathbf{R}^n)}$$

$$=\sum_{|k|\leqslant s}\left\langle a_{0j}(t,x)D_x^k\frac{\partial u'_\mu(t)}{\partial x_j}, D_x^k w_j\right\rangle_{H^{-1}(\mathbf{R}^n), H^1(\mathbf{R}^n)}$$

$$+\sum_{|k|\leqslant s}\left(D_x^k\left(a_{0j}(t,x)\frac{\partial u'_\mu(t)}{\partial x_j}\right)\right.$$

$$\left.-a_{0j}(t,x)D_x^k\frac{\partial u'_\mu(t)}{\partial x_j}, D_x^k w_j\right)_{L^2(\mathbf{R}^n)}, \tag{7.57}$$

在(7.18)中取 $m=\mu\to\infty$，由(7.52)—(7.55)式就可得到对任何 $j\in\mathbf{N}$ 成立

$$\frac{d^2}{dt^2}\langle u_\mu(t),\ w_j\rangle_{H^{s-1}(\mathbf{R}^n),H^{s+1}(\mathbf{R}^n)} = \langle u''_\mu(t),\ w_j\rangle_{H^{s-1}(\mathbf{R}^n),H^{s+1}(\mathbf{R}^n)}$$

$$\xrightarrow{*}\left\langle\sum_{i,j=1}^{n} a_{ij}(t,x)\frac{\partial^2 u(t)}{\partial x_i\partial x_j} + 2\sum_{j=1}^{n} a_{0j}(t,x)\frac{\partial u'(t)}{\partial x_j}\right.$$

$$\left. + F(t),\ w_j\right\rangle_{H^{s-1}(\mathbf{R}^n),H^{s+1}(\mathbf{R}^n)} \tag{7.58}$$

在 $L^\infty(0,T)$ 中弱收敛.

以下完全重复在 §4 中的相应论述,就可以由此证明 Cauchy 问题 (7.1)-(7.2) 的解的存在性,且 (7.13)—(7.15) 式成立.

用 u_t 与方程 (7.1) 的两端作 $H^s(\mathbf{R}^n)$ 空间中的内积,然后在区间 $[0,t]$ 上对 t 积分,和前面对近似解建立估计式 (7.44) 的方法完全类似,可以得到

$$\|u'(t)\|^2_{H^s(\mathbf{R}^n)} + \|\nabla u(t)\|^2_{H^s(\mathbf{R}^n)}$$

$$\leqslant C_1\Big(\|\nabla\varphi\|^2_{H^s(\mathbf{R}^n)} + \|\psi\|^2_{H^s(\mathbf{R}^n)} + \int_0^t \|F(\tau)\|^2_{H^s(\mathbf{R}^n)}d\tau$$

$$+ \int_0^t\Big(\|u'(\tau)\|^2_{H^s(\mathbf{R}^n)} + \|\nabla u(t)\|^2_{H^s(\mathbf{R}^n)}\Big)d\tau\Big),$$

$$\forall t\in[0,T], \tag{7.59}$$

其中常数 $C_1>0$ 仅依赖于 a_{ij} 及 $a_{0j}(i,j=1,\cdots,n)$ 的 $L^\infty(0,T;H^s(\mathbf{R}^n))$ 范数及 $\frac{\partial a_{ij}}{\partial t}(i,j=1,\cdots,n)$ 的 $L^\infty(0,T;H^{s-1}(\mathbf{R}^n))$ 范数. 又由

$$u(t) = \varphi + \int_0^t u'(\tau)d\tau, \tag{7.60}$$

可得

$$\|u(t)\|_{H^s(\mathbf{R}^n)} \leqslant \|\varphi\|_{H^s(\mathbf{R}^n)} + \int_0^t \|u'(\tau)\|_{H^s(\mathbf{R}^n)}d\tau,\ \forall t\in[0,T]. \tag{7.61}$$

联合 (7.59) 及 (7.61) 式,并利用 Gronwall 不等式,就得到所要证明的 (7.16) 式. 由此立刻得到 Cauchy 问题 (7.1)-(7.2) 的解的唯一性,从而整个近似解的序列收敛. 引理 7.1 证毕.

利用一个磨光的手续，可将引理 7.1 的结果改进为

定理 7.1 在引理 7.1 的假设下，对 Cauchy 问题 (7.1)-(7.2) 的解 $u = u(t, x)$、必要时适当修改在区间 $[0, T]$ 的一个零测集上的数值后，还有

$$u \in C([0, T]; H^{s+1}(\mathbf{R}^n)), \tag{7.62}$$

$$u_t \in C([0, T]; H^s(\mathbf{R}^n)). \tag{7.63}$$

由此利用方程 (7.1) 可得

推论 7.1 若在定理 7.1 中，进一步假设

$$F \in L^\infty(0, T; H^{s-1}(\mathbf{R}^n)), \tag{7.64}$$

则对 Cauchy 问题 (7.1)-(7.2) 的解还有

$$u_{tt} \in L^\infty(0, T; H^{s-1}(\mathbf{R}^n)). \tag{7.65}$$

推论 7.2 若在定理 7.1 中进一步假设

$$a_{ti}, a_{ij}, F \in C([0, T]; H^{s-1}(\mathbf{R}^n)) \quad (i, j = 1, \cdots, n), \tag{7.66}$$

则对 Cauchy 问题 (7.1)-(7.2) 的解还有

$$u_{tt} \in C([0, T]; H^{s-1}(\mathbf{R}^n)). \tag{7.67}$$

为了证明定理 7.1，我们需要引理

引理 7.2 (Friedrichs 引理) 设

$$a(x) \in W^{1,\infty}(\mathbf{R}^n), \quad f(x) \in L^2(\mathbf{R}^n), \tag{7.68}$$

则成立

$$\|[J_\delta, L]f\|_{L^2(\mathbf{R}^n)} \leqslant C\|f\|_{L^2(\mathbf{R}^n)}, \tag{7.69}$$

且当 $\delta \to 0$ 时

$$[J_\delta, L]f \to 0 \quad 在\ L^2(\mathbf{R}^n)\ 中强收敛, \tag{7.70}$$

其中 J_δ 为 §4 中所引入的磨光算子，

$$L = a(x)\frac{\partial}{\partial x_i} \tag{7.71}$$

为一阶微分算子，而

$$[J_\delta, L] = J_\delta L - LJ_\delta \tag{7.72}$$

为相应的换位算子，$C > 0$ 是一个与 δ 无关的常数.

引理 7.2 的证明例如可参见 Hörmander [1]. 现在我们利用这个引理来证明

引理 7.3 对任一整数 $s \geqslant \left[\frac{n}{2}\right]+2$, 设

$$a(x),\ f(x) \in H^s(\mathbf{R}^n), \tag{7.73}$$

则

$$\|[J_\delta,\ L]f\|_{H^s(\mathbf{R}^n)} \leqslant C\|f\|_{H^s(\mathbf{R}^n)}, \tag{7.74}$$

并当 $\delta \to 0$ 时

$$[J_\delta,\ L]f \to 0 \text{ 在 } H^s(\mathbf{R}^n) \text{ 中强收敛}, \tag{7.75}$$

这里 L 仍由 (7.71) 式定义, 而 C 是一个与 δ 无关的正常数.

证 只需对任何满足 $|k| \leqslant s$ 的多重指标 k, 证明

$$\|D_x^k[J_\delta,\ L]f\|_{L^2(\mathbf{R}^n)} \leqslant C\|f\|_{H^s(\mathbf{R}^n)}, \tag{7.76}$$

并当 $\delta \to 0$ 时,

$$D_x^k[J_\delta,\ L]f \to 0 \qquad \text{在 } L^2(\mathbf{R}^n) \text{ 中强收敛}. \tag{7.77}$$

我们有

$$D_x^k[J_\delta,\ L]f = [J_\delta,\ L]D_x^k f + [D_x^k,\ [J_\delta,\ L]]f. \tag{7.78}$$

由引理 7.2 及假设 (7.73) 式, 并注意到由于 $s \geqslant \left[\frac{n}{2}\right]+2$,

由 Sobolev 嵌入定理, 有

$$H^s(\mathbf{R}^n) \subset W^{1,\infty}(\mathbf{R}^n) \text{ 连续嵌入}, \tag{7.79}$$

显然有

$$\|[J_\delta,\ L]D_x^k f\|_{L^2(\mathbf{R}^n)} \leqslant C\|f\|_{H^s(\mathbf{R}^n)}, \tag{7.80}$$

并当 $\delta \to 0$ 时,

$$[J_\delta,\ L]D_x^k f \to 0 \quad \text{在 } L^2(\mathbf{R}^n) \text{ 中强收敛}. \tag{7.81}$$

因此剩下来只需考察 (7.78) 右端的第二式.

由换位算子的性质

$$[a,\ [b,\ c]] + [b,\ [c,\ a]] + [c,\ [a,\ b]] = 0, \tag{7.82}$$

并注意到由(4.57)式有

$$[D_x^k, J_\delta] = 0, \tag{7.83}$$

就可得到

$$\begin{aligned}[D_x^k, [J_\delta, L]]f &= [J_\delta, [D_x^k, L]]f \\ &= (J_\delta[D_x^k, L]f - [D_x^k, L]f) \\ &\quad - ([D_x^k, L]J_\delta f - [D_x^k, L]f).\end{aligned} \tag{7.84}$$

但

$$[D_x^k, L]f = D_x^k\left(a(x)\frac{\partial f}{\partial x_i}\right) - a(x)D_x^k\left(\frac{\partial f}{\partial x_i}\right), \tag{7.85}$$

于是由第一章中的(4.21)式(在其中取 $r = q = 2$, $p = \infty$),并注意到(7.79)式,就可得到

$$\begin{aligned}&\|[D_x^k, L]f\|_{L^2(\mathbf{R}^n)} \\ &\leqslant C\left(\|Da\|_{L^\infty(\mathbf{R}^n)}\cdot\left\|D^{k-1}\left(\frac{\partial f}{\partial x_i}\right)\right\|_{L^2(\mathbf{R}^n)}\right. \\ &\quad \left.+\|D^k a\|_{L^2(\mathbf{R}^n)}\cdot\left\|\frac{\partial f}{\partial x_i}\right\|_{L^\infty(\mathbf{R}^n)}\right) \\ &\leqslant C\|a\|_{H^s}\|f\|_{H^s},\end{aligned} \tag{7.86}$$

同理可得

$$\|[D_x^k, L](J_\delta f - f)\|_{L^2(\mathbf{R}^n)} \leqslant C\|a\|_{H^s(\mathbf{R}^n)}\|J_\delta f - f\|_{H^s(\mathbf{R}^n)}. \tag{7.87}$$

于是利用(4.58)—(4.59)式,就可由(7.84)式得到

$$\|[D_x^k, [J_\delta, L]]f\|_{L^2(\mathbf{R}^n)} \leqslant C\|f\|_{H^s(\mathbf{R}^n)} \tag{7.88}$$

及当 $\delta \to 0$ 时

$$[D_x^k, [J_\delta, L]f] \to 0 \tag{7.89}$$

在 $L^2(\mathbf{R}^n)$ 中强收敛,

这就是所要证明的事实. 引理 7.3 证毕.

现在来证明定理 7.1.

记

$$u^\delta(t, \cdot) = J_\delta u(t, \cdot), \tag{7.90}$$

其中 $u=u(t, x)$ 为 Cauchy 问题 (7.1)-(7.2) 的解. 分别将磨光算子 J_δ 作用于方程 (7.1) 及初始条件 (7.2) 的两端,可得

$$\begin{cases} u^\delta_{tt}-\sum_{i,j=1}^n a_{ij}(t, x)u^\delta_{x_ix_j}-2\sum_{j=1}^n a_{0j}(t, x)u^\delta_{tx_j}=F^\delta(t, x)+g^\delta, & (7.91)\\ t=0: u^\delta=\varphi^\delta,\ u^\delta_t=\psi^\delta, & (7.92)\end{cases}$$

其中

$$F^\delta(t, \cdot)=J_\delta F(t, \cdot), \tag{7.93}$$

$$\varphi^\delta=J_\delta\varphi,\ \psi^\delta=J_\delta\psi, \tag{7.94}$$

而

$$\begin{aligned} g^\delta=g^\delta(t, x)&=\sum_{i,j=1}^n (J_\delta(a_{ij}(t, x)u_{x_ix_j})-a_{ij}(t, x)J_\delta u_{x_ix_j})\\ &\quad+2\sum_{j=1}^n (J_\delta(a_{0j}(t, x)u_{tx_j})-a_{0j}(t, x)J_\delta u_{tx_j})\\ &=\sum_{i,j=1}^n \left(J_\delta\left(a_{ij}(t, x)\frac{\partial u_{x_i}}{\partial x_j}\right)-a_{ij}(t, x)\frac{\partial}{\partial x_j}(J_\delta u_{x_i})\right)\\ &\quad+2\sum_{j=1}^n \left(J_\delta\left(a_{0j}(t, x)\frac{\partial u_t}{\partial x_j}\right)-a_{0j}(t, x)\frac{\partial}{\partial x_j}(J_\delta u_t)\right). \end{aligned} \tag{7.95}$$

由引理 7.3, 并注意到 (7.10)—(7.11) 式以及 (7.13)—(7.14) 式,有

$$\begin{aligned}\|g^\delta(t, \cdot)\|_{H^s(\mathbf{R}^n)}\leqslant C(&\|u(t, \cdot)\|_{H^{s+1}(\mathbf{R}^n)}\\ &+\|u_t(t, \cdot)\|_{H^s(\mathbf{R}^n)}),\ \forall t\in[0, T],\end{aligned} \tag{7.96}$$

且当 $\delta\to 0$ 时,对任何 $t\in[0, T]$,

$$g^\delta(t, \cdot)\to 0 \tag{7.97}$$

在 $H^s(\mathbf{R}^n)$ 中强收敛.

于是由 Lebesgue 控制收敛定理,当 $\delta\to 0$ 时,

$$g^\delta\to 0 \tag{7.98}$$

在 $L^2(0, T; H^s(\mathbf{R}^n))$ 中强收敛.

由已建立的估计式 (7.16), 对任何 δ, $\delta'>0$, 由 (7.91)-(7.92) 式易知

$$
\begin{aligned}
&\|u^\delta(t,\cdot)-u^{\delta'}(t,\cdot)\|^2_{H^{s+1}(\mathbf{R}^n)}+\|u^\delta_t(t,\cdot)\\
&\quad-u^{\delta'}_t(t,\cdot)\|^2_{H^s(\mathbf{R}^n)}\leqslant C(T)(\|\varphi^\delta-\varphi^{\delta'}\|^2_{H^{s+1}(\mathbf{R}^n)}\\
&\quad+\|\psi^\delta-\psi^{\delta'}\|^2_{H^s(\mathbf{R}^n)}+\int_0^T\|F^\delta(\tau,\cdot)\\
&\quad-F^{\delta'}(\tau,\cdot)\|^2_{H^s(\mathbf{R}^n)}d\tau+\int_0^T(\|g^\delta(\tau,\cdot)\|^2_{H^s(\mathbf{R}^n)}\\
&\quad+\|g^{\delta'}(\tau,\cdot)\|^2_{H^s(\mathbf{R}^n)})d\tau.
\end{aligned}
\tag{7.99}
$$

和 §4 中一样推理,注意到当 $\delta\to 0$ 时,

$$\varphi^\delta\to\varphi \tag{7.100}$$

在 $H^{s+1}(\mathbf{R}^n)$ 中强收敛,

$$\psi^\delta\to\psi \tag{7.101}$$

在 $H^s(\mathbf{R}^n)$ 中强收敛,

$$F^\delta\to F \tag{7.102}$$

在 $L^2(0, T; H^s(\mathbf{R}^n))$ 中强收敛,

并有

$$u^\delta\in C([0, T]; H^{s+1}(\mathbf{R}^n)), \tag{7.103}$$

$$u^\delta_t\in C([0, T]; H^s(\mathbf{R}^n)), \tag{7.104}$$

就可得到

$$u^\delta\to u \tag{7.105}$$

在 $C([0, T]; H^{s+1}(\mathbf{R}^n))$ 中强收敛,

$$u^\delta_t\to u_t \tag{7.106}$$

在 $C([0, T]; H^s(\mathbf{R}^n))$ 中强收敛.

这就证明了定理 7.1.

§8 拟线性波动方程的 Cauchy 问题

8.1 引言

在本节中我们考察下述 n 维拟线性波动方程的 Cauchy 问题

$$\begin{cases} u_{tt} - \Delta u = \sum_{i,j=1}^{n} b_{ij}(Du)u_{x_ix_j} + 2\sum_{j=1}^{n} a_{0j}(Du)u_{tx_j} + F(Du), & (8.1) \\ t = 0: u = \varphi(x),\ u_t = \psi(x), & (8.2) \end{cases}$$

这里仍记

$$Du = (u_t,\ u_{x_1}, \cdots, u_{x_n}). \tag{8.3}$$

令

$$\hat{\lambda} = (\lambda_i,\ i = 0,\ 1, \cdots, n), \tag{8.4}$$

我们假设在 $\hat{\lambda} = 0$ 的一个邻域，例如在 $|\hat{\lambda}| \leqslant 1$ 中，

$$b_{ij}(\hat{\lambda}) = b_{ji}(\hat{\lambda})(i,\ j = 1, \cdots, n), \tag{8.5}$$

$b_{ij}(\hat{\lambda})$，$a_{0j}(\hat{\lambda})$ 及 $F(\hat{\lambda})$ $(i,\ j = 1, \cdots, n)$ 适当光滑， (8.6)

并且

$$b_{ij}(\hat{\lambda}),\ a_{0j}(\hat{\lambda}) = O(|\hat{\lambda}|^{\alpha}), \tag{8.7}$$

$$F(\hat{\lambda}) = O(|\hat{\lambda}|^{1+\alpha}), \tag{8.8}$$

其中 $\alpha \geqslant 1$ 为整数，且

$$\sum_{i,j=1}^{n} (\delta_{ij} + b_{ij}(\hat{\lambda}))\xi_i\xi_j \geqslant m_0|\xi|^2,\quad \forall \xi \in \mathbf{R}^n (m_0 > 0 \text{ 常数}), \tag{8.9}$$

其中 δ_{ij} 为 Kronecker 记号.

我们要证明只要空间维数仍满足条件 (6.8) 式，对拟线性波动方程的 Cauchy 问题 (8.1)-(8.2) 仍成立和半线性波动方程情形类似的结论，即只要 φ 及 ψ 适当光滑，且在某些 Sobolev 空间中的范数足够小，Cauchy 问题 (8.1)-(8.2) 必在 $t \geqslant 0$ 上存在唯一的整体经典解，且此解在 $t \to \infty$ 时仍具有一定的衰减性.

8.2 度量空间 $X_{s_0,s,E}$

对任意给定的整数 $s_0 > \frac{n}{2(\alpha+1)} + 1$ 和 $s \geqslant s_0 + \left[\frac{\alpha}{\alpha+1}n\right] + 2$ 以及正常数 $E \leqslant E_0$ (其中 E_0 由 (6.10) 式决定)，引入如下

的函数集合

$$X_{s_0,s,E}=\{v=v(t,\ x)\mid \overline{D}_{s_0,s}(v)\leqslant E,$$
$$\overline{\overline{D}}_{s_0,s}(v)\leqslant C_0E,\ v(0,\ x)=\varphi(x)\},\tag{8.10}$$

其中记

$$\overline{D}_{s_0,s}(v)=\sup_{t\geqslant 0}\|Dv(t,\ \cdot\ )\|_{H^s(\mathbf{R}^n)}$$
$$+\sup_{t\geqslant 0}(1+t)^{\frac{n-1}{2}\cdot\frac{\alpha}{\alpha+1}}\|Dv(t,\ \cdot\ )\|_{W^{s_0,2(\alpha+1)}(\mathbf{R}^n)},\tag{8.11}$$
$$\overline{\overline{D}}_{s_0,s}(v)=\sup_{t\geqslant 0}\|v_{tt}(t,\ \cdot\ )\|_{H^{s-1}(\mathbf{R}^n)}$$
$$+\sup_{t\geqslant 0}(1+t)^{\frac{n-1}{2}\cdot\frac{\alpha}{\alpha+1}}\|v_{tt}(t,\ \cdot\ )\|_{W^{s_0-1,2(\alpha+1)}(\mathbf{R}^n)},\tag{8.12}$$

C_0 是一个正常数,其值在下文中指定,而

$$\varphi(x)\in H^{s+1}(\mathbf{R}^n)\cap W^{s,\frac{2(\alpha+1)}{2\alpha+1}}(\mathbf{R}^n).\tag{8.13}$$

类似于 §6 可以得到: 若 $v\in X_{s_0,s,E}$, 则

$$Dv\in L^\infty(0,\ \infty;\ H^s(\mathbf{R}^n)),\tag{8.14}$$
$$Dv,\ (1+t)^{\frac{n-1}{2}\cdot\frac{\alpha}{\alpha+1}}Dv\in L^\infty(0,\ \infty;\ W^{s_0,2(\alpha+1)}(\mathbf{R}^n)),\tag{8.15}$$
$$v_{tt}\in L^\infty(0,\ \infty;\ H^{s-1}(\mathbf{R}^n)),\tag{8.16}$$
$$(1+t)^{\frac{n-1}{2}\cdot\frac{\alpha}{\alpha+1}}v_{tt}\in L^\infty(0,\ \infty;\ W^{s_0-1,2(\alpha+1)}(\mathbf{R}^n))\tag{8.17}$$

及

$$v\in L^\infty(0,\ T;\ H^{s+1}(\mathbf{R}^n)),\ \forall T>0.\tag{8.18}$$

在 $X_{s_0,s,E}$ 上引入度量: $\forall\bar{v},\ \bar{\bar{v}}\in X_{s_0,s,E}$,

$$\rho(\bar{v},\ \bar{\bar{v}})=\overline{D}_{s_0,s}(\bar{v}-\bar{\bar{v}})+\overline{\overline{D}}_{s_0,s}(\bar{v}-\bar{\bar{v}}).\tag{8.19}$$

我们要证明

引理 8.1 若

$$\|\varphi\|_{H^{s+1}(\mathbf{R}^n)}+\|\varphi\|_{W^{s,\frac{2(\alpha+1)}{2\alpha+1}}(\mathbf{R}^n)}\ \text{适当小},\tag{8.20}$$

则 $X_{s_0,s,E}$ 是一个非空的完备度量空间.

证 为证明 $X_{s_0,s,E}$ 是一个非空的集合,仍利用证明引理 6.1 时所引入的 Cauchy 问题 (6.21)-(6.22) 的解 $u=u(t,\ x)$, 并

注意到除 (6.23)—(6.24) 式外 (但 (6.24) 式的最右端此时应改为 $C\|\varphi\|_{W^{s,\frac{2(\alpha+1)}{2\alpha+1}}(\mathbf{R}^n)}$)，还可利用方程 (6.21) 得到

$$\|u_{tt}(t,\ \cdot)\|_{H^{s-1}(\mathbf{R}^n)} \leqslant C\|\varphi\|_{H^{s+1}(\mathbf{R}^n)},\quad \forall t \geqslant 0 \tag{8.21}$$

及

$$\begin{aligned}(1+t)^{\frac{n-1}{2}\cdot\frac{\alpha}{\alpha+1}}&\|u_{tt}(t,\ \cdot)\|_{W^{s_0-1,2(\alpha+1)}(\mathbf{R}^n)}\\ &\leqslant C\|\varphi\|_{W^{s,\frac{2(\alpha+1)}{2\alpha+1}}(\mathbf{R}^n)},\forall t \geqslant 0,\end{aligned} \tag{8.22}$$

于是只要 (8.20) 式成立，必有 $u \in X_{s_0,s,E}$，即 $X_{s_0,s,E}$ 非空.

引理 8.1 的其余部分的证明可仿照引理 6.1 的证明进行.

8.3 Cauchy 问题 (8.1) (8.2) 的整体经典解的存在唯一性

现在我们要证明

定理 8.1 假设(8.5)—(8.9)式成立、并设空间维数满足 (6.8) 式，则对任何整数 $s_0 > \frac{n}{2(\alpha+1)} + 1$ 及 $s \geqslant s_0 + \left[\frac{\alpha}{\alpha+1} n\right] + 2$，存在正常数 C_0 及适当小的正常数 δ 及 $E(E \leqslant E_0)$，使得当初值

$$\begin{cases}\varphi \in H^{s+1}(\mathbf{R}^n) \cap W^{s,\frac{2(\alpha+1)}{2\alpha+1}}(\mathbf{R}^n),\\ \psi \in H^s(\mathbf{R}^n) \cap W^{s-1,\frac{2(\alpha+1)}{2\alpha+1}}(\mathbf{R}^n),\end{cases} \tag{8.23}$$

且

$$\begin{aligned}\|\varphi\|_{H^{s+1}(\mathbf{R}^n)} + \|\varphi\|_{W^{s,\frac{2(\alpha+1)}{2\alpha+1}}(\mathbf{R}^n)} &+ \|\psi\|_{H^s(\mathbf{R}^n)}\\ + \|\psi\|_{W^{s-1,\frac{2(\alpha+1)}{2\alpha+1}}(\mathbf{R}^n)} &\leqslant \delta E\end{aligned} \tag{8.24}$$

时，Cauchy 问题 (8.1)-(8.2) 在 $t \geqslant 0$ 上存在唯一的整体经典解 $u \in X_{s_0,s,E}$，且必要时适当修改对 t 在区间 $[0,\ \infty)$ 的一个零测集上的数值后，对任何 $T > 0$ 有

$$u \in C([0,\ T];\ H^{s+1}(\mathbf{R}^n)), \tag{8.25}$$

$$u_t \in C([0,\ T];\ H^s(\mathbf{R}^n)), \tag{8.26}$$

$$u_{tt} \in C([0,\ T];\ H^{s-1}(\mathbf{R}^n)). \tag{8.27}$$

为了证明定理 8.1，任取

$$v \in X_{s_0,s,E},\tag{8.28}$$

由求解下述线性波动方程的 Cauchy 问题

$$\begin{cases} u_{tt} - \Delta u = \hat{F}(Dv, D_x Du) \\ \quad \triangleq \sum_{i,j=1}^{n} b_{ij}(Dv) u_{x_i x_j} + 2 \sum_{j=1}^{n} a_{0j}(Dv) u_{t x_j} + F(Dv), & (8.29) \\ t = 0: u = \varphi(x), \quad u_t = \psi(x) & (8.30) \end{cases}$$

定义一个映照

$$\hat{T}: v \to u = \hat{T}v.\tag{8.31}$$

我们要证明：可找到正常数 C_0，使得当 δ 及 E 适当小时，映照 $\hat{T}$ 将 $X_{s_0,s,E}$ 映照到自身，并在一定的意义下压缩，由此就可以设法得到所要求的结论。

首先证明

引理 8.2 对任何 $v \in X_{s_0,s,E}$，必要时适当修改 t 在区间 $[0,\infty)$ 的一个零测集上的数值后，对任何 $T>0$，有

$$u = \hat{T}v \in C([0, T]; H^{s+1}(\mathbf{R}^n)),\tag{8.32}$$

$$u_t \in C([0, T]; H^s(\mathbf{R}^n)),\tag{8.33}$$

$$u_{tt} \in L^\infty(0, T; H^{s-1}(\mathbf{R}^n)).\tag{8.34}$$

证 将方程 (8.29) 改写为

$$u_{tt} - \sum_{i,j=1}^{n} a_{ij}(Dv) u_{x_i x_j} - 2 \sum_{j=1}^{n} a_{0j}(Dv) u_{t x_j} = F(Dv),\tag{8.35}$$

其中

$$a_{ij}(Dv) = \delta_{ij} + b_{ij}(Dv) \quad (i, j = 1, \cdots, n).\tag{8.36}$$

注意到 (8.14) 及 (8.16) 式，并注意到 $s \geqslant s_0 + \left[\frac{\alpha}{\alpha+1} n\right] + 2 \geqslant s_0 + \left[\frac{n}{2}\right] + 2$，而 $s_0 > \frac{n}{2(\alpha+1)} + 1$，由第一章中的 (4.33) 式(在其中取 $p=2$) 以及本章中的 (5.33)—(5.34) 式 (在其中取 s 为 $s-1$)，易知对任何 $T>0$，$a_{ij}(Dv)$，$a_{0i}(Dv)(i, j=1, \cdots, n)$ 必满足 (7.10)—(7.11) 式，而

$$F(Dv) \in L^\infty(0, T; H^s(\mathbf{R}^n)).\tag{8.37}$$

于是由定理 7.1 及推论 7.1，就立刻得到所要求的结论.

引理 8.3 存在正常数 C_0，使得当 δ 及 E 适当小时，映照 $\hat{T}$ 将 $X_{s_0,s,E}$ 映照到自身.

证 要证明存在正常数 C_0，使得当 δ 及 E 适当小时，对任何 $v\in X_{s_0,s,E}$，有

$$u=\hat{T}v\in X_{s_0,s,E}. \tag{8.38}$$

由 (2.13) 式，Cauchy 问题 (8.29)-(8.30) 的解满足如下的积分方程

$$u=\hat{T}v=\frac{\partial}{\partial t}(S(t)\varphi)+S(t)\psi$$
$$+\int_0^t S(t-\tau)\hat{F}(Dv(\tau,\cdot),\ D_xDu(\tau,\cdot))d\tau, \tag{8.39}$$

从而有

$$Du=D\left(\frac{\partial}{\partial t}(S(t)\varphi)+S(t)\psi\right)$$
$$+\int_0^t DS(t-\tau)\hat{F}(Dv(\tau,\cdot),D_xDu(\tau,\cdot))d\tau. \tag{8.40}$$

由衰减估计式 (3.105)（在其中取 $N=s_0$），并注意到 $s\geqslant s_0+\left[\frac{\alpha}{\alpha+1}n\right]+2$，由 (8.40) 式就得到

$$\|Du(t,\cdot)\|_{W^{s_0,2(\alpha+1)}(\mathbf{R}^n)}\leqslant C(1+t)^{-\frac{n-1}{2}\cdot\frac{\alpha}{\alpha+1}}(\|\varphi\|_{W^{s,\frac{2(\alpha+1)}{2\alpha+1}}(\mathbf{R}^n)}$$
$$+\|\psi\|_{W^{s-1,\frac{2(\alpha+1)}{2\alpha+1}}(\mathbf{R}^n)})+C\int_0^t(1+t-\tau)^{-\frac{n-1}{2}\cdot\frac{\alpha}{\alpha+1}}$$
$$\cdot\|\hat{F}(Dv(\tau,\cdot),D_xDu(\tau,\cdot))\|_{W^{s-1,\frac{2(\alpha+1)}{2\alpha+1}}(\mathbf{R}^n)}d\tau. \tag{8.41}$$

由 $\hat{F}(Dv,\ D_xDu)$ 的定义（见 (8.29) 式），并利用 (5.21) 式及 (5.19) 式（在其中取 $r=\frac{2(\alpha+1)}{2\alpha+1}$，$p=2(\alpha+1)$ 及 $q=2$），就有

$$\|\hat{F}(Dv(\tau,\cdot),\ D_xDu(\tau,\cdot)\|_{W^{s-1,\frac{2(\alpha+1)}{2\alpha+1}}(\mathbf{R}^n)}$$
$$\leqslant C(\|D_xDu(\tau,\cdot)\|_{L^{2(\alpha+1)}(\mathbf{R}^n)}\|Dv(\tau,\cdot)\|_{H^{s-1}(\mathbf{R}^n)}$$
$$+\|D_xDu(\tau,\cdot)\|_{H^{s-1}(\mathbf{R}^n)}\|Dv(\tau,\cdot)\|_{L^{2(\alpha+1)}(\mathbf{R}^n)}$$
$$+\|Dv(\tau,\cdot)\|_{H^{s-1}(\mathbf{R}^n)}\|Dv(\tau,\cdot)\|_{L^{2(\alpha+1)}(\mathbf{R}^n)})$$
$$\cdot\ \|Dv(\tau,\cdot)\|^{\alpha-1}_{L^{2(\alpha+1)}(\mathbf{R}^n)}. \tag{8.42}$$

注意到 $X_{s_0,s,E}$ 的定义 (8.10)—(8.12) 式，并注意到 $s_0>\frac{n}{2(\alpha+1)}+1$，由上式可得

$$\|\hat{F}(Dv(\tau,\cdot),\ D_xDu(\tau,\cdot))\|_{W^{s-1,\frac{2(\alpha+1)}{2\alpha+1}}(\mathbf{R}^n)}$$
$$\leqslant C_1E^\alpha(1+\tau)^{-\frac{n-1}{2}\cdot\frac{\alpha^2}{\alpha+1}}(\overline{D}_{s_0,s}(u)+E). \tag{8.43}$$

于是由 (8.41) 式，并注意到 (8.24) 式及 (6.61) 式，就得到

$$\sup_{t\geqslant 0}(1+t)^{\frac{n-1}{2}\cdot\frac{\alpha}{\alpha+1}}\|Du(t,\cdot)\|_{W^{s_0,2(\alpha+1)}(\mathbf{R}^n)}$$
$$\leqslant C_1(\delta E+E^\alpha\overline{D}_{s_0,s}(u)+E^{1+\alpha}), \tag{8.44}$$

其中 C_1 是一个正常数.

另一方面，采用和 (7.34) 式完全类似的推导过程可得

$$\|u_t(t,\cdot)\|^2_{H^s(\mathbf{R}^n)}+\sum_{|k|\leqslant s}\sum_{i,j=1}^n\Big(a_{ij}(Dv(t,\cdot))$$
$$\cdot\frac{\partial}{\partial x_j}D_x^ku(t,\cdot),\ \frac{\partial}{\partial x_i}D_x^ku(t,\cdot)\Big)_{L^2(\mathbf{R}^n)}=\|\psi\|^2_{H^s(\mathbf{R}^n)}$$
$$+\sum_{|k|\leqslant s}\sum_{i,j=1}^n\Big(a_{ij}(Dv(0,\cdot))\frac{\partial}{\partial x_j}D_x^k\varphi,\ \frac{\partial}{\partial x_i}D_x^k\varphi\Big)_{L^2(\mathbf{R}^n)}$$
$$+\sum_{|k|\leqslant s}\sum_{i,j=1}^n\int_0^t\Big(\frac{\partial a_{ij}(Dv(\tau,\cdot))}{\partial\tau}$$
$$\cdot\frac{\partial}{\partial x_j}D_x^ku(\tau,\cdot),\ \frac{\partial}{\partial x_i}D_x^ku(\tau,\cdot)\Big)_{L^2(\mathbf{R}^n)}d\tau$$
$$-2\sum_{|k|\leqslant s}\sum_{i,j=1}^n\int_0^t\Big(\frac{\partial a_{ij}(Dv(\tau,\cdot))}{\partial x_i}$$

$$\cdot \frac{\partial}{\partial x_j} D_x^k u(\tau, \cdot), D_x^k u_\tau(\tau, \cdot)\Big)_{L^2(\mathbf{R}^n)} d\tau$$

$$+ 2 \sum_{|k| \leqslant s} \sum_{i,j=1}^{n} \int_0^t \Big(D_x^k \Big(a_{ij}(Dv(\tau, \cdot)) \frac{\partial^2 u(\tau, \cdot)}{\partial x_i \partial x_j} \Big)$$

$$- a_{ij}(Dv(\tau, \cdot)) D_x^k \frac{\partial^2 u(\tau, \cdot)}{\partial x_i \partial x_j}, D_x^k u_\tau(\tau, \cdot)\Big)_{L^2(\mathbf{R}^n)} d\tau$$

$$- 2 \sum_{|k| \leqslant s} \sum_{j=1}^{n} \int_0^t \Big(\frac{\partial a_{0j}(Dv(\tau, \cdot))}{\partial x_j}$$

$$\cdot D_x^k u_\tau(\tau, \cdot), D_x^k u_\tau(\tau, \cdot)\Big)_{L^2(\mathbf{R}^n)} d\tau$$

$$+ 4 \sum_{|k| \leqslant s} \sum_{j=1}^{n} \int_0^t \Big(D_x^k \Big(a_{0j}(Dv(\tau, \cdot)) \frac{\partial u_\tau(\tau, \cdot)}{\partial x_j} \Big)$$

$$- a_{0j}(Dv(\tau, \cdot)) D_x^k \frac{\partial u_\tau(\tau, \cdot)}{\partial x_j}, D_x^k u_\tau(\tau, \cdot)\Big)_{L^2(\mathbf{R}^n)} d\tau$$

$$+ 2 \int_0^t (F(Dv(\tau, \cdot)), u_\tau(\tau, \cdot))_{H^s(\mathbf{R}^n)} d\tau$$

$$= \|\psi\|^2_{H^s(\mathbf{R}^n)} + \sum_{|k| \leqslant s} \sum_{i,j=1}^{n} \Big(a_{ij}(Dv(0, \cdot))$$

$$\cdot \frac{\partial}{\partial x_j} D_x^k \varphi, \frac{\partial}{\partial x_i} D_x^k \varphi \Big)_{L^2(\mathbf{R}^n)}$$

$$+ \mathrm{I} + \mathrm{II} + \mathrm{III} + \mathrm{IV} + \mathrm{V} + \mathrm{VI}. \tag{8.45}$$

注意到 $s_0 > \frac{n}{2(\alpha+1)} + 1$，由 Sobolev 嵌入定理，有

$$W^{s_0, 2(\alpha+1)}(\mathbf{R}^n) \subset W^{1,\infty}(\mathbf{R}^n) \text{ 连续嵌入}, \tag{8.46}$$

并注意到 $X_{s_0,s,E}$ 的定义，利用第一章中的 (4.60) 式（在其中取 $s=1$，$p=\infty$）可得

$$\begin{aligned} &\Big\| \frac{\partial a_{ij}(Dv(\tau, \cdot))}{\partial x_i} \Big\|_{L^\infty(\mathbf{R}^n)} \\ &\quad \leqslant C \|Dv(\tau, \cdot)\|_{W^{1,\infty}(\mathbf{R}^n)} \|Dv(\tau, \cdot)\|^{\alpha-1}_{L^\infty(\mathbf{R}^n)} \\ &\quad \leqslant C \|Dv(\tau, \cdot)\|^{\alpha}_{W^{s_0, 2(\alpha+1)}(\mathbf{R}^n)} \\ &\quad \leqslant C E^\alpha (1+\tau)^{-\frac{n-1}{2} \cdot \frac{\alpha^2}{\alpha+1}}, \end{aligned} \tag{8.47}$$

又由 (8.7) 式易知

$$\left\|\frac{\partial a_{ij}(Dv(\tau,\cdot))}{\partial\tau}\right\|_{L^\infty(\mathbf{R}^n)}\leqslant C(\|Dv(\tau,\cdot)\|_{W^{1,\infty}(\mathbf{R}^n)}$$

$$+\|v_{\tau\tau}(\tau,\cdot)\|_{L^\infty(\mathbf{R}^n)})\|Dv(\tau,\cdot)\|^{\alpha-1}_{L^\infty(\mathbf{R}^n)}$$

$$\leqslant C(\|Dv(\tau,\cdot)\|_{W^{s_0,2(\alpha+1)}(\mathbf{R}^n)}$$

$$+\|v_{\tau\tau}(\tau,\cdot)\|_{W^{s_0-1,2(\alpha+1)}(\mathbf{R}^n)})\|Dv(\tau,\cdot)\|^{\alpha-1}_{W^{s_0,2(\alpha+1)}(\mathbf{R}^n)}$$

$$\leqslant CE^\alpha(1+\tau)^{-\frac{n-1}{2}\cdot\frac{\alpha^2}{\alpha+1}},\tag{8.48}$$

再由第一章中的 (4.60) 式(在其中取 $p=2$) 及 (4.56) 式，还有

$$\|D_x^k a_{ij}(Dv(\tau,\cdot))\|_{L^2(\mathbf{R}^n)}$$

$$\leqslant C\|Dv(\tau,\cdot)\|_{H^s(\mathbf{R}^n)}\|Dv(\tau,\cdot)\|^{\alpha-1}_{L^\infty(\mathbf{R}^n)}$$

$$\leqslant CE^\alpha(1+\tau)^{-\frac{n-1}{2}\cdot\frac{\alpha(\alpha-1)}{\alpha+1}},\quad\forall|k|\leqslant s\tag{8.49}$$

及

$$\|F(Dv(\tau,\cdot))\|_{H^s(\mathbf{R}^n)}$$

$$\leqslant C\|Dv(\tau,\cdot)\|_{H^s(\mathbf{R}^n)}\|Dv(\tau,\cdot)\|^{\alpha}_{L^\infty(\mathbf{R}^n)}$$

$$\leqslant C\|Dv(\tau,\cdot)\|_{H^s(\mathbf{R}^n)}\|Dv(\tau,\cdot)\|^{\alpha}_{W^{s_0,2(\alpha+1)}(\mathbf{R}^n)}$$

$$\leqslant CE^{1+\alpha}(1+\tau)^{-\frac{n-1}{2}\cdot\frac{\alpha^2}{\alpha+1}},\tag{8.50}$$

而对 a_{0j} 类似于 (8.47) 及 (8.49) 的估计式成立.

由估计式 (8.47)—(8.48) 等,立刻可得

$$\mathrm{I}+\mathrm{II}+\mathrm{IV}\leqslant CE^\alpha\int_0^t(1+\tau)^{-\frac{n-1}{2}\cdot\frac{\alpha^2}{\alpha+1}}\|Du(\tau,\cdot)\|^2_{H^s(\mathbf{R}^n)}d\tau.\tag{8.51}$$

注意到 (6.56) 式,由上式就得到

$$\mathrm{I}+\mathrm{II}+\mathrm{IV}\leqslant CE^\alpha\overline{D}^2_{t_0,s}(u).\tag{8.52}$$

又由第一章中的 (4.21) 式(在其中取 $r=q=2$ 及 $p=\infty$), 并注意到 (8.46)—(8.47) 及 (8.49) 式,有

$$\left\|D_x^k\left(a_{ij}(Dv(\tau,\cdot))\frac{\partial^2u(\tau,\cdot)}{\partial x_i\partial x_j}\right)\right.$$

$$\left.-a_{ij}(Dv(\tau,\cdot))D_x^k\frac{\partial^2u(\tau,\cdot)}{\partial x_i\partial x_j}\right\|_{L^2(\mathbf{R}^n)}$$

$$\leqslant C\left(\|D_xa_{ij}(Dv(\tau,\cdot))\|_{L^\infty(\mathbf{R}^n)}\left\|D_x^{k-1}\frac{\partial^2u(\tau,\cdot)}{\partial x_i\partial x_j}\right\|_{L^2(\mathbf{R}^n)}\right.$$

$$+ \|D_x^k a_{ij}(Dv(\tau, \cdot))\|_{L^2(\mathbf{R}^n)} \left\| \frac{\partial^2 u(\tau, \cdot)}{\partial x_i \partial x_j} \right\|_{L^\infty(\mathbf{R}^n)} \Big)$$

$$\leqslant CE^2(1+\tau)^{-\frac{n-1}{2}\cdot\frac{\alpha^2}{\alpha+1}} \overline{D}_{s_0,s}(u), \tag{8.53}$$

于是易得

$$\text{III} \leqslant CE^\alpha \overline{D}^2_{s_0,s}(u), \tag{8.54}$$

同理有

$$\text{V} \leqslant CE^\alpha \overline{D}^2_{s_0,s}(u). \tag{8.55}$$

再由 (8.50) 式,并注意到 (6.56) 式，有

$$\text{VI} \leqslant CE^{1+\alpha} \overline{D}_{s_0,s}(u). \tag{8.56}$$

这样,由 (8.45) 式，并注意到 (8.9) 及 (8.24) 式易得

$$\|Du(t, \cdot)\|^2_{H^s(\mathbf{R}^n)} \leqslant C(\delta^2 E^2 + E^{1+\alpha}\overline{D}_{s_0,s}(u) + E^\alpha \overline{D}^2_{s_0,s}(u)), \tag{8.57}$$

从而

$$\sup_{t>0} \|Du(t, \cdot)\|_{H^s(\mathbf{R}^n)} \leqslant C_2(\delta E + E^{1+\frac{\alpha}{2}} + E^{\frac{\alpha}{2}} \overline{D}_{s_0,s}(u)), \tag{8.58}$$

其中 C_2 是一个正常数.

合并 (8.44) 及 (8.58) 式,在 $E \leqslant 1$ 时就得到

$$\overline{D}_{s_0,s}(u) \leqslant C_3(\delta E + E^{1+\frac{\alpha}{2}} + E^{\frac{\alpha}{2}} \overline{D}_{s_0,s}(u)), \tag{8.59}$$

其中 C_3 是一个正常数.由此立刻可知只要选取 δ 及 E 适当小,就有

$$\overline{D}_{s_0,s}(u) \leqslant E. \tag{8.60}$$

下面再来估计 $\bar{\bar{D}}_{s_0,s}(u)$. 由 $\hat{F}(Dv, D_xDu)$ 的定义，并利用 (5.21) 式及 (5.19) 式(在其中取 s 为 $s-1$, $r=q=2$, $p=\infty$),再注意到 $X_{s_0,s,E}$ 的定义及 (8.60) 与 (8.46) 式,可得

$$\begin{aligned}\|\hat{F}(Dv, D_xDu)\|_{H^{s-1}(\mathbf{R}^n)} &\leqslant C(\|Du\|_{W^{1,\infty}(\mathbf{R}^n)}\|Dv\|_{H^{s-1}(\mathbf{R}^n)} \\ &\quad + \|Du\|_{H^s(\mathbf{R}^n)}\|Dv\|_{L^\infty(\mathbf{R}^n)} \\ &\quad + \|Dv\|_{H^{s-1}(\mathbf{R}^n)}\|Dv\|_{L^\infty(\mathbf{R}^n)}) \cdot \|Dv\|^{\alpha-1}_{L^\infty(\mathbf{R}^n)} \\ &\leqslant CE^{1+\alpha}(1+t)^{-\frac{n-1}{2}\cdot\frac{\alpha^2}{\alpha+1}} \leqslant CE^{1+\alpha}, \ \forall t \geqslant 0.\end{aligned} \tag{8.61}$$

同样利用 (5.21) 式及 (5.19) 式 (在其中取 $s=s_0-1$, $r=q=2(\alpha+1)$, $p=\infty$), 同理可得

$$\begin{aligned}
&\|\hat{F}(Dv,\ D_xDu)\|_{W^{s_0-1,2(\alpha+1)}(\mathbf{R}^n)}\\
&\leqslant C(\|Du\|_{W^{1,\infty}(\mathbf{R}^n)}\|Dv\|_{W^{s_0-1,2(\alpha+1)}(\mathbf{R}^n)}\\
&\quad+\|Du\|_{W^{s_0,2(\alpha+1)}(\mathbf{R}^n)}\|Dv\|_{L^\infty(\mathbf{R}^n)}\\
&\quad+\|Dv\|_{W^{s_0-1,2(\alpha+1)}(\mathbf{R}^n)}\|Dv\|_{L^\infty(\mathbf{R}^n)})\|Dv\|^{\alpha-1}_{L^\infty(\mathbf{R}^n)}\\
&\leqslant CE^{1+\alpha}(1+t)^{-\frac{n-1}{2}\alpha}\\
&\leqslant CE^{1+\alpha}(1+t)^{-\frac{n-1}{2}\cdot\frac{\alpha}{\alpha+1}},\ \forall t\geqslant 0.
\end{aligned}\tag{8.62}$$

利用方程 (8.29), 并注意到 (8.60)—(8.62) 式, 就立刻得到: 存在一个适当的正常数 C_0, 使

$$\bar{\bar{D}}_{s_0,s}(u)\leqslant C_0E.\tag{8.63}$$

联合 (8.60) 及 (8.63) 就得到所要求的结论. 引理 8.3 证毕.

引理 8.4 适当选择正常数 C_0, 可使得当 δ 及 E 适当小时, 在 $X_{s_0,s,E}$ 上定义的映照 $\hat{T}$ 按空间 $X_{s_0-1,s-1,E}(\supset X_{s_0,s,E})$ 中的度量是压缩的,这里

$$\begin{aligned}
X_{s_0-1,s-1,E}=\{v=v(t,\ x)\,|\,&\bar{D}_{s_0-1,s-1}(v)\leqslant E,\\
&\bar{\bar{D}}_{s_0-1,s-1}(v)\leqslant C_0E,\ v(0,\ x)=\varphi(x)\},
\end{aligned}\tag{8.64}$$

其中

$$\begin{aligned}
\bar{D}_{s_0-1,s-1}(v)=&\sup_{t\geqslant 0}\|Dv(t,\ \cdot\ )\|_{H^{s-1}(\mathbf{R}^n)}\\
&+\sup_{t\geqslant 0}(1+t)^{\frac{n-1}{2}\cdot\frac{\alpha}{\alpha+1}}\|Dv(t,\ \cdot\ )\|_{W^{s_0-1,2(\alpha+1)}(\mathbf{R}^n)},
\end{aligned}\tag{8.65}$$

$$\begin{aligned}
\bar{\bar{D}}_{s_0-1,s-1}(v)=&\sup_{t\geqslant 0}\|v_{tt}(t,\ \cdot\ )\|_{H^{s-2}(\mathbf{R}^n)}\\
&+\sup_{t\geqslant 0}(1+t)^{\frac{n-1}{2}\cdot\frac{\alpha}{\alpha+1}}\|v_{tt}(t,\ \cdot\ )\|_{W^{s_0-2,2(\alpha+1)}(\mathbf{R}^n)},
\end{aligned}\tag{8.66}$$

而 $X_{s_0-1,s-1,E}$ 中的度量定义为: $\forall\bar{v},\bar{\bar{v}}\in X_{s_0-1,s-1,E}$,

$$\tilde{\rho}(\bar{v},\ \bar{\bar{v}})=\bar{D}_{s_0-1,s-1}(\bar{v}-\bar{\bar{v}})+\bar{\bar{D}}_{s_0-1,s-1}(\bar{v}-\bar{\bar{v}}).\tag{8.67}$$

证 任取 $\bar{v}$, $\bar{\bar{v}}\in X_{s_0,s,E}$, 由引理 8.3, 适当选择正常数 C_0, 当 δ 及 E 适当小时,有

$$\bar{u}=\hat{T}\bar{v},\ \bar{\bar{u}}=\hat{T}\bar{\bar{v}}\in X_{s_0,s,E}.\tag{8.68}$$

记

$$v^*=\bar{v}-\bar{\bar{v}},\quad u^*=\bar{u}-\bar{\bar{u}},\tag{8.69}$$

我们要证明：和引理 8.3 中那样地选择正常数 C_0，当 δ 及 E 适当小时，存在正常数 $\eta<1$，使

$$\tilde{\rho}(\bar{u},\ \bar{\bar{u}})\leqslant\eta\tilde{\rho}(\bar{v},\ \bar{\bar{v}}).\tag{8.70}$$

由映照 $\hat{T}$ 的定义，

$$\begin{cases}u^*_{tt}-\Delta u^*=\hat{F}(D\bar{v},\ D_xD\bar{u})-\hat{F}(D\bar{\bar{v}},\ D_xD\bar{\bar{u}}), & (8.71)\\ t=0:\ u^*=0,\ u^*_t=0. & (8.72)\end{cases}$$

类似于 (8.41) 式，我们有

$$\begin{aligned}&\|Du^*(t,\cdot)\|_{W^{s_0-1,2(\alpha+1)}(\mathbb{R}^n)}\\&\leqslant C\int_0^t(1+t-\tau)^{-\frac{n-1}{2}\cdot\frac{\alpha}{\alpha+1}}\|\hat{F}(D\bar{v},\ D_xD\bar{u})(\tau,\cdot)\\&\quad-\hat{F}(D\bar{\bar{v}},\ D_xD\bar{\bar{u}})(\tau,\cdot)\|_{W^{s-2,\frac{2(\alpha+1)}{2\alpha+1}}(\mathbb{R}^n)}d\tau.\end{aligned}\tag{8.73}$$

注意到

$$\begin{aligned}&b_{ij}(D\bar{v})\bar{u}_{x_ix_j}-b_{ij}(D\bar{\bar{v}})\bar{\bar{u}}_{x_ix_j}\\&=b_{ij}(D\bar{v})u^*_{x_ix_j}+(b_{ij}(D\bar{v})-b_{ij}(D\bar{\bar{v}}))\bar{\bar{u}}_{x_ix_j}.\end{aligned}\tag{8.74}$$

利用 (5.21) 式 $\left(\text{在其中取 } s \text{ 为 } s-2,\ r=\dfrac{2(\alpha+1)}{2\alpha+1},\ q=2,\ p=2(\alpha+1)\right)$，并由 $X_{s_0,s,E}$ 及 $\bar{D}_{s_0-1,s-1}(v)$ 的定义，有

$$\begin{aligned}&\|b_{ij}(D\bar{v})u^*_{x_ix_j}(\tau,\cdot)\|_{W^{s-2,\frac{2(\alpha+1)}{2\alpha+1}}(\mathbb{R}^n)}\\&\leqslant C(\|Du^*(\tau,\cdot)\|_{W^{1,2(\alpha+1)}(\mathbb{R}^n)}\|D\bar{v}(\tau,\cdot)\|_{H^{s-2}(\mathbb{R}^n)}\\&\quad+\|Du^*(\tau,\cdot)\|_{H^{s-1}(\mathbb{R}^n)}\|D\bar{v}(\tau,\cdot)\|_{L^{2(\alpha+1)}(\mathbb{R}^n)})\\&\quad\cdot\|D\bar{v}(\tau,\cdot)\|^{\alpha-1}_{L^{2(\alpha+1)}(\mathbb{R}^n)}\\&\leqslant CE^\alpha(1+\tau)^{-\frac{n-1}{2}\cdot\frac{\alpha^2}{\alpha+1}}\bar{D}_{s_0-1,s-1}(u^*).\end{aligned}\tag{8.75}$$

又利用定理 5.7 中的 (5.61) 及 (5.62) 式 $\left(\text{在其中取 } s \text{ 为 } s-2,\ r=\dfrac{2(\alpha+1)}{2\alpha+1},\ q=2,\ p=2(\alpha+1)\right)$，注意到 $X_{s_0,s,E}$ 及 $\bar{D}_{s_0-1,s-1}(v)$ 的定义，并注意到由于 $s\geqslant s_0+\left[\dfrac{\alpha}{\alpha+1}n\right]+2\geqslant s_0+\left[\dfrac{n}{2}\right]+$

2，而 $s_0 > \frac{n}{2(\alpha+1)} + 1$，由 Sobolev 嵌入定理有

$$H^{s-1}(\mathbb{R}^n) \subset W^{2,\infty}(\mathbb{R}^n) \text{ 连续嵌入}, \tag{8.76}$$

从而就可以得到

$$\begin{aligned}&\|(b_{ij}(D\bar{v}) - b_{ij}(D\bar{\bar{v}}))\bar{\bar{u}}_{x_ix_j}(\tau, \cdot)\|_{W^{s-2,\frac{2(\alpha+1)}{2\alpha+1}}(\mathbb{R}^n)} \\ &\quad \leqslant CE^{\alpha}(1+\tau)^{-\frac{n-1}{2}\cdot\frac{\alpha^2}{\alpha+1}}\bar{D}_{s_0-1,s-1}(v^*).\end{aligned} \tag{8.77}$$

对

$$\begin{aligned}&a_{0j}(D\bar{v})\bar{u}_{tx_j} - a_{0j}(D\bar{\bar{v}})\bar{\bar{u}}_{tx_j} \\ &= a_{0j}(D\bar{v})u^*_{tx_j} + (a_{0j}(D\bar{v}) - a_{0j}(D\bar{\bar{v}}))\bar{\bar{u}}_{tx_j}\end{aligned} \tag{8.78}$$

的右端可以得到和 (8.75),(8.77) 类似的估计式. 又类似于 (6.72) 式,我们有

$$\begin{aligned}&\|F(D\bar{v}(\tau, \cdot)) - F(D\bar{\bar{v}}(\tau, \cdot))\|_{W^{s-2,\frac{2(\alpha+1)}{2\alpha+1}}(\mathbb{R}^n)} \\ &\quad \leqslant CE^{\alpha}(1+\tau)^{-\frac{n-1}{2}\cdot\frac{\alpha^2}{\alpha+1}}\bar{D}_{s_0-1,s-1}(v^*).\end{aligned} \tag{8.79}$$

将 (8.74)—(8.75) 及 (8.77)—(8.79) 式代入 (8.73) 式，并注意到 (6.61) 式,就有

$$\begin{aligned}&\|Du^*(t, \cdot)\|_{W^{s_0-1,2(\alpha+1)}(\mathbb{R}^n)} \\ &\quad \leqslant CE^{\alpha}(1+t)^{-\frac{n-1}{2}\cdot\frac{\alpha}{\alpha+1}}(\bar{D}_{s_0-1,s-1}(u^*) + \bar{D}_{s_0-1,s-1}(v^*)),\end{aligned} \tag{8.80}$$

从而得到

$$\begin{aligned}&\sup_{t\geqslant 0}(1+t)^{\frac{n-1}{2}\cdot\frac{\alpha}{\alpha+1}}\|Du^*(t, \cdot)\|_{W^{s_0-1,2(\alpha+1)}(\mathbb{R}^n)} \\ &\quad \leqslant C_1E^{\alpha}(\bar{D}_{s_0-1,s-1}(u^*) + \bar{D}_{s_0-1,s-1}(v^*)),\end{aligned} \tag{8.81}$$

其中 C_1 是一个正常数.

由 (8.74) 及 (8.78) 式,可将方程 (8.71) 改写为

$$u^*_{tt} - \sum_{i,j=1}^{n} a_{ij}(D\bar{v})u^*_{x_ix_j} - 2\sum_{j=1}^{n} a_{0j}(D\bar{v})u^*_{tx_j} = F^*, \tag{8.82}$$

其中

$$a_{ij}(D\bar{v}) = \delta_{ij} + b_{ij}(D\bar{v}), \tag{8.83}$$

而

$$F^* = \sum_{i,j=1}^{n} (b_{ij}(D\bar{v}) - b_{ij}(D\bar{\bar{v}}))\bar{\bar{u}}_{x_ix_j} + 2\sum_{j=1}^{n} (a_{0j}(D\bar{v})$$

$$- a_{0j}(D\bar{\bar{v}}))\bar{\bar{u}}_{tx_j} + F(D\bar{v}) - F(D\bar{\bar{v}}). \tag{8.84}$$

类似于(8.45)式，由(8.84)及(8.72)式可得

$$\|u_t^*(t,\cdot)\|^2_{H^{s-1}(\mathbf{R}^n)} + \sum_{|k|\le s-1}\sum_{i,j=1}^{n}\Big(a_{ij}(D\bar{v}(t,\cdot))$$

$$\cdot\frac{\partial}{\partial x_j}D_x^k u^*(t,\cdot), \frac{\partial}{\partial x_i}D_x^k u^*(t,\cdot)\Big)_{L^2(\mathbf{R}^2)}$$

$$= \sum_{|k|\le s-1}\sum_{i,j=1}^{n}\int_0^t\Big(\frac{\partial a_{ij}(D\bar{v}(\tau,\cdot))}{\partial\tau}$$

$$\cdot\frac{\partial}{\partial x_j}D_x^k u^*(\tau,\cdot), \frac{\partial}{\partial x_i}D_x^k u^*(\tau,\cdot)\Big)_{L^2(\mathbf{R}^n)}d\tau$$

$$-2\sum_{|k|\le s-1}\sum_{i,j=1}^{n}\int_0^t\Big(\frac{\partial a_{ij}(D\bar{v}(\tau,\cdot))}{\partial x_i}$$

$$\cdot\frac{\partial}{\partial x_j}D_x^k u^*(\tau,\cdot), D_x^k u_\tau^*(\tau,\cdot)\Big)_{L^2(\mathbf{R}^n)}d\tau$$

$$+2\sum_{|k|\le s-1}\sum_{i,j=1}^{n}\int_0^t\Big(D_x^k\Big(a_{ij}(D\bar{v}(\tau,\cdot))\frac{\partial^2 u^*(\tau,\cdot)}{\partial x_i\partial x_j}\Big)$$

$$- a_{ij}(D\bar{v}(\tau,\cdot))D_x^k\frac{\partial^2 u^*(\tau,\cdot)}{\partial x_i\partial x_j}, D_x^k u_\tau^*(\tau,\cdot)\Big)_{L^2(\mathbf{R}^n)}d\tau$$

$$-2\sum_{|k|\le s-1}\sum_{j=1}^{n}\int_0^t\Big(\frac{\partial a_{0j}(D\bar{v}(\tau,\cdot))}{\partial x_j}$$

$$\cdot D_x^k u_\tau^*(\tau,\cdot), D_x^k u_\tau^*(\tau,\cdot)\Big)_{L^2(\mathbf{R}^n)}d\tau$$

$$+4\sum_{|k|\le s-1}\sum_{j=1}^{n}\int_0^t\Big(D_x^k\Big(a_{0j}(D\bar{v}(\tau,\cdot))\frac{\partial u_t^*(\tau,\cdot)}{\partial x_j}\Big)$$

$$- a_{0j}(D\bar{v}(\tau,\cdot))D_x^k\frac{\partial u_t^*(\tau,\cdot)}{\partial x_j}, D_x^k u_\tau^*(\tau,\cdot)\Big)_{L^2(\mathbf{R}^n)}d\tau$$

$$+2\int_0^t (F^*(\tau,\cdot), u_\tau^*(\tau,\cdot))_{H^{s-1}(\mathbf{R}^n)}d\tau$$

$$= \mathrm{I} + \mathrm{II} + \mathrm{III} + \mathrm{IV} + \mathrm{V} + \mathrm{VI}. \tag{8.85}$$

由于 $\bar{v} \in X_{s_0,s,E}$，并注意到 $\bar{D}_{s_0-1,s-1}(v)$ 的定义，完全类似于 (8.52)，(8.54)—(8.55) 式的证明，可得

$$\mathrm{I} + \mathrm{II} + \mathrm{III} + \mathrm{IV} + \mathrm{V} \leqslant CE^{\alpha}\bar{D}^2_{s_0-1,s-1}(u^*). \tag{8.86}$$

利用定理 5.7 中的 (5.61) 及 (5.62) 式(在其中取 s 为 $s-1$，$r = q = 2$，$p = \infty$)，注意到 $X_{s_0,s,E}$ 及 $\bar{D}_{s_0-1,s-1}(v)$ 的定义，并利用 (8.46) 式，可以得到

$$\begin{aligned}&\|(b_{ij}(D\bar{v}) - b_{ij}(D\bar{\bar{v}}))\bar{\bar{u}}_{x_ix_j}\|_{H^{s-1}(\mathbf{R}^n)} \\ &\quad \leqslant CE^{\alpha}(1+\tau)^{-\frac{n-1}{2}\cdot\frac{\alpha^*}{\alpha+1}}\bar{D}_{s_0-1,s-1}(v^*).\end{aligned} \tag{8.87}$$

同理有

$$\begin{aligned}&\|(a_{0j}(D\bar{v}) - a_{0j}(D\bar{\bar{v}}))\bar{\bar{u}}_{tx_j}\|_{H^{s-1}(\mathbf{R}^n)} \\ &\quad \leqslant CE^{\alpha}(1+\tau)^{-\frac{n-1}{2}\cdot\frac{\alpha^*}{\alpha+1}}\bar{D}_{s_0-1,s-1}(v^*).\end{aligned} \tag{8.88}$$

在得到 (8.87)-(8.88) 时，已本质上利用了 $\bar{\bar{u}} \in X_{s_0,s,E}$ 的事实，这就说明了为什么只能在 $X_{s_0-1,s-1,E}$ 的度量下考虑算子 $\hat{T}$ 的压缩性的原因. 又类似于 (6.73) 式，有

$$\begin{aligned}&\|F(D\bar{v}(\tau,\cdot)) - F(D\bar{\bar{v}}(\tau,\cdot))\|_{H^{s-1}(\mathbf{R}^n)} \\ &\quad \leqslant CE^{\alpha}(1+\tau)^{-\frac{n-1}{2}\cdot\frac{\alpha^*}{\alpha+1}}\bar{D}_{s_0-1,s-1}(v^*).\end{aligned} \tag{8.89}$$

这样，由 (8.84) 及 (8.87)—(8.89) 并利用 (6.56) 式，容易得到

$$\mathrm{VI} \leqslant CE^{\alpha}\bar{D}_{s_0-1,s-1}(u^*)\bar{D}_{s_0-1,s-1}(v^*). \tag{8.90}$$

于是，注意到 (8.9) 式，由 (8.85) 式就可得到

$$\sup_{t>0}\|Du^*(t,\cdot)\|_{H^{s-1}(\mathbf{R}^n)} \leqslant C_2E^{\frac{\alpha}{2}}(\bar{D}_{s_0-1,s-1}(u^*) + \bar{D}_{s_0-1,s-1}(v^*)), \tag{8.91}$$

其中 C_2 是一个正常数.

合并 (8.81) 及 (8.91) 式，并注意到 $\bar{D}_{s_0-1,s-1}(v)$ 的定义，对 $E \leqslant 1$ 就得到

$$\bar{D}_{s_0-1,s-1}(u^*) \leqslant CE^{\frac{\alpha}{2}}(\bar{D}_{s_0-1,s-1}(u^*) + \bar{D}_{s_0-1,s-1}(v^*)), \tag{8.92}$$

从而当 E 适当小时，

$$\bar{D}_{s_0-1,s-1}(u^*) \leqslant CE^{\frac{a}{2}}\bar{D}_{s_0-1,s-1}(v^*). \tag{8.93}$$

下面我们证明

$$\bar{\bar{D}}_{s_0-1,s-1}(u^*) \leqslant CE^{\frac{a}{2}}\bar{D}_{s_0-1,s-1}(v^*). \tag{8.94}$$

事实上，利用方程 (8.71)，有

$$\begin{aligned}\|u_{tt}^*(t,\cdot)\|_{H^{s-2}(\mathbf{R}^n)} &\leqslant \|\Delta u^*(t,\cdot)\|_{H^{s-2}(\mathbf{R}^n)} \\ &+ \|\hat{F}(D\bar{v},D_xD\bar{u}) - \hat{F}(D\bar{\bar{v}},D_xD\bar{\bar{u}})\|_{H^{s-2}(\mathbf{R}^n)}\end{aligned} \tag{8.95}$$

及

$$\begin{aligned}\|u_{tt}^*(t,\cdot)\|_{W^{s_0-2,2(a+1)}(\mathbf{R}^n)} &\leqslant \|\Delta u^*(t,\cdot)\|_{W^{s_0-2,2(a+1)}(\mathbf{R}^n)} \\ &+ \|\hat{F}(D\bar{v},D_xD\bar{u}) - \hat{F}(D\bar{\bar{v}},D_xD\bar{\bar{u}})_{W^{s_0-2,2(a+1)}(\mathbf{R}^n)}.\end{aligned} \tag{8.96}$$

注意到

$$\begin{aligned}&\hat{F}(D\bar{v},\ D_xD\bar{u}) - \hat{F}(D\bar{\bar{v}},\ D_xD\bar{\bar{u}}) \\ &= \sum_{i,j=1}^{n} b_{ij}(D\bar{v})u_{x_ix_j}^* + (b_{ij}(D\bar{v}) - b_{ij}(D\bar{\bar{v}}))\bar{\bar{u}}_{x_ix_j} \\ &+ 2\sum_{j=1}^{n} a_{0j}(D\bar{v})u_{tx_j}^* + 2\sum_{j=1}^{n}(a_{0j}(D\bar{v}) - a_{0j}(D\bar{\bar{v}}))\bar{\bar{u}}_{tx_j} \\ &+ F(D\bar{v}) - F(D\bar{\bar{v}}),\end{aligned} \tag{8.97}$$

用得到 (8.75), (8.77) 及 (8.79) 式的方法，就可得到

$$\begin{aligned}&\|\hat{F}(D\bar{v},\ D_xD\bar{u}) - \hat{F}(D\bar{\bar{v}},\ D_xD\bar{\bar{u}})\|_{W^{s_0-2,2(a+1)}(\mathbf{R}^n)} \\ &\leqslant CE^a(1+t)^{-\frac{n-1}{2}\cdot\frac{a^b}{a+1}}(\bar{D}_{s_0-1,s-1}(u^*) + \bar{D}_{s_0-1,s-1}(v^*)) \\ &\leqslant CE^a(1+t)^{-\frac{n-1}{2}\cdot\frac{a}{a+1}}(\bar{D}_{s_0-1,s-1}(u^*) + \bar{D}_{s_0-1,s-1}(v^*)),\end{aligned} \tag{8.98}$$

类似地可证明（也参见 (8.87)—(8.89) 式）

$$\begin{aligned}&\|\hat{F}(D\bar{v},\ D_xD\bar{u}) - \hat{F}(D\bar{\bar{v}},\ D_xD\bar{\bar{u}})\|_{H^{s-2}(\mathbf{R}^n)} \\ &\leqslant CE^a(\bar{D}_{s_0-1,s-1}(u^*) + \bar{D}_{s_0-1,s-1}(v^*)).\end{aligned} \tag{8.99}$$

注意到 $\bar{D}_{s_0-1,s-1}(v)$ 及 $\bar{\bar{D}}_{s_0-1,s-1}(v)$ 的定义 (8.65)—(8.66) 式，由 (8.95)—(8.99) 式就可得到

$$\begin{aligned}\bar{\bar{D}}_{s_0-1,s-1}(u^*) \leqslant C_0\bar{D}_{s_0-1,s-1}(u^*) + CE^a(\bar{D}_{s_0-1,s-1}(u^*) \\ + \bar{\bar{D}}_{s_0-1,s-1}(v^*)),\end{aligned} \tag{8.100}$$

其中 C_0 可取得与保证 (8.63) 式成立的 C_0 值一致。将 (8.93) 式代入 (8.100) 式，当 E 适当小时，就得到所要求的 (8.94) 式。

联合 (8.93)—(8.94) 式，注意到 $\tilde{\rho}(\bar{v}, \bar{v})$ 的定义 (8.67)，当 E 适当小时，就得到 (8.70) 式。引理 8.4 证毕。

现在要利用引理 8.3 及引理 8.4 来完成定理 8.1 的证明。

首先证明 $\hat{T}$ 在空间 $X_{s_0,s,E}$ 上具有唯一的不动点 $u \in X_{s_0,s,E}$:

$$u = \hat{T}u, \tag{8.101}$$

从而 u 即为 Cauchy 问题 (8.1)-(8.2) 在 $t \geq 0$ 上的整体解。此不动点的唯一性是映照 $\hat{T}$ 在度量 $X_{s_0-1,s-1,E}$ 下的压缩性的显然推论。为了证明此不动点的存在性，首先列出

引理 8.5 $X_{s_0,s,E}$ 是 $X_{s_0-1,s-1,E}$ 的闭子集。

证 只要证明：若

$$v_i \in X_{s_0,s,E}, \tag{8.102}$$

且当 $i \to \infty$ 时，

$$v_i \to v \quad 在\ X_{s_0-1,s-1,E}\ 中成立, \tag{8.103}$$

则

$$v \in X_{s_0,s,E}. \tag{8.104}$$

事实上，注意到 (8.14)—(8.18) 式，由 (8.102)—(8.103) 式容易得到

$$Dv_i \xrightarrow{*} Dv \tag{8.105}$$

$$在\ L^\infty(0, \infty; H^s(\mathbf{R}^n))\ 中弱 * 收敛,$$

$$(1+t)^{\frac{n-1}{2}\cdot\frac{\alpha}{\alpha+1}} Dv_i \xrightarrow{*} (1+t)^{\frac{n-1}{2}\cdot\frac{\alpha}{\alpha+1}} Dv \tag{8.106}$$

$$在\ L^\infty(0, \infty; W^{s_0,2(\alpha+1)}(\mathbf{R}^n))\ 中弱 * 收敛,$$

$$(v_i)_{tt} \xrightarrow{*} v_{tt} \tag{8.107}$$

$$在\ L^\infty(0, \infty; H^{s-1}(\mathbf{R}^n))\ 中弱 * 收敛,$$

$$(1+t)^{\frac{n-1}{2}\cdot\frac{\alpha}{\alpha+1}} (v_i)_{tt} \xrightarrow{*} (1+t)^{\frac{n-1}{2}\cdot\frac{\alpha}{\alpha+1}} v_{tt} \tag{8.108}$$

$$在\ L^\infty(0, \infty; W^{s_0-1,2(\alpha+1)}(\mathbf{R}^n))\ 中弱 * 收敛,$$

从而 (8.104) 式成立。引理 8.5 证毕。

现在任取

$$u^{(0)} \in X_{s_0,s,E} \tag{8.109}$$

作为零次近似,用

$$u^{(n+1)} = \hat{T}u^{(n)} (n = 0, 1, 2, \cdots) \tag{8.110}$$

来构造迭代序列. 由引理 8.3,

$$u^{(n)} \in X_{s_0,s,E} (n = 0, 1, 2, \cdots), \tag{8.111}$$

并由引理 8.4, 此迭代在 $X_{s_0-1,s-1,E}$ 中给出一个不动点

$$u \in X_{s_0-1,s-1,E}, \tag{8.112}$$

使 (8.101) 式成立, 且当 $n \to \infty$ 时,

$$u^{(n)} \longrightarrow u \text{ 在 } X_{s_0-1,s-1,E} \text{ 中成立.} \tag{8.113}$$

于是由引理 8.5, 立刻得到

$$u \in X_{s_0,s,E}, \tag{8.114}$$

它就是 $\hat{T}$ 在空间 $X_{s_0,s,E}$ 上的唯一的不动点, 且由引理 8.2, (8.25)—(8.26)式成立. 再由于此时仍有 (6.77) 式及对 $b_{ij}(Du)$ 和 $a_{0j}(Du)$ $(i, j = 1, \cdots, n)$ 的类似的结论, 由推论 7.2 立刻可得 (8.27) 式. 定理 8.1 证毕.

§9 非线性波动方程的 Cauchy 问题

现在我们考察 n 维非线性波动方程的 Cauchy 问题

$$\begin{cases} u_{tt} - \Delta u = F(Du, D_x Du), & (9.1) \\ t = 0: \ u = \varphi(x), \ u_t = \psi(x), & (9.2) \end{cases}$$

其中有关量的意义及对非线性项的假设见 §1 中的 (1.3)—(1.7) 式. 我们首先证明

引理 9.1 非线性波动方程的 Cauchy 问题 (9.1)-(9.2) 可以等价地化为 §8 中所考察过的拟线性波动方程组的 Cauchy 问题 (8.1)-(8.2) (其中 u 应理解为向量函数).

证 设 $u = u(t, x)$ 为 Cauchy 问题 (9.1)-(9.2) 的解. 令

$$u_i = \frac{\partial u}{\partial x_i} \qquad (i = 1, \cdots, n) \tag{9.3}$$

及

$$U=(u,\ u_1,\cdots,u_n),\tag{9.4}$$

我们证明向量函数 U 满足一个形如 §8 中所考察过的拟线性波动方程组的 Cauchy 问题. 事实上,由 (9.3) 式, 可将 (9.1) 改写为

$$u_{tt}-\Delta u=F(DU)\triangleq F(Du,\ Du_1,\cdots,Du_n),\tag{9.5}$$

再将上式两端对 x_i $(i=1,\cdots,n)$ 求导一次,就得到

$$(u_i)_{tt}-\Delta u_i=\nabla F(DU)\cdot\frac{\partial DU}{\partial x_i}\quad(i=1,\cdots,n),\tag{9.6}$$

这里 $\nabla F(DU)$ 是 F 对所含变量 DU 的梯度. 由 (1.7) 式, 容易看到 (9.5)—(9.6) 是向量函数 U 所满足的拟线性波动方程组, 且满足 §8 中所列出的条件(8.5)—(8.8),而相应的初始条件为 (9.2) 及

$$t=0:\ u_i=\frac{\partial\varphi(x)}{\partial x_i},\ (u_i)_t=\frac{\partial\psi(x)}{\partial x_i}\quad(i=1,\cdots,n).\tag{9.7}$$

另一方面,若 $U=(u,\ u_1,\cdots,u_n)$ 为 Cauchy 问题 (9.5)—(9.7) 及 (9.2) 的解,我们证明此时 u 必为原 Cauchy 问题 (9.1)(9.2) 的解. 这只需证明 (9.3) 式成立. 为此,令

$$\bar{u}_i=\frac{\partial u}{\partial x_i}\quad(i=1,\cdots,n),\tag{9.8}$$

与前面类似可由 (9.5) 式得到

$$(\bar{u}_i)_{tt}-\Delta\bar{u}_i=\nabla F(DU)\cdot\frac{\partial DU}{\partial x_i}\quad(i=1,\cdots,n)\tag{9.9}$$

及

$$t=0:\ \bar{u}_i=\frac{\partial\varphi(x)}{\partial x_i},\ (\bar{u}_i)_t=\frac{\partial\psi(x)}{\partial x_i}\quad(i=1,\cdots,n).\tag{9.10}$$

由波动方程 Cauchy 问题的解的唯一性,由(9.6)—(9.7)及(9.9)—(9.10) 式就立刻得到

$$\bar{u}_i=u_i\quad(i=1,\cdots,n),\tag{9.11}$$

从而 (9.3) 式成立.

这样，就证明了这两个 Cauchy 问题的等价性. 引理 9.1 证毕.

注意到拟线性波动方程组的 Cauchy 问题 (9.5)—(9.7) 及 (9.2) 可以完全一样地用 §8 中的方法求解，并可得到完全相同的结论，由引理 9.1 就立刻得到我们在本章中所希望得到的最终结果，即

定理 9.1 假设 (1.7) 式成立，并设空间维数满足 (6.8) 式，则对任何整数 $s_0 > \frac{n}{2(\alpha+1)} + 2$ 及 $s \geqslant s_0 + \left[\frac{\alpha}{\alpha+1}n\right] + 2$，存在正常数 C_0 及适当小的正常数 δ 及 $E(E \leqslant E_0)$，使得当初值

$$\begin{cases} \varphi \in H^{s+1}(\mathbf{R}^n) \cap W^{s, \frac{2(\alpha+1)}{2\alpha+1}}(\mathbf{R}^n), \\ \psi \in H^s(\mathbf{R}^n) \cap W^{s-1, \frac{2(\alpha+1)}{2\alpha+1}}(\mathbf{R}^n), \end{cases} \tag{9.12}$$

且

$$\begin{aligned} &\|\varphi\|_{H^{s+1}(\mathbf{R}^n)} + \|\varphi\|_{W^{s, \frac{2(\alpha+1)}{2\alpha+1}}(\mathbf{R}^n)} \\ &\quad + \|\psi\|_{H^s(\mathbf{R}^n)} + \|\psi\|_{W^{s-1, \frac{2(\alpha+1)}{2\alpha+1}}(\mathbf{R}^n)} \leqslant \delta E \end{aligned} \tag{9.13}$$

时. Cauchy 问题 (9.1)-(9.2) 在 $t \geqslant 0$ 上存在唯一的整体经典解 $u \in X_{s_0, s, E}$，且必要时适当修改对 t 在区间 $[0, \infty)$ 的一个零测集上的数值后，对任何 $T > 0$ 有

$$u \in C([0, T]; H^{s+1}(\mathbf{R}^n)), \tag{9.14}$$

$$u_t \in C([0, T]; H^s(\mathbf{R}^n)), \tag{9.15}$$

$$u_{tt} \in C([0, T]; H^{s-1}(\mathbf{R}^n)). \tag{9.16}$$

第三章 非线性波动方程(续)

§1 引 言

在本章中，我们将继续采用前二章中处理问题的框架，介绍 S. Klainerman 在[5]中所述的关于非线性波动方程 Cauchy 问题的整体经典解存在性的结果．仍考察在上一章中已考察过的 n 维非线性波动方程的 Cauchy 问题

$$\begin{cases} u_{tt} - \Delta u = F(Du, D_x Du) \quad \left(\Delta = \dfrac{\partial^2}{\partial x_1^2} + \cdots + \dfrac{\partial^2}{\partial x_n^2}\right), & (1.1) \\ t = 0:\ u = \varphi(x),\ u_t = \psi(x) \quad (x = (x_1, \cdots, x_n)), & (1.2) \end{cases}$$

其中

$$Du = (u_t, u_{x_1}, \cdots, u_{x_n}) = (u_{x_0}, u_{x_1}, \cdots, u_{x_n}), \tag{1.3}$$

$$D_x Du = (u_{x_i x_j}, i, j = 0, 1, \cdots, n, i + j \geqslant 1). \tag{1.4}$$

这里及在本章中，简记

$$x_0 = t. \tag{1.5}$$

令

$$\hat{\lambda} = ((\lambda_i), i = 0, 1, \cdots, n; (\lambda_{ij}), i, j = 0, 1, \cdots, n, i + j \geqslant 1), \tag{1.6}$$

假设方程 (1.1) 中的非线性项 $F = F(\hat{\lambda})$ 在 $\hat{\lambda} = 0$ 的一个邻域中适当光滑，且成立

$$F(\hat{\lambda}) = O(|\hat{\lambda}|^{1+\alpha}), \tag{1.7}$$

其中 $\alpha \geqslant 1$ 为整数．我们要证明若空间维数满足条件

$$n > 1 + \frac{2}{\alpha}, \tag{1.8}$$

则在初值适当小时，Cauchy 问题 (1.1)-(1.2) 在 $t \geqslant 0$ 上存在唯一的整体经典解，并在 $t \to +\infty$ 时具有一定的衰减性．

由 (1.8) 式所给出的空间维数 n 和 α 之间的依赖关系可见下表.

$\alpha=$	1	2	3,4…
$n\geqslant$	4	3	2

将此表与上一章中由关系式

$$\frac{1}{\alpha}\left(1+\frac{1}{\alpha}\right)<\frac{n-1}{2} \tag{1.9}$$

所给出的下表相对照.

$\alpha=$	1	2	3,4…
$n\geqslant$	6	3	2

可以看到在 $\alpha=1$ 时结果有了明显的改善，而在 $\alpha\geqslant 2$ 时和上一章所得的结论一致. 从下文可见，由于避开了 L^p-L^q 估计式，整个证明过程可得到很大的简化，但对初值的要求比上一章要稍许强一些.

在本章中，我们还将对非线性右端项 $F=F(u,Du,D_xDu)$ 显含 u 的情形进行讨论（参见李大潜、陈韵梅[2]—[3]）. 这是 S. Klainerman 所没有考察过的情形，但无论从理论上还是从应用上来看都有其重要性. 为了讨论在这一情形下 Cauchy 问题的整体经典解的存在唯一性，需要作更为精细的分析，对 u 及 Du 的估计要区别对待，并利用 L^p-L^q 估计式. 在这一情形，所讨论的 Cauchy 问题具有如下的形式

$$\begin{cases} u_{tt}-\Delta u=F(u,Du,D_xDu)\left(\Delta=\dfrac{\partial^2}{\partial x_1^2}+\cdots+\dfrac{\partial^2}{\partial x_n^2}\right), & (1.10)\\ t=0:\ u=\varphi(x),\ u_t=\psi(x)\ (x=(x_1,\cdots,x_n)). & (1.11)\end{cases}$$

此时，令

$$\hat{\lambda} = (\lambda; (\lambda_i), i = 0, 1, \cdots, n; (\lambda_{ij}), i, j = 0, 1, \cdots, n, i + j \geqslant 1). \tag{1.12}$$

仍假设 $F = F(\hat{\lambda})$ 在 $\hat{\lambda} = 0$ 的一个邻域中适当光滑，并且 (1.7) 式成立．我们要证明若空间维数满足条件

$$n > \frac{\alpha + 4 + \sqrt{\alpha^2 + 16}}{2\alpha} \quad \left(\text{此时} \frac{n-1}{2}\left(1 - \frac{2}{\alpha n}\right)\alpha > 1\right), \tag{1.13}$$

则在初值适当小时，Cauchy 问题 (1.10)-(1.11) 在 $t \geqslant 0$ 上必存在唯一的整体经典解，并在 $t \to +\infty$ 时具有一定的衰减性．

由 (1.13) 式所示的空间维数 n 和 α 之间的依赖关系可见下表．

$\alpha =$	1	2	3	4,5…
$n \geqslant$	5	3	3	2

和由 (1.8) 式所给出的前述的表格相对照，可知在 $\alpha = 1, 2, 3$ 时对非线性右端项显含 u 的情形所得的结果要比非线性右端项不含 u 的情况差一些．

正如在第二章 § 1 引言中所述，A. Matsumura ([2]) 用局部解延拓法在特殊的情形下研究过同样的问题 (1.10)-(1.11)． 他所得的结果见下表．

$\alpha =$	2	3	4,5…
$n \geqslant$	4	3	2

由表中可见，他没有得到 $\alpha = 1$ 时的结果，而在 $\alpha = 2$ 时的结果也要差一些． 在 $\alpha = 1$ 的情形，D. Christodoulou ([1]) 用几何中的共形变换方法研究了同一问题，并在 $n \geqslant 5$ 且为奇数的情形得到了和上述类似的结果．

由上一章中的引理 9.1 (它在 F 显含 u 的情形也同样是有效

的),为了得到上述的结果，只须对相应的 n 维拟线性波动方程的 Cauchy 问题进行讨论. 因此,在本章中我们仅考察相应的拟线性情形.

§2 预备事项

在本章中整个讨论的关键是考虑到波动算子的 Lorentz 不变性,引入一组一阶偏微分算子,来代替普通的求导运算. 为说明这点,记

$$x_0 = t,\ x = (x_1, \cdots, x_n), \tag{2.1}$$

并对有关字母作为足标的取值范围作如下的约定:

$$a, b, c, \cdots = 0, 1, \cdots, n; \tag{2.2}$$

$$i, j, k, \cdots = 1, \cdots, n. \tag{2.3}$$

引入 Lorentz 度规

$$\eta = (\eta^{ab})_{a,b=0,1,\cdots,n} = \begin{pmatrix} -1 & 0 & \cdots & 0 \\ 0 & 1 & \cdots & 0 \\ \vdots & & \ddots & \vdots \\ 0 & 0 & \cdots & 1 \end{pmatrix}, \tag{2.4}$$

并记

$$\partial_0 = -\frac{\partial}{\partial t},\ \partial_i = \frac{\partial}{\partial x_i}\ (i = 1, \cdots, n), \tag{2.5}$$

于是波动算子可写为

$$\square = \frac{\partial^2}{\partial t^2} - \Delta = -\eta^{ab}\partial_a\partial_b = \partial_0^2 - \partial_1^2 - \cdots - \partial_n^2. \tag{2.6}$$

引入如下的一阶偏微分算子:

$$\Omega_{ab} = x_a\partial_b - x_b\partial_a = -\Omega_{ba} (a, b = 0, 1, \cdots, n), \tag{2.7}$$

$$L_0 = \eta^{ab}x_a\partial_b = t\partial_t + x_1\partial_1 + \cdots + x_n\partial_n, \tag{2.8}$$

$$\partial = (\partial_0, \partial_1, \cdots, \partial_n) = (-\partial_t, \partial_1, \cdots, \partial_n), \tag{2.9}$$

它们将在我们今后的讨论中起重要的作用. 由 (2.7) 式, 特别我们有

$$\Omega_{ij}=x_i\partial_j-x_j\partial_i=-\Omega_{ji}\ (i,j=1,\cdots,n),\tag{2.10}$$

$$\Omega_{0i}=t\partial_i+x_i\partial_t\triangleq L_i\ (i=1,\cdots,n).\tag{2.11}$$

记

$$\Omega=(\Omega_{ij})_{1\leqslant i<j\leqslant n},\tag{2.12}$$

$$\bar{\Omega}=(\Omega_{ab})_{0\leqslant a<b\leqslant n},\tag{2.13}$$

$$\hat{\Omega}=(\Omega,\partial_i(1\leqslant i\leqslant n)),\tag{2.14}$$

$$\Gamma=(L_0,\bar{\Omega},\partial).\tag{2.15}$$

为今后讨论的需要，下面我们叙述这些一阶偏微分算子的集合 Ω，$\bar{\Omega}$，$\hat{\Omega}$ 及 Γ 所具有的一些简单而重要的性质.

2.1 换位关系式

我们要证明这些一阶偏微分算子的集合 Ω，$\bar{\Omega}$，$\hat{\Omega}$ 或 Γ 中的元素可以张成一个李代数，即证明集合 Ω，$\bar{\Omega}$，$\hat{\Omega}$ 或 Γ 中的任二算子的换位算子可表示为该集合中算子的常系数线性组合．注意到显然的关系式

$$[\partial_a,\partial_b]=0,\tag{2.16}$$

我们只须证明

引理 2.1 换位关系式:

$$[\Omega_{ab},\Omega_{cd}]=\eta^{bc}\Omega_{ad}+\eta^{ad}\Omega_{bc}-\eta^{bd}\Omega_{ac}-\eta^{ac}\Omega_{bd},\tag{2.17}$$

$$[L_0,\Omega_{ab}]=0,\tag{2.18}$$

$$[\Omega_{ab},\partial_c]=\eta^{bc}\partial_a-\eta^{ac}\partial_b,\tag{2.19}$$

$$[L_0,\partial_a]=-\partial_a\tag{2.20}$$

成立.

证 首先指出恒有

$$\partial_a x_b=\eta^{ab}=\eta^{ba}\ (a,b=0,1,\cdots,n).\tag{2.21}$$

于是

$$\begin{aligned}[\Omega_{ab},\Omega_{cd}]&=\Omega_{ab}\Omega_{cd}-\Omega_{cd}\Omega_{ab}\\&=(x_a\partial_b-x_b\partial_a)(x_c\partial_d-x_d\partial_c)-(x_c\partial_d-x_d\partial_c)(x_a\partial_b-x_b\partial_a)\\&=x_a(\partial_b x_c)\partial_d-x_c(\partial_d x_a)\partial_b-x_b(\partial_a x_c)\partial_d+x_c(\partial_d x_b)\partial_a\\&\quad-x_a(\partial_b x_d)\partial_c+x_d(\partial_c x_a)\partial_b+x_b(\partial_a x_d)\partial_c-x_d(\partial_c x_b)\partial_a\end{aligned}$$

$$
\begin{aligned}
&= \eta^{bc}x_a\partial_d - \eta^{da}x_c\partial_b - \eta^{ac}x_b\partial_d + \eta^{db}x_c\partial_a \\
&\quad - \eta^{bd}x_a\partial_c + \eta^{ca}x_d\partial_b + \eta^{ad}x_b\partial_c - \eta^{cb}x_d\partial_a \\
&= \eta^{bc}(x_a\partial_d - x_d\partial_a) + \eta^{ad}(x_b\partial_c - x_c\partial_b) \\
&\quad - \eta^{bd}(x_a\partial_c - x_c\partial_a) - \eta^{ac}(x_b\partial_d - x_d\partial_b) \\
&= \eta^{bc}\Omega_{ad} + \eta^{ad}\Omega_{bc} - \eta^{bd}\Omega_{ac} - \eta^{ac}\Omega_{bd},
\end{aligned}
\tag{2.22}
$$

这就是 (2.17) 式.

$$
\begin{aligned}
[L_0, \Omega_{ab}] &= L_0\Omega_{ab} - \Omega_{ab}L_0 \\
&= \eta^{cd}x_c\partial_d(x_a\partial_b - x_b\partial_a) - (x_a\partial_b - x_b\partial_a)\eta^{cd}x_c\partial_d \\
&= \eta^{cd}x_c(\partial_d x_a)\partial_b - x_a\eta^{cd}(\partial_b x_c)\partial_d \\
&\quad - \eta^{cd}x_c(\partial_d x_b)\partial_a + x_b\eta^{cd}(\partial_a x_c)\partial_d \\
&= \eta^{cd}\eta^{da}x_c\partial_b - \eta^{cd}\eta^{bc}x_a\partial_d - \eta^{cd}\eta^{db}x_c\partial_a + \eta^{cd}\eta^{ac}x_b\partial_d \qquad (2.23) \\
&= \eta^{aa}\eta^{aa}x_a\partial_b - \eta^{bb}\eta^{bb}x_a\partial_b - \eta^{bb}\eta^{bb}x_b\partial_a + \eta^{aa}\eta^{aa}x_b\partial_a \\
&= x_a\partial_b - x_a\partial_b - x_b\partial_a + x_b\partial_a = 0,
\end{aligned}
$$

这就是 (2.18) 式.

$$
\begin{aligned}
[\Omega_{ab}, \partial_c] &= \Omega_{ab}\partial_c - \partial_c\Omega_{ab} \\
&= (x_a\partial_b - x_b\partial_a)\partial_c - \partial_c(x_a\partial_b - x_b\partial_a) \\
&= -(\partial_c x_a)\partial_b + (\partial_c x_b)\partial_a = \eta^{bc}\partial_a - \eta^{ac}\partial_b,
\end{aligned}
\tag{2.24}
$$

这就是 (2.19) 式.

最后

$$
\begin{aligned}
[L_0, \partial_a] &= L_0\partial_a - \partial_a L_0 \\
&= (\eta^{cd}x_c\partial_d)\partial_a - \partial_a(\eta^{cd}x_c\partial_d) \\
&= -\eta^{cd}(\partial_a x_c)\partial_d = -\eta^{cd}\eta^{ac}\partial_d \\
&= -\eta^{aa}\eta^{aa}\partial_a = -\partial_a,
\end{aligned}
\tag{2.25}
$$

这就是 (2.20) 式. 引理 2.1 证毕.

由于上述性质, 就可以利用这些偏微分算子的集合 Ω, $\bar{\Omega}$, $\hat{\Omega}$ 或 Γ 来构成相应的广义 Sobolev 范数. 为此, 以 $A = (A_i)_{1 \le i \le \sigma}$ 表示这些算子集合 Ω, $\bar{\Omega}$, $\hat{\Omega}$ 或 Γ 中的任意一个集合, 对任何使下式右端所出现的范数有意义的函数 $u = u(t, x)$, 可用

$$
\|u(t, \cdot)\|_{A,s} = \Big(\sum_{|k| \le s} \|A^k u(t, \cdot)\|^2_{L^2(\mathbb{R}^n)} \Big)^{\frac{1}{2}}
\tag{2.26}
$$

来定义其相应的广义 Sobolev 范数，其中 $t\geqslant 0$，

$$k=(k_1,\cdots,k_\sigma) \tag{2.27}$$

为多重指标，$|k|=k_1+\cdots+k_\sigma$，而 (2.28)

$$A^k=A_1^{k_1}\cdot\cdots\cdot A_\sigma^{k_\sigma}.$$

显然，如果对任何固定的 $t\geqslant 0$，函数 $u(t,x)$ 对 x 为具紧支集的无穷次可微函数，或更一般地，如果函数 $u(t,x)$ 及其对 (t,x) 的直到 s 阶为止的一切偏导数对任何固定的 $t\geqslant 0$ 对 x 为速降的无穷次可微函数，那么在这些特殊情况，用 (2.26) 式定义的范数就都是有意义的.

这里我们注意，由于算子集合 A 中可能包含着对 t 的偏导数，上面的广义 Sobolev 范数是对以 (t,x) 为自变数的函数 $u(t,x)$ 在任何固定的 $t\geqslant 0$ 处定义的. 因此，一般并不能利用这一范数对在 $\mathbf{R}^n$ 空间上定义的函数来引入相应的 Sobolev 空间，而只能将 (2.26) 作为一种范数的形式在今后的估计中加以应用.

我们着重指出，由于引理 2.1 所示的算子集合 Ω, $\bar{\Omega}$, $\hat{\Omega}$ 及 Γ 的李代数性质，在利用 (2.26) 式定义相应的广义 Sobolev 范数时，算子集合 A 中算子的不同的排列次序对应着等价的范数，而且范数的这种等价性对 t 是一致的，因而对这一范数的定义不发生任何实质性的影响. 具体说来若以 $\bar{A}=(\bar{A}_i)_{1\leqslant i\leqslant\sigma}$ 表示同一算子集合 $A=(A_i)_{1\leqslant i\leqslant\sigma}$，仅改变其中算子的先后排列次序，由引理 2.1，我们有

$$C_1\|u(t,\cdot)\|_{A,s}\leqslant\|u(t,\cdot)\|_{\bar{A},s}\leqslant C_2\|u(t,\cdot)\|_{A,s},\forall t\geqslant 0, \tag{2.29}$$

其中 $u(t,x)$ 为使范数 (2.25) 有意义的任意函数，而正常数 C_1 及 C_2 与 $u(t,x)$ 的选取及 t 值的大小均无关.

在算子集合 A 分别取为 Ω, $\bar{\Omega}$, $\hat{\Omega}$ 或 Γ 时，相应地我们就得到了下述的广义 Sobolev 范数:

$$\|u(t,\cdot)\|_{\Omega,s},\|u(t,\cdot)\|_{\bar{\Omega},s},\|u(t,\cdot)\|_{\hat{\Omega},s},\|u(t,\cdot)\|_{\Gamma,s}.$$

注意到 (2.19)-(2.20) 式，对任何多重指标 $k(|k|=s)$，我们有

$$C_1\|Du(t,\cdot)\|_{\Gamma,s}\leqslant\|D(\Gamma^k u(t,\cdot))\|_{L^2(\mathbf{R}^n)}\leqslant C_2\|Du(t,\cdot)\|_{\Gamma,s},$$

$$\forall t \geqslant 0, \tag{2.30}$$

其中 C_1 及 C_2 为正常数，而 $u(t,x)$ 为使上式中出现的范数有意义的任一函数.

2.2 与波动算子的交换性

现在我们证明这些偏微分算子的集合 Ω, $\bar{\Omega}$, $\acute{\Omega}$ 及 Γ 中的每一个算子除 L_0 外均与波动算子 $\Box$ 可交换，而 L_0 与波动算子 $\Box$ 的换位算子也只是 $\Box$ 的一个放大. 换言之,我们要证明

引理 2.2 换位关系式:

$$[\partial_a, \Box] = 0, \tag{2.31}$$

$$[\Omega_{ab}, \Box] = 0, \tag{2.32}$$

$$[L_0, \Box] = -2\Box \tag{2.33}$$

成立.

证 (2.31)式成立是显然的. 注意到(2.6)—(2.8)及(2.21)式,我们有

$$\begin{aligned}
[\Omega_{ab}, \Box] &= \Omega_{ab}\Box - \Box\Omega_{ab} \\
&= \eta^{cd}\partial_c\partial_d(x_a\partial_b - x_b\partial_a) - (x_a\partial_b - x_b\partial_a)\eta^{cd}\partial_c\partial_d \\
&= \eta^{cd}\partial_c[(\partial_d x_a)\partial_b] + \eta^{cd}(\partial_c x_a)\partial_d\partial_b \\
&\quad - \eta^{cd}\partial_c[(\partial_d x_b)\partial_a] - \eta^{cd}(\partial_c x_b)\partial_d\partial_a \\
&= \eta^{cd}\partial_c[\eta^{da}\partial_b] + \eta^{cd}\eta^{ca}\partial_d\partial_b \\
&\quad - \eta^{cd}\partial_c[\eta^{db}\partial_a] - \eta^{cd}\eta^{cb}\partial_d\partial_a \\
&= \eta^{cd}\eta^{da}\partial_c\partial_b + \eta^{cd}\eta^{ca}\partial_d\partial_b - \eta^{cd}\eta^{db}\partial_c\partial_a - \eta^{cd}\eta^{cb}\partial_d\partial_a \\
&= 2\eta^{aa}\eta^{aa}\partial_a\partial_b - 2\eta^{bb}\eta^{bb}\partial_a\partial_b = 0,
\end{aligned} \tag{2.34}$$

这就是(2.32)式. 而

$$\begin{aligned}
[L_0, \Box] &= \eta^{cd}\partial_c\partial_d(\eta^{ab}x_a\partial_b) - \eta^{ab}x_a\partial_b(\eta^{cd}\partial_c\partial_d) \\
&= \eta^{cd}\eta^{ab}\partial_c[(\partial_d x_a)\partial_b] + \eta^{cd}\eta^{ab}(\partial_c x_a)\partial_d\partial_b \\
&= \eta^{cd}\eta^{ab}\eta^{da}\partial_c\partial_b + \eta^{cd}\eta^{ab}\eta^{ca}\partial_d\partial_b \\
&= 2\eta^{ab}\partial_a\partial_b = -2\Box,
\end{aligned} \tag{2.35}$$

这就是(2.33)式. 引理 2.2 证毕.

利用引理 2.2, 就可以容易地得到

引理 2.3 对任何多重指标 $k=(k_1,\cdots,k_\sigma)$，其中 σ 表示集合 Γ 中所含的偏微分算子的数目，必成立如下的换位关系式

$$[\Box,\Gamma^k]=\sum_{|i|\leqslant|k|-1}C_{ki}\Gamma^i\Box,\tag{2.36}$$

其中 $i=(i_1,\cdots,i_\sigma)$ 为多重指标，C_{ki} 为一些适当的常数。

证 注意到集合 Γ 的定义 (2.15)，由引理 2.2 就立刻得到

$$|k|=1$$

时的 (2.36) 式。仍利用引理 2.2，只要假设 (2.36) 式在 $|k|=s$ 时成立，就容易证明它在 $|k|=s+1$ 时也成立。这样由数学归纳法就得到引理 2.3。

由引理 2.3，可以容易地对齐次波动方程的 Cauchy 问题

$$\begin{cases}\Box u=0, & (2.37)\\ t=0:\ u=\varphi(x),\ u_t=\psi(x), & (2.38)\end{cases}$$

建立利用算子集合 Γ 所作出的能量估计式. 事实上，注意到 (2.37) 式，对任何多重指标 $k(|k|=s)$，由 (2.36) 式，有

$$[\Box,\Gamma^k]u=0。\tag{2.39}$$

于是，将方程 (2.37) 的两端分别作用 Γ^k，就有

$$\Box\Gamma^k u=0。\tag{2.40}$$

再将上式两端乘以 $\dfrac{\partial}{\partial t}(\Gamma^k u)$，并对 x 作积分，完全仿照通常建立能量估计式的方法，就可得到

$$\frac{d}{dt}\left[\left\|\frac{\partial}{\partial t}\Gamma^k u\right\|^2_{L^2(\mathbf{R}^n)}+\|\nabla\Gamma^k u\|^2_{L^2(\mathbf{R}^n)}\right]=0。\tag{2.41}$$

由此并注意到 (2.30) 式，就可得到

$$\|Du(t,\cdot)\|_{\Gamma,s}\leqslant C_s\|Du(0,\cdot)\|_{\Gamma,s},\ \forall t\geqslant 0,\tag{2.42}$$

其中 C_s 是一个仅与 s 有关的常数，而 $\|Du(0,\cdot)\|_{\Gamma,s}$ 简记 $\|Du(t,\cdot)\|_{\Gamma,s}$ 在 $t=0$ 时之值。利用方程(2.37)及初始条件(2.38)容易看出，$\|Du(0,\cdot)\|_{\Gamma,s}$ 可由初值 $\varphi(x)$ 及 $\psi(x)$ 完全决定，实际上它由 $\nabla\varphi(x)$ 及 $\psi(x)$ 以及它们的一切直到 s 阶的偏导数的

某种带权的 $L^2(\mathbf{R}^n)$ 范数所组成．这样，若记

$$\|f\|_{\dot{H}^s(\mathbf{R}^n)}=\left(\sum_{|k|\leqslant s}\|(1+|x|)^{|k|}D_x^k f(x)\|^2_{L^2(\mathbf{R}^n)}\right)^{\frac{1}{2}},\tag{2.43}$$

其中 $k=(k_1,k_2,\cdots,k_n)$ 为多重指标，易知

$$\|Du(0,\cdot)\|_{\Gamma,s}\leqslant C\|(\nabla\varphi,\psi)\|_{\dot{H}^s(\mathbf{R}^n)},\tag{2.44}$$

其中 C 是一个正常数．于是，(2.42) 式可改写为

$$\|Du(t,\cdot)\|_{\Gamma,s}\leqslant C_s\|(\nabla\varphi,\psi)\|_{\dot{H}^s(\mathbf{R}^n)}.\tag{2.45}$$

2.3 单位球面上的 Sobolev 嵌入定理

以 S^{n-1} 表示 $\mathbf{R}^n$ 中以原点为心的单位球面：$\xi\in\mathbf{R}^n$，$|\xi|=1$．易知由 (2.12) 式定义的集合 Ω 是 S^{n-1} 上的一组完备的微分算子．事实上，在 S^{n-1} 上任一点 $x=(x_1,\cdots,x_n)(|x|=1)$ 处的单位外法线方向即为 $(x_1,\cdots,x_n)$ 从而在此点微分算子

$$\Omega_{ij}=x_i\partial_j-x_j\partial_i\quad(1\leqslant i<j\leqslant n)$$

给出沿 S^{n-1} 的切空间上方向 $(0,\cdots,0,\underset{(i)}{-x_j},\cdots,\underset{(j)}{x_i},0,\cdots,0)$ 的方向导数，而且这些切方向显然可以张成 S^{n-1} 在此点的整个切空间．

由集合 $\Omega=(\Omega_{ij})_{1\leqslant i<j\leqslant n}$ 的李代数性质(见 (2.17) 式)，可以利用 Ω 在 S^{n-1} 上构造相应的 Sobolev 空间 $H^s_\Omega(S^{n-1})$，其范数定义为

$$\|u\|_{H^s_\Omega(S^{n-1})}=\left(\sum_{|k|\leqslant s}\|\Omega^k u\|^2_{L^2(S^{n-1})}\right)^{\frac{1}{2}},\tag{2.46}$$

其中 $k=(k_1,\cdots,k_\sigma)$ 为多重指标，σ 表示 Ω 中算子的数目．

由于 S^{n-1} 是 $n-1$ 维的，由 Sobolev 嵌入定理，只要

$$s\geqslant\left[\frac{n-1}{2}\right]+1,\tag{2.47}$$

就有

$$H^s_\Omega(S^{n-1})\subset L^\infty(S^{n-1})\ \text{连续嵌入}.\tag{2.48}$$

于是我们有

引理 2.4 设 $u=u(\xi)$ 是 S^{n-1} 上的任意函数，且使下述不等式右端的量有意义，则

$$|u(\xi)|\leqslant C\|u\|_{H_\Omega^{[\frac{n-1}{2}]+1}(S^{n-1})},\quad \forall\xi\in S^{n-1},\tag{2.49}$$

其中 C 是一个正常数.

§3 一个衰减估计式

现在我们要利用在上节中引入的算子集合 Γ，来证明一个有关的衰减估计式. 首先证明

定理 3.1 设 $u=u(t,x)$ 为在 $(t,x)\in\mathbf{R}_+\times\mathbf{R}^n$ 上定义的、并使下述不等式右端的范数有意义的任意函数，则

$$\|u(t,\cdot)\|_{L^\infty(\mathbf{R}^n)}\leqslant C(1+t)^{-\frac{n-1}{2}}\|u(t,\cdot)\|_{\Gamma,n+1},\ \forall t\geqslant 0,\tag{3.1}$$

其中 C 是一个正常数.

注 3.1 由 (3.1) 式所示的函数 u 的 $L^\infty(\mathbf{R}^n)$ 范数随 $t\to+\infty$ 有 $(1+t)^{-\frac{n-1}{2}}$ 的衰减性估计和上一章对齐次波动方程 Cauchy 问题的解所得的衰减性估计（例如见上一章 (3.40) 式）在形式上是一致的，但这儿的函数 $u(t,x)$ 是相当任意的，并不要求是齐次波动方程的解. 能够得到这一衰减性估计，是因为在 (3.1) 式右端所出现的 $\|u(t,\cdot)\|_{\Gamma,n+1}$ 是带权的广义 Sobolev 范数，它本身已隐含了对 t 的某种增长性. 此外，不同于上章 (3.40) 式右端的 $L^1(\mathbf{R}^n)$ 范数，(3.1) 式的右端为带权的 $L^2(\mathbf{R}^n)$ 范数，由此在下文中可以避开 L^p-L^q 估计式，从而使证明得到简化.

为了证明定理 3.1，我们首先证明下面的几个引理.

引理 3.1 设 $u=u(x)$ 为定义在 $\mathbf{R}^n$ 上的任意函数，使下述不等式右端的范数有意义，则成

$$|u(x)|\leqslant C\left(\frac{1}{|x|}\right)^{\frac{n-1}{2}}\|u\|_{\Omega,[\frac{n-1}{2}]+1}^{\frac12}\|u\|_{\Omega,[\frac{n-1}{2}]+2}^{\frac12},$$

$$\forall x\in\mathbf{R}^n,\ |x|\neq 0,\tag{3.2}$$

其中Ω及$\bar{\Omega}$分别由(2.12)及(2.14)式定义，而C为一个正常数.

证 不妨碍一般性，可对

$$u \in C_0^\infty(\mathbb{R}^n) \tag{3.3}$$

的情形来进行证明. 记 $x = r\xi$, 其中 $r = |x| \neq 0$, 而 $\xi \in S^{n-1}$. 由紧支集的假设，有

$$\begin{aligned} u^2(x) = u^2(r\xi) &= -\int_r^\infty \frac{d}{d\lambda}(u^2(\lambda\xi))d\lambda \\ &= -2\int_r^\infty u(\lambda\xi)\frac{\partial u(\lambda\xi)}{\partial\lambda}d\lambda, \end{aligned} \tag{3.4}$$

从而

$$\begin{aligned} u^2(r\xi) &\leqslant 2\int_r^\infty |u(\lambda\xi)\partial_\lambda u(\lambda\xi)|d\lambda \\ &\leqslant \frac{2}{r^{n-1}}\int_r^\infty |u(\lambda\xi)\partial_\lambda u(\lambda\xi)|\lambda^{n-1}d\lambda, \end{aligned} \tag{3.5}$$

其中

$$\partial_\lambda = \sum_{i=1}^n \frac{y_i}{|y|}\frac{\partial}{\partial y_i} = \sum_{i=1}^n \frac{y_i}{|y|}\partial_i \tag{3.6}$$

表示沿径向的导数.

将(3.5)式的两端对ξ在S^{n-1}上积分，就得到

$$\begin{aligned} \int_{S^{n-1}} u^2(r\xi)d\omega_\xi &\leqslant \frac{2}{r^{n-1}}\int_{|y|\geqslant r} |u\partial_\lambda u|dy \\ &\leqslant \frac{2}{r^{n-1}}\int_{\mathbb{R}^n} |u\partial_\lambda u|dy \leqslant \frac{2}{r^{n-1}}\|u\|_{L^2(\mathbb{R}^n)}\|\partial_\lambda u\|_{L^2(\mathbb{R}^n)}, \end{aligned} \tag{3.7}$$

其中 $d\omega_\xi$ 为 S^{n-1} 上的面积单元.

类似地，对任何多重指标k，有

$$(\Omega^k u(r\xi))^2 = -2\int_r^\infty \Omega^k u(\lambda\xi)\frac{\partial}{\partial\lambda}(\Omega^k u(\lambda\xi))d\lambda, \tag{3.8}$$

从而可得

$$\int_{S^{n-1}} (\Omega^k u(r\xi))^2 d\omega_\xi \leqslant \frac{2}{r^{n-1}}\|\Omega^k u\|_{L^2(\mathbb{R}^n)}\|\partial_\lambda\Omega^k u\|_{L^2(\mathbb{R}^n)}. \tag{3.9}$$

再注意到 (3.6) 式及 (2.12), (2.14) 式,由上式可得

$$\int_{S^{n-1}} (\Omega^k u(r\xi))^2 d\omega_\xi \leqslant \frac{C}{r^{n-1}} \|u\|_{\Omega,|k|}\|u\|_{\Omega,|k|+1}, \qquad (3.10)$$

其中 C 为一个正常数.

这样,我们就得到

$$\sum_{k\leqslant[\frac{n-1}{2}]+1} \int_{S^{n-1}} (\Omega^k u(r\xi))^2 d\omega_\xi$$

$$\leqslant \frac{C}{r^{n-1}} \|u\|_{\Omega,[\frac{n-1}{2}]+1}\|u\|_{\Omega,[\frac{n-1}{2}]+2}. \qquad (3.11)$$

再利用引理 2.4, 并注意到 $x = r\xi$ 及 $r = |x|$, 就得到所要证明的 (3.2) 式. 引理 3.1 证毕.

由引理 3.1 立刻可得

推论 3.1 设 $u = u(t,x)$ 为定义在 $\mathbf{R}_+ \times \mathbf{R}^n$ 上的任意函数,且使下述不等式右端的范数有意义,则当 $|x| \geqslant \frac{t}{2}$ 时, 估计式:

$$|u(t,x)| \leqslant C t^{-\frac{n-1}{2}} \|u(t,\cdot)\|_{\Gamma,[\frac{n-1}{2}]+2}, \quad \forall t > 0 \qquad (3.12)$$

成立,其中 C 为一个正常数.

引理 3.2 设 $u = u(t,x)$ 为定义在 $\mathbf{R}_+ \times \mathbf{R}^n$ 上的任意函数,且使下述不等式右端的范数有意义,则当 $0 \leqslant |x| < \frac{t}{2}$ 时,估计式

$$|u(t,x)| \leqslant C t^{-\frac{n}{2}} \|u(t,\cdot)\|_{\Gamma,n+1} \qquad (3.13)$$

成立,其中 C 为一个正常数.

证 记

$$L_r = \sum_{i=1}^{n} \frac{x_i}{|x|} L_i, \qquad (3.14)$$

其中 $L_i (i = 1, \cdots, n)$ 由 (2.11) 式定义. 易知径向导数

$$\partial_r = \sum_{i=1}^{n} \frac{x_i}{|x|} \partial_i \qquad (3.15)$$

可表示为

$$\partial_r = \frac{1}{t^2 - r^2}(tL_r - rL_0),\ 0 < |x| = r < t. \tag{3.16}$$

事实上，直接计算可得

$$tL_r - rL_0 = \sum_{i=1}^{n} t\frac{x_i}{|x|}(t\partial_i + x_i\partial t) - r\left(t\partial_t + \sum_{i=1}^{n} x_i\partial_i\right)$$

$$= \sum_{i=1}^{n}(t^2 - r^2)\frac{x_i}{|x|}\partial_i = (t^2 - r^2)\partial_r. \tag{3.17}$$

记

$$Lu = (L_0u, L_1u, \cdots, L_nu), \tag{3.18}$$

并记

$$|Lu| = \max_{0\leqslant a\leqslant n}|L_au|. \tag{3.19}$$

由 (3.14) 式易得

$$|L_ru| \leqslant C|Lu|, \tag{3.20}$$

其中 C 是一个正常数．从而由 (3.16) 式可得

$$|\partial_r u(t,x)| \leqslant \frac{C}{t-r}|Lu(t,x)|,\ 0 < |x| = r < t. \tag{3.21}$$

一般地，对任何整数 $s \geqslant 1$，我们有

$$|\partial_r^s u(t,x)| \leqslant \frac{C_s}{(t-r)^s}\sum_{|k|\leqslant s}|L^k u(t,x)|,\ 0 < |x| = r < t, \tag{3.22}$$

其中 k 表示多重指标，而 C_s 为正常数．事实上，注意到

$$\begin{cases} L_r\left(\dfrac{t}{t^2 - r^2}\right) = \dfrac{r}{t^2 - r^2},\ L_r\left(\dfrac{r}{t^2 - r^2}\right) = \dfrac{t}{t^2 - r^2}, \\ L_0\left(\dfrac{t}{t^2 - r^2}\right) = -\dfrac{t}{t^2 - r^2},\ L_0\left(\dfrac{r}{t^2 - r^2}\right) = -\dfrac{r}{t^2 - r^2}, \end{cases} \tag{3.23}$$

利用数学归纳法容易证明

$$\partial_r^s = \frac{1}{(t^2 - r^2)^s}\sum_{|k|\leqslant s} A_k L^k,\ 0 < |x| = r < t, \tag{3.24}$$

其中 A_k 为 t 及 r 的 s 次齐次函数，由此立刻得到 (3.22) 式。

现在对任何固定的 $\xi\in S^{n-1}$，令

$$v(t,r)=v(t,r,\xi)=(t-r)^s u(t,r\xi),\quad 0\leqslant r\leqslant t. \tag{3.25}$$

由 (3.22) 式易知

$$当\ r=t\ 时，\partial_r^h v(t,r)=0\quad (h=0,1,\cdots,s-1), \tag{3.26}$$

于是可得

$$v(t,r)=\frac{(-1)^s}{(s-1)!}\int_r^t(\lambda-r)^{s-1}\frac{d^s}{d\lambda^s}v(t,\lambda)d\lambda,\quad 0\leqslant r\leqslant t. \tag{3.27}$$

事实上，由 (3.26) 式，通过分部积分，可得

$$\begin{aligned}v(t,r)&=-\int_r^t\frac{d}{d\lambda}v(t,\lambda)d\lambda=-\int_r^t\frac{d}{d\lambda}v(t,\lambda)d(\lambda-r)\\&=-(\lambda-r)\frac{d}{d\lambda}v(t,\lambda)\Big|_r^t+\int_r^t(\lambda-r)\frac{d^2}{d\lambda^2}v(t,\lambda)d\lambda\\&=\int_r^t(\lambda-r)\frac{d^2}{d\lambda^2}v(t,\lambda)d\lambda=\int_r^t\frac{d^2}{d\lambda^2}v(t,\lambda)d\frac{(\lambda-r)^2}{2}\\&=-\int_r^t\frac{(\lambda-r)^2}{2}\frac{d^3}{d\lambda^3}v(t,\lambda)d\lambda=\cdots,\end{aligned} \tag{3.28}$$

重复上述过程，就得到 (3.27) 式。

仍由 (3.22) 式，我们有

$$\left|\frac{d^s}{d\lambda^s}v(t,\lambda)\right|=\left|\frac{d^s}{d\lambda^s}((t-\lambda)^s u(t,\lambda\xi))\right|\leqslant C_s M_s(t,\lambda\xi), \tag{3.29}$$

其中

$$M_s(t,\lambda\xi)=\sum_{|k|\leqslant s}|L^k u(t,\lambda\xi)|. \tag{3.30}$$

联合 (3.27) 及 (3.29) 式，并利用 Hölder 不等式，就有

$$\begin{aligned}|v(t,r)|&\leqslant C\int_r^t(\lambda-r)^{s-1}M_s(t,\lambda\xi)d\lambda\\&\leqslant CI_s(t,r)\left(\int_r^t\lambda^{n-1}M_s^2(t,\lambda\xi)d\lambda\right)^{\frac{1}{2}},\end{aligned} \tag{3.31}$$

其中

$$l_s(t,r)=\left(\int_r^t(\lambda-r)^{2(s-1)}\lambda^{-n+1}d\lambda\right)^{\frac{1}{2}}. \tag{3.32}$$

这样，由(3.25)式可得

$$|u(t,x)|=|u(t,r\xi)|=|(t-r)^{-s}v(t,r)|$$

$$\leqslant\frac{Cl_s(t,r)}{(t-r)^s}\cdot\left(\int_r^t\lambda^{n-1}M_s^2(t,\lambda\xi)d\lambda\right)^{\frac{1}{2}},$$

$$0\leqslant|x|=r<t. \tag{3.33}$$

将上式两端的平方对 ξ 在 S^{n-1} 上积分后再开方，并注意到(3.30)式及算子集合 L 是 Γ 中的一部分，就得到

$$\left(\int_{S^{n-1}}|u(t,r\xi)|^2d\omega_\xi\right)^{\frac{1}{2}}\leqslant\frac{Cl_s(t,r)}{(t-r)^s}\left(\int_{r\leqslant|y|\leqslant t}M_s^2(t,y)dy\right)^{\frac{1}{2}}$$

$$\leqslant\frac{Cl_s(t,r)}{(t-r)^s}\|u(t,\cdot)\|_{\Gamma,s},\quad 0\leqslant|x|=r<t, \tag{3.34}$$

其中 $d\omega_\xi$ 为 S^{n-1} 上的面积单元。

在上述不等式中用 $\Omega^k u(t,x)$ 代替 $u(t,x)$，其中

$$|k|\leqslant\left[\frac{n-1}{2}\right]+1,$$

就得到

$$\left(\int_{S^{n-1}}|\Omega^k u(t,r\xi)|^2d\omega_\xi\right)^{\frac{1}{2}}\leqslant C\frac{l_s(t,r)}{(t-r)^s}\|\Omega^k u(t,\cdot)\|_{\Gamma,s}$$

$$\leqslant\frac{Cl_s(t,r)}{(t-r)^s}\|u(t,\cdot)\|_{\Gamma,s+\left[\frac{n-1}{2}\right]+1},\quad 0\leqslant|x|=r<t, \tag{3.35}$$

从而由引理2.4就得到

$$|u(t,x)|\leqslant\frac{Cl_s(t,r)}{(t-r)^s}\|u(t,\cdot)\|_{\Gamma,s+\left[\frac{n-1}{2}\right]+1},\quad 0\leqslant|x|=r<t, \tag{3.36}$$

其中 $s\geqslant 1$ 为任意整数。

注意到 $l_s(t,r)$ 的表达式(3.32)，当 n 为奇数时，若取 $s=$

$\dfrac{n+1}{2}$，就有

$$I_s(t,r)=I_{\frac{n+1}{2}}(t,r)=\left(\int_r^t\left(\frac{\lambda-r}{\lambda}\right)^{n-1}d\lambda\right)^{\frac{1}{2}}\leqslant(t-r)^{\frac{1}{2}},\tag{3.37}$$

从而由(3.36)式就得到：当 n 为奇数时，

$$|u(t,x)|\leqslant\frac{C}{(t-r)^{\frac{n}{2}}}\|u(t,\cdot)\|_{\Gamma,n+1},\quad 0\leqslant|x|=r<t.\tag{3.38}$$

类似地，当 n 为偶数时，若取 $s=\dfrac{n}{2}+1$，就有

$$I_s(t,r)=I_{\frac{n}{2}+1}(t,r)=\left(\int_r^t\left(\frac{\lambda-r}{\lambda}\right)^{n}\lambda d\lambda\right)^{\frac{1}{2}}$$
$$\leqslant\left(\int_r^t\lambda d\lambda\right)^{\frac{1}{2}}=\frac{\sqrt{2}}{2}(t^2-r^2)^{\frac{1}{2}},\tag{3.39}$$

从而由(3.36)式就得到：当 n 为偶数时，

$$|u(t,x)|\leqslant C\frac{(t+r)^{\frac{1}{2}}}{(t-r)^{\frac{n}{2}+\frac{1}{2}}}\|u(t,\cdot)\|_{\Gamma,n+1},$$
$$0\leqslant|x|=r<t.\tag{3.40}$$

联合(3.38)及(3.40)式，在 $0\leqslant|x|=r<\dfrac{t}{2}$ 时，就立刻得到所要证明的(3.13)式。引理 3.2 证毕。

将推论 3.1 及引理 3.2 的结果合并，就得到估计式

$$\|u(t,\cdot)\|_{L^\infty(\mathbf{R}^n)}\leqslant Ct^{-\frac{n-1}{2}}\|u(t,\cdot)\|_{\Gamma,n+1},\quad\forall t\geqslant1.\tag{3.41}$$

再由于算子集合 $(\partial_1,\cdots,\partial_n)$ 是 Γ 中的一部分，由 Sobolev 嵌入定理，显然有

$$\|u(t,\cdot)\|_{L^\infty(\mathbf{R}^n)}\leqslant C\|u(t,\cdot)\|_{\Gamma,[\frac{n}{2}]+1}\leqslant C\|u(t,\cdot)\|_{\Gamma,n+1},$$
$$\forall t\geqslant0.\tag{3.42}$$

联合 (3.41)—(3.42) 式，就完成了定理 3.1 的证明.

将 (3.1) 式应用于函数 Du 及 $\Gamma^k Du$，就立刻得到

推论 3.2 设 $u=u(t,x)$ 为在 $(t,x)\in \mathbf{R}_+\times \mathbf{R}^n$ 上定义的、并使下述不等式右端出现的范数有意义的任意函数，则对任何整数 $s\geqslant 0$,

$$|Du(t,\cdot)|_{\Gamma,s}\leqslant C(1+t)^{-\frac{n-1}{2}}\|Du(t,\cdot)\|_{\Gamma,s+n+1},\ \forall t\geqslant 0, \tag{3.43}$$

其中 C 是一个正常数，而

$$|Du(t,\cdot)|_{\Gamma,s}=\Big(\sum_{|k|\leqslant s}\|\Gamma^k u(t,\cdot)\|^2_{L^\infty(\mathbf{R}^n)}\Big)^{\frac{1}{2}}. \tag{3.44}$$

由此易得

推论 3.3 在推论 3.2 的假设下，对任何整数 $s\geqslant 2n+3$,

$$|Du(t,\cdot)|_{\Gamma,[\frac{s-1}{2}]+1}\leqslant C(1+t)^{-\frac{n-1}{2}}\|Du(t,\cdot)\|_{\Gamma,s},$$
$$\forall t\geqslant 0 \tag{3.45}$$

及

$$|Du(t,\cdot)|_{\Gamma,[\frac{s-1}{2}]}\leqslant C(1+t)^{-\frac{n-1}{2}}\|Du(t,\cdot)\|_{\Gamma,s-1},$$
$$\forall t\geqslant 0, \tag{3.46}$$

其中 C 是一个正常数.

§4 关于乘积函数和复合函数的一些估计式(再续)

为了下文中讨论的需要，在本节中我们推导用 Γ 算子作用于乘积函数和复合函数的一些估计式.

对任何整数 $s\geqslant 0$ 及实数 p $(1\leqslant p\leqslant +\infty)$，记

$$\|u(t,\cdot)\|_{\Gamma,s,p}=\Big(\sum_{|k|\leqslant s}\|\Gamma^k u(t,\cdot)\|^2_{L^p(\mathbf{R}^n)}\Big)^{\frac{1}{2}}, \tag{4.1}$$

其中 k 为多重指标. 由 (2.26) 式及 (3.44) 式，显然有

$$\|u(t,\cdot)\|_{\Gamma,s}=\|u(t,\cdot)\|_{\Gamma,s,2}, \tag{4.2}$$

$$|u(t,\cdot)|_{\Gamma,s}=\|u(t,\cdot)\|_{\Gamma,s,\infty}. \tag{4.3}$$

定理 4.1 设

$$\frac{1}{r}=\frac{1}{p}+\frac{1}{q},\ 1\leqslant p,q,r\leqslant+\infty. \tag{4.4}$$

对任意给定的整数 $s\geqslant 0$，当下述不等式右端所出现的范数有意义时，

$$\|\Gamma^s(fg)(t,\cdot)\|_{L^r(\mathbf{R}^n)}\leqslant C_s(\|f(t,\cdot)\|_{\Gamma,[\frac{s}{2}],p}\|g(t,\cdot)\|_{\Gamma,s,q}$$
$$+\|f(t,\cdot)\|_{\Gamma,s,q}\|g(t,\cdot)\|_{\Gamma,[\frac{s}{2}],p}) \tag{4.5}$$

及当 $s\geqslant 1$ 时成立

$$\|(\Gamma^s(fg)-f\Gamma^s g)(t,\cdot)\|_{L^r(\mathbf{R}^n)}$$
$$\leqslant C_s(\|f(t,\cdot)\|_{\Gamma,[\frac{s-1}{2}]+1,p}\|g(t,\cdot)\|_{\Gamma,s-1,q}$$
$$+\|f(t,\cdot)\|_{\Gamma,s,q}\|g(t,\cdot)\|_{\Gamma,[\frac{s-1}{2}],p}), \tag{4.6}$$

其中 C_s 是一个正常数，而 Γ^s 表示一切 $\Gamma^k(|k|\leqslant s)$ 的集合.

证 由算子集合 Γ 的定义，容易验证

$$\Gamma(fg)=(\Gamma f)g+f(\Gamma g), \tag{4.7}$$

从而

$$\Gamma^s(fg)=\sum_{\substack{i+j=s\\ i,j\geqslant 0}}C_{ij}\Gamma^i f\cdot\Gamma^j g, \tag{4.8}$$

其中 C_{ij} 为常数.

利用 Hölder 不等式，由 (4.8) 式易得

$$\|\Gamma^s(fg)\|_{L^r(\mathbf{R}^n)}\leqslant C\Bigg(\sum_{\substack{i+j=s\\ 0\leqslant i\leqslant[\frac{s}{2}]}}\|\Gamma^i f\|_{L^p(\mathbf{R}^n)}\|\Gamma^j g\|_{L^q(\mathbf{R}^n)}$$
$$+\sum_{\substack{i+j=s\\ 0\leqslant j\leqslant s-[\frac{s}{2}]-1}}\|\Gamma^i f\|_{L^q(\mathbf{R}^n)}\|\Gamma^j g\|_{L^p(\mathbf{R}^n)}\Bigg) \tag{4.9}$$

再注意到 $s-\left[\frac{s}{2}\right]-1\leqslant\left[\frac{s}{2}\right]$ 及 (4.1) 式，就立刻得到所要证明的 (4.5) 式.

又由于

$$\Gamma^s(fg) - f\Gamma^s g = \sum_{\substack{i+j=s-1 \\ i,j\geq 0}} C_{ij}\Gamma^i(\Gamma f)\Gamma^j g, \tag{4.10}$$

完全重复同样的过程就得到 (4.6) 式. 定理 4.1 证毕.

推论 4.1 在定理 4.1 的条件下,对任意给定的整数 $s \geqslant 0$.

$$\|fg(t,\cdot)\|_{\Gamma,s,r} \leqslant C_s(\|f(t,\cdot)\|_{\Gamma,[\frac{s}{2}],p}\|g(t,\cdot)\|_{\Gamma,s,q} + \|f(t,\cdot)\|_{\Gamma,s,q}\|g(t,\cdot)\|_{\Gamma,[\frac{s}{2}],p}). \tag{4.11}$$

定理 4.2 设 $F = F(w)$ 充分光滑,并满足

$$F(0) = 0, \tag{4.12}$$

其中 $w = (w_1, \cdots, w_N)$. 对任何整数 $s \geqslant 0$, 若向量函数

$$w = w(t,x)$$

满足条件:

$$\|w(t,\cdot)\|_{\Gamma,[\frac{s}{2}],\infty} \leqslant \nu_0, \ \forall t \geqslant 0, \tag{4.13}$$

其中 ν_0 为一个正常数,且使下述不等式右端出现的范数有意义,则

$$\|F(w(t,\cdot))\|_{\Gamma,s,p} \leqslant C(\nu_0)\|w(t,\cdot)\|_{\Gamma,s,p}, \ \forall t \geqslant 0, \tag{4.14}$$

其中 $C(\nu_0)$ 是一个与 ν_0 有关的常数,而 $1 \leqslant p \leqslant +\infty$.

证 在 $s = 0$ 时,由 (4.12) 式, (4.14) 的成立是显然的(参见第一章中的 (4.33) 式). 于是只需证明: 对任何整数 $s \geqslant 1$, 成立(此时不需要条件 (4.12))

$$\|\Gamma^s F(w(t,\cdot))\|_{L^p(\mathbb{R}^n)} \leqslant C(\nu_0)\|w(t,\cdot)\|_{\Gamma,s,p}, \ \forall t \geqslant 0. \tag{4.15}$$

为叙述方便起见,下面仅对 $w = w(t,x)$ 为数量函数的情形进行证明. 易知普通的复合函数求导法则对 Γ 算子也是成立的,从而有

$$\Gamma^s F(w) = \sum_{1\leqslant \rho\leqslant s} C_{\rho,\alpha}\frac{\partial^\rho F(w)}{\partial w^\rho}(\Gamma w)^{\alpha_1}(\Gamma^2 w)^{\alpha_2}\cdots(\Gamma^s w)^{\alpha_s}, \tag{4.16}$$

其中记 $\alpha = (\alpha_1, \alpha_2, \cdots, \alpha_s)$, 且

$$\alpha_1 + \alpha_2 + \cdots + \alpha_s = \rho, \tag{4.17}$$

$$1 \cdot \alpha_1 + 2 \cdot \alpha_2 + \cdots + s \cdot \alpha_s = s. \tag{4.18}$$

由 (4.18) 式可见，$\alpha_{[\frac{s}{2}]+1}, \cdots, \alpha_s$ 或者全为零，或者最多只能有一个为 1，而其余均为零．记 h 为使 $\alpha_i \neq 0$ 的最大 i 值．在前一情况，$1 \leqslant h \leqslant \left[\frac{s}{2}\right]$，由 (4.16) 式，利用 Hölder 不等式并注意到 (4.13) 式，容易得到

$$\begin{aligned} \|\Gamma^s F(w)\|_{L^p(\mathbf{R}^n)} &\leqslant C(\nu_0) \prod_{i=1}^{h-1} \|\Gamma^i w\|_{L^\infty(\mathbf{R}^n)}^{\alpha_i} \cdot \|\Gamma^h w\|_{L^\infty(\mathbf{R}^n)}^{\alpha_h - 1} \|\Gamma^h w\|_{L^p(\mathbf{R}^n)} \\ &\leqslant C(\nu_0) \|\Gamma^h w\|_{L^p(\mathbf{R}^n)} \leqslant C(\nu_0) \|w\|_{\Gamma, s, p}. \end{aligned} \tag{4.19}$$

而在后一情况，$\left[\frac{s}{2}\right] + 1 \leqslant h \leqslant s$，而 $\alpha_h = 1$，于是类似地有

$$\begin{aligned} \|\Gamma^s F(w)\|_{L^p(\mathbf{R}^n)} &\leqslant C(\nu_0) \prod_{i=1}^{[\frac{s}{2}]} \|\Gamma^i w\|_{L^\infty(\mathbf{R}^n)}^{\alpha_i} \cdot \|\Gamma^h w\|_{L^p(\mathbf{R}^n)} \\ &\leqslant C(\nu_0) \|\Gamma^h w\|_{L^p(\mathbf{R}^n)} \leqslant C(\nu_0) \|w\|_{\Gamma, s, p}. \end{aligned} \tag{4.20}$$

合并 (4.19)—(4.20) 式，就得到 (4.15) 式．定理 4.2 证毕．

定理 4.3 设 $F = F(w)$ 充分光滑，其中

$$w = (w_1, \cdots, w_N).$$

并设当

$$|w| \leqslant \nu_0 \tag{4.21}$$

时成立

$$F(w) = O(|w|^{1+\alpha}), \quad \alpha \geqslant 1 \text{ 为整数}. \tag{4.22}$$

对任何整数 $s \geqslant 0$，若向量函数 $w = w(t, x)$ 使下述不等式右端出现的范数有意义，且满足 (4.13) 式，则

$$\|F(w(t, \cdot))\|_{\Gamma, s, r} \leqslant C_s \|w(t, \cdot)\|_{\Gamma, s, q} \cdot \prod_{i=1}^{\alpha} \|w(t, \cdot)\|_{\Gamma, [\frac{s}{2}], p_i}, \quad \forall t \geqslant 0, \tag{4.23}$$

其中 C_s 是一个正常数(可与 ν_0 有关)，而 $p_i (i = 1, \cdots, \alpha)$，$q$ 及 r 满足

$$\frac{1}{r}=\sum_{i=1}^{a}\frac{1}{p_i}+\frac{1}{q},\ 1\leqslant p_i(i=1,\cdots,a),q,r\leqslant+\infty. \tag{4.24}$$

证 由假设 (4.22) 式，可将 $F=F(w)$ 改写为

$$F(w)=G(w)w^a, \tag{4.25}$$

而

$$G(0)=0. \tag{4.26}$$

利用乘积函数求导公式 (4.8)，对任何满足 $1\leqslant k\leqslant s$ 的整数 k，易知有

$$\begin{aligned}\Gamma^k F(w)=&\sum_{k_1+k_2=k}C_{k_1,k_2}\Gamma^{k_1}G(w)\Gamma^{k_2}w^a\\=&\sum_{k_1+k_2=k}C_{k_1,k_2}\Gamma^{k_1}G(w)\sum_{1\leqslant\rho\leqslant a}C_{\rho,l}w^{a-\rho}(\Gamma w)^{l_1}\cdots(\Gamma^{k_2}w)^{l_{k_2}},\end{aligned} \tag{4.27}$$

其中 $l=(l_1,\cdots,l_{k_2})$，C_{k_1,k_2} 及 $C_{\rho,l}$ 均为适当的常数，且

$$l_1+\cdots+l_{k_2}=\rho, \tag{4.28}$$

$$1\cdot l_1+\cdots+k_2\cdot l_{k_2}=k_2. \tag{4.29}$$

由 (4.29) 式可见，$l_{[\frac{k_2}{2}]+1},\cdots,l_{k_2}$ 或者全为零，或者最多只能有一个为 1，而其余均为零．记 h 为使 $l_i\neq 0$ 的最大 i 值．在 (4.27) 右端的和式中，记满足 $k_1\geqslant\left[\frac{k}{2}\right]+1$ 的项之和为 I_1，而 $k_1\leqslant\left[\frac{k}{2}\right]$ 的项之和为 I_2，利用 Hölder 不等式并注意到 (4.28) 式，就可得到

$$\begin{aligned}\|\Gamma^k F(w)\|_{L^r(\mathbb{R}^n)}&\leqslant\|\mathrm{I}_1\|_{L^r(\mathbb{R}^n)}+\|\mathrm{I}_2\|_{L^r(\mathbb{R}^n)}\\&\leqslant C\Big(\|G(w)\|_{\Gamma,k,q}\cdot\prod_{i=1}^{a}\|w\|_{\Gamma,[\frac{k}{2}],p_i}\\&\quad+\|\Gamma^h w\|_{L^q(\mathbb{R}^n)}\|G(w)\|_{\Gamma,[\frac{k}{2}],p_1}\cdot\prod_{i=2}^{a}\|w\|_{\Gamma,[\frac{k}{2}],p_i}\Big)\end{aligned}$$

$$\leqslant C\left(\|G(w)\|_{\Gamma,k,q}\cdot\prod_{i=1}^{a}\|w\|_{\Gamma,\left[\frac{k}{2}\right],p_i}\right.$$

$$\left.+\|w\|_{\Gamma,k,q}\|G(w)\|_{\Gamma,\left[\frac{k}{2}\right],p_1}\cdot\prod_{i=2}^{a}\|w\|_{\Gamma,\left[\frac{k}{2}\right],p_i}\right),\qquad(4.30)$$

其中 p_i $(i=1,\cdots,\alpha)$，q 及 r 满足(4.24)式．再对 $G(w)$ 利用(4.14)式，就得到

$$\|\Gamma^k F(w)\|_{L^r(\mathbf{R}^n)}\leqslant C\|w\|_{\Gamma,k,q}\prod_{i=1}^{a}\|w\|_{\Gamma,\left[\frac{k}{2}\right],p_i},\qquad(4.31)$$

其中 $1\leqslant k\leqslant s$．由(4.22)式，(4.31)式当 $k=0$ 时也显然成立．这就证明了(4.23)式．定理4.3证毕．

推论4.2 在定理4.3同样的假定下，

$$\|F(w(t,\cdot))\|_{\Gamma,s,r}\leqslant C_s\|w(t,\cdot)\|_{\Gamma,s,q}\|w(t,\cdot)\|_{\Gamma,\left[\frac{s}{2}\right],p}$$

$$\cdot\|w(t,\cdot)\|^{\alpha-1}_{\Gamma,\left[\frac{s}{2}\right],\infty},\quad\forall t\geqslant 0,\qquad(4.32)$$

其中 C_s 是一个正常数(可与 ν_0 有关)，而 p，q，r 满足(4.4)式．

推论4.3 在定理4.3同样的假设下，

$$\|F(w(t,\cdot))\|_{\Gamma,s,r}\leqslant C_s\|w(t,\cdot)\|_{\Gamma,s,q}\|w(t,\cdot)\|^{\alpha}_{\Gamma,\left[\frac{s}{2}\right],p},$$

$$\forall t\geqslant 0,\qquad(4.33)$$

其中 C_s 是一个正常数(可与 ν_0 有关)，而 p, q, r 满足

$$\frac{1}{r}=\frac{\alpha}{p}+\frac{1}{q},\quad 1\leqslant p,q,r\leqslant+\infty.\qquad(4.34)$$

定理4.4 设 $G=G(w)$ 充分光滑，其中 $w=(w_1,\cdots,w_N)$．设当(4.21)式成立时，有

$$G(w)=O(|w|^{\alpha}),\quad \alpha\geqslant 1\text{ 为整数}.\qquad(4.35)$$

对任何整数 $s\geqslant 0$，若向量函数 $w=w(t,x)$ 满足(4.13)式，且使下述不等式右端出现的范数有意义，则

$$\|G(w(t,\cdot))\|_{\Gamma,s,r}\leqslant C_s\|w(t,\cdot)\|_{\Gamma,s,q}\cdot\prod_{i=1}^{\alpha-1}\|w(t,\cdot)\|_{\Gamma,\left[\frac{s}{2}\right],p_i},$$

$$\forall t\geqslant 0,\qquad(4.36)$$

其中 C_s 是一个正常数(可与 ν_0 有关),而

$$\frac{1}{r}=\sum_{i=1}^{\alpha-1}\frac{1}{p_i}+\frac{1}{q},\ 1\leqslant p_i\ (1,\cdots,\alpha-1),\ q,\ r\leqslant+\infty. \tag{4.37}$$

证 在 $\alpha=1$ 时,(4.36) 式即化为 (4.14) 式;而在 $\alpha>1$ 时,由不等式 (4.23) 亦可得到 (4.36) 式.

推论 4.4 在定理 4.4 同样的假设下,

$$\|G(w(t,\ \cdot))\|_{\Gamma,s,r}\leqslant C_s\|w(t,\ \cdot)\|_{\Gamma,s,q}\|w(t,\ \cdot)\|^{\alpha-1}_{\Gamma,[\frac{s}{2}],p},\ \ \forall t\geqslant 0, \tag{4.38}$$

其中 C_s 是一个正常数(可与 ν_0 有关),而

$$\frac{1}{r}=\frac{\alpha-1}{p}+\frac{1}{q},\ 1\leqslant p,q,r\leqslant+\infty. \tag{4.39}$$

推论 4.5 在定理 4.4 同样的假设下,

$$\|G(w(t,\ \cdot))\|_{\Gamma,s,p}\leqslant C_s\|w(t,\ \cdot)\|_{\Gamma,s,p}\|w(t,\ \cdot)\|^{\alpha-1}_{\Gamma,[\frac{s}{2}],\infty},$$

$$\forall t\geqslant 0, \tag{4.40}$$

其中 C_s 是一个正常数(可与 ν_0 有关),而 $1\leqslant p\leqslant+\infty$.

定理 4.5 设 $G=G(w)$ 充分光滑,其中 $w=(w_1,\cdots,w_N)$;并设当 (4.21) 式成立时,(4.35) 式成立. 对任何整数 $s\geqslant 0$,若向量函数 $w=w(t,x)$ 满足 (4.13) 式,且使下述不等式右端出现的范数有意义,则

$$\|G(w)u(t,\ \cdot)\|_{\Gamma,s,r}\leqslant C_s(\|w(t,\ \cdot)\|_{\Gamma,[\frac{s}{2}],p_1}\|u(t,\ \cdot)\|_{\Gamma,s,q}$$

$$+\|w(t,\ \cdot)\|_{\Gamma,s,q}\|u(t,\ \cdot)\|_{\Gamma,[\frac{s}{2}],p_1})\prod_{i=2}^{\alpha}\|w(t,\ \cdot)\|_{\Gamma,[\frac{s}{2}],p_i},$$

$$\forall t\geqslant 0, \tag{4.41}$$

其中 $p_i(i=1,\cdots,\alpha)$, q 及 r 满足 (4.24) 式,而 C_s 是一个正常数(可与 ν_0 有关).

证 由乘积函数的求导公式 (4.8),对任何满足 $1\leqslant k\leqslant s$ 的整数 k,有

$$\Gamma^k(G(w)u) = \sum_{k_1+k_2=k} C_{k_1,k_2}\Gamma^{k_1}G(w)\Gamma^{k_2}u$$

$$= \Bigg(\sum_{\substack{k_1+k_2=k\\ k_1\leqslant[\frac{k}{2}]}} + \sum_{\substack{k_1+k_2=k\\ k_1\geqslant[\frac{k}{2}]+1}}\Bigg) C_{k_1,k_2}\Gamma^{k_1}G(w)\Gamma^{k_2}u$$

$$\triangleq \mathrm{I}_1 + \mathrm{I}_2. \tag{4.42}$$

由 Hölder 不等式，并注意到 (4.24) 式，有

$$\|\mathrm{I}_1\|_{L^r(\mathbf{R}^n)} \leqslant C\|G(w)\|_{\Gamma,[\frac{k}{2}],r_1}\|u\|_{\Gamma,k,q} \tag{4.43}$$

及

$$\|\mathrm{I}_2\|_{L^r(\mathbf{R}^n)} \leqslant C\|G(w)\|_{\Gamma,k,r_2}\|u\|_{\Gamma,[\frac{k}{2}],p_1}, \tag{4.44}$$

其中 r_1 及 r_2 满足

$$\frac{1}{r_1} = \sum_{i=1}^{\alpha}\frac{1}{p_i},\quad \frac{1}{r_2} = \sum_{i=1}^{\alpha}\frac{1}{p_i} + \frac{1}{q}. \tag{4.45}$$

再对 $G(w)$ 利用 (4.36) 式，就可得到

$$\|\mathrm{I}_1\|_{L^r(\mathbf{R}^n)} \leqslant C\|u\|_{\Gamma,k,q}\prod_{i=1}^{\alpha}\|w\|_{\Gamma,[\frac{k}{2}],p_i}, \tag{4.46}$$

$$\|\mathrm{I}_2\|_{L^r(\mathbf{R}^n)} \leqslant C\|w\|_{\Gamma,k,q}\|u\|_{\Gamma,[\frac{k}{2}],p_1}\cdot\prod_{i=2}^{\alpha}\|w\|_{\Gamma,[\frac{k}{2}],p_i}. \tag{4.47}$$

于是由 (4.42) 式可得

$$\|\Gamma^k(G(w)u)\|_{L^r(\mathbf{R}^n)} \leqslant C\,(\|w\|_{\Gamma,[\frac{k}{2}],p_1}\|u\|_{\Gamma,k,q}$$

$$+ \|w\|_{\Gamma,k,q}\|u\|_{\Gamma,[\frac{k}{2}],p_1})\prod_{i=2}^{\alpha}\|w\|_{\Gamma,[\frac{k}{2}],p_i}, \tag{4.48}$$

其中 $1\leqslant k\leqslant s$. 由 (4.35) 式，(4.48) 式当 $k=0$ 时也显然成立. 这就证明了 (4.41) 式.

推论 4.6 在定理 4.5 的同样的假设下，

$$\|G(w)u(t,\cdot)\|_{\Gamma,s,r} \leqslant C_s(\|w(t,\cdot)\|_{\Gamma,[\frac{s}{2}],p}\|u(t,\cdot)\|_{\Gamma,s,q}$$

$$+ \|w(t,\cdot)\|_{\Gamma,s,q}\|u(t,\cdot)\|_{\Gamma,[\frac{s}{2}],p})\|w(t,\cdot)\|^{\alpha-1}_{\Gamma,[\frac{s}{2}],\infty},$$

$$\forall t\geqslant 0, \tag{4.49}$$

其中 p, q, r 满足 (4.4) 式.

推论 4.7 在定理 4.5 的同样的假设下,

$$\|G(w)u(t,\cdot)\|_{\Gamma,s,r} \leqslant C_s(\|w(t,\cdot)\|_{\Gamma,[\frac{s}{2}],p}\|u(t,\cdot)\|_{\Gamma,s,q} + \|w(t,\cdot)\|_{\Gamma,s,q}\|u(t,\cdot)\|_{\Gamma,[\frac{s}{2}],p})\|w(t,\cdot)\|^{\alpha-1}_{\Gamma,[\frac{s}{2}],p},$$

$$\forall t \geqslant 0, \tag{4.50}$$

其中 p, q, r 满足 (4.34) 式.

定理 4.6 设 $F = F(w)$ 充分光滑,其中 $w = (w_1, \cdots, w_N)$;并设 (4.22) 式成立. 若向量函数 $w = \bar{w}(t,x)$ 及 $w = \bar{\bar{w}}(t,x)$ 分别满足 (4.13) 式,且使下述不等式右端出现的范数有意义,则对任何整数 $s \geqslant 0$,

$$\begin{aligned}\|F(\bar{w}(t,\cdot)) - F(\bar{\bar{w}}(t,\cdot))\|_{\Gamma,s,r} \leqslant C_s(&\|w^*(t,\cdot)\|_{\Gamma,[\frac{s}{2}],p_1}(\|\bar{w}(t,\cdot)\|_{\Gamma,s,q} + \|\bar{\bar{w}}(t,\cdot)\|_{\Gamma,s,q}) \\ &+ \|w^*(t,\cdot)\|_{\Gamma,s,q}(\|\bar{w}(t,\cdot)\|_{\Gamma,[\frac{s}{2}],p_1} + \|\bar{\bar{w}}(t,\cdot)\|_{\Gamma,[\frac{s}{2}],p_1})) \\ &\cdot \prod_{i=2}^{\alpha}(\|\bar{w}(t,\cdot)\|_{\Gamma,[\frac{s}{2}],p_i} + \|\bar{\bar{w}}(t,\cdot)\|_{\Gamma,[\frac{s}{2}],p_i}),\end{aligned} \tag{4.51}$$

其中记

$$w^* = \bar{w} - \bar{\bar{w}}, \tag{4.52}$$

$p_i\ (i = 1, \cdots, \alpha), q, r$ 满足 (4.24) 式,而 C_s 是一个正常数(可与 ν_0 有关).

证 由 (4.22) 式,易知

$$F(\bar{w}) - F(\bar{\bar{w}}) = G(\bar{w},\bar{\bar{w}})w^*, \tag{4.53}$$

而

$$G(\bar{w},\bar{\bar{w}}) = O(|\bar{w}|^\alpha + |\bar{\bar{w}}|^\alpha). \tag{4.54}$$

于是由定理 4.5 立刻推得定理 4.6.

推论 4.8 在定理 4.6 同样的假设下,

$$\begin{aligned}\|F(\bar{w}(t,\cdot)) - F(\bar{\bar{w}}(t,\cdot))\|_{\Gamma,s,r} \leqslant C_s(&\|w^*(t,\cdot)\|_{\Gamma,[\frac{s}{2}],p}(\|\bar{w}(t,\cdot)\|_{\Gamma,s,q} + \|\bar{\bar{w}}(t,\cdot)\|_{\Gamma,s,q}) \\ &+ \|w^*(t,\cdot)\|_{\Gamma,s,q}(\|\bar{w}(t,\cdot)\|_{\Gamma,[\frac{s}{2}],p} + \|\bar{\bar{w}}(t,\cdot)\|_{\Gamma,[\frac{s}{2}],p}))\end{aligned}$$

$$\cdot(\|\bar{w}(t,\cdot)\|_{\Gamma,[\frac{s}{2}],\infty}+\|\bar{\bar{w}}(t,\cdot)\|_{\Gamma,[\frac{s}{2}],\infty})^{\alpha-1}, \tag{4.55}$$

而 p, q, r 满足 (4.4) 式.

推论 4.9 在定理 4.6 同样的假设下,

$$\|F(\bar{w}(t,\cdot))-F(\bar{\bar{w}}(t,\cdot))\|_{\Gamma,s,r}$$
$$\leqslant C_s(\|w^*(t,\cdot)\|_{\Gamma,[\frac{s}{2}],p}(\|\bar{w}(t,\cdot)\|_{\Gamma,s,q}+\|\bar{\bar{w}}(t,\cdot)\|_{\Gamma,s,q})$$
$$+\|w^*(t,\cdot)\|_{\Gamma,s,q}(\|\bar{w}(t,\cdot)\|_{\Gamma,[\frac{s}{2}],p}+\|\bar{\bar{w}}(t,\cdot)\|_{\Gamma,[\frac{s}{2}],p}))$$
$$\cdot(\|\bar{w}(t,\cdot)\|_{\Gamma,[\frac{s}{2}],p}+\|\bar{\bar{w}}(t,\cdot)\|_{\Gamma,[\frac{s}{2}],p})^{\alpha-1}, \tag{4.56}$$

而 p, q, r 满足 (4.34) 式.

定理 4.7 设 $H=H(w)$ 充分光滑,其中 $w=(w_1,\cdots,w_N)$;并设当 (4.21) 成立时,有

$$H(w)=O(|w|^{\alpha-1}),\quad \alpha\geqslant 1 \text{ 为整数}. \tag{4.57}$$

对任何整数 $s\geqslant 0$, 若向量函数 $w=w(t,x)$ 满足 (4.13) 式,且使下述不等式右端所出现的范数有意义,则

(i) 当 $\alpha=1$ 时,

$$\|H(w)uv\|_{\Gamma,s,r}$$
$$\leqslant C_s\{(\|u\|_{\Gamma,s,q}\|v\|_{\Gamma,[\frac{s}{2}],p}+\|u\|_{\Gamma,[\frac{s}{2}],p}\|v\|_{\Gamma,s,q})$$
$$\cdot(1+\|w\|_{\Gamma,[\frac{s}{2}],\infty})+(\|u\|_{\Gamma,[\frac{s}{2}],p}\|v\|_{\Gamma,[\frac{s}{2}],\infty}$$
$$+\|u\|_{\Gamma,[\frac{s}{2}],\infty}\|v\|_{\Gamma,[\frac{s}{2}],p})\|w\|_{\Gamma,s,q}\}, \tag{4.58}$$

其中 p, q, r 满足 (4.4) 式;

(ii) 当 $\alpha\geqslant 2$ 时,

$$\|H(w)uv\|_{\Gamma,s,r}$$
$$\leqslant C_s\{(\|u\|_{\Gamma,s,q}\|v\|_{\Gamma,[\frac{s}{2}],p_1}+\|u\|_{\Gamma,[\frac{s}{2}],p_1}\|v\|_{\Gamma,s,q})\|w\|_{\Gamma,[\frac{s}{2}],p_2}$$
$$+(\|u\|_{\Gamma,[\frac{s}{2}],p_1}\|v\|_{\Gamma,[\frac{s}{2}],p_2}+\|u\|_{\Gamma,[\frac{s}{2}],p_2}\|v\|_{\Gamma,[\frac{s}{2}],p_1})$$
$$\cdot\|w\|_{\Gamma,s,q}\}\prod_{i=3}^{\alpha}\|w\|_{\Gamma,[\frac{s}{2}],p_i}, \tag{4.59}$$

其中 $p_i\,(i=1,\cdots,\alpha)$, q 及 r 满足 (4.24) 式.

证 首先考察 $\alpha\geqslant 2$ 的情形. 利用乘积函数求导公式 (4.8),

并注意到 Hölder 不等式，对任何满足 $1\leqslant k\leqslant s$ 的整数 k，我们有

$$
\begin{aligned}
&\|\Gamma^k(H(w)uv)\|_{L^r(\mathbf{R}^n)}\\
&\leqslant C\Big\{\sum_{\substack{k_1+k_2=k\\ k_1\leqslant[\frac{k}{2}]}}\|\Gamma^{k_1}H(w)\|_{L^{r_1}(\mathbf{R}^n)}\|\Gamma^{k_2}(uv)\|_{L^{r_2}(\mathbf{R}^n)}\\
&\quad+\sum_{\substack{k_1+k_2=k\\ k_1\geqslant[\frac{k}{2}]+1}}\|\Gamma^{k_1}H(w)\|_{L^{r_3}(\mathbf{R}^n)}\|\Gamma^{k_2}(uv)\|_{L^{r_4}(\mathbf{R}^n)}\Big\},
\end{aligned}
\tag{4.60}
$$

其中

$$
\begin{cases}
\dfrac{1}{r_1}=\displaystyle\sum_{i=2}^{\alpha}\dfrac{1}{p_i},\ \dfrac{1}{r_2}=\dfrac{1}{p_1}+\dfrac{1}{q},\\[2ex]
\dfrac{1}{r_3}=\displaystyle\sum_{i=3}^{\alpha}\dfrac{1}{p_i}+\dfrac{1}{q},\ \dfrac{1}{r_4}=\dfrac{1}{p_1}+\dfrac{1}{p_2}.
\end{cases}
\tag{4.61}
$$

对 $H(w)$ 利用 (4.36) 式(在其中分别取 $r=r_1$ 及 $r=r_3$)，有

$$
\|H(w)\|_{\Gamma,[\frac{s}{2}],r_1}\leqslant C\prod_{i=2}^{\alpha}\|w\|_{\Gamma,[\frac{s}{2}],p_i},
\tag{4.62}
$$

$$
\|H(w)\|_{\Gamma,s,r_3}\leqslant C\|w\|_{\Gamma,s,q}\cdot\prod_{i=3}^{\alpha}\|w\|_{\Gamma,[\frac{s}{2}],p_i}.
\tag{4.63}
$$

又由 (4.11) 式(在其中分别取 $r=r_2$ 及 $r=r_4$)，有

$$
\|uv\|_{\Gamma,s,r_2}\leqslant C(\|u\|_{\Gamma,[\frac{s}{2}],p_1}\|v\|_{\Gamma,s,q}+\|u\|_{\Gamma,s,q}\|v\|_{\Gamma,[\frac{s}{2}],p_1}),
\tag{4.64}
$$

$$
\|uv\|_{\Gamma,[\frac{s}{2}],r_4}\leqslant C(\|u\|_{\Gamma,[\frac{s}{2}],p_1}\|v\|_{\Gamma,[\frac{s}{2}],p_2}+\|u\|_{\Gamma,[\frac{s}{2}],p_2}\|v\|_{\Gamma,[\frac{s}{2}],p_1}).
\tag{4.65}
$$

注意到由 (4.57) 式，(4.59) 式当 $s=0$ 时显然成立，将 (4.62)—(4.65) 式代入 (4.60) 式，就得到所要求证明的 (4.59) 式.

再考察 $\alpha=1$ 的情形．此时注意到

$$
\begin{aligned}
H(w)uv&=(H(w)-H(0))uv+H(0)uv\\
&\triangleq\overline{H}(w)uv+H(0)uv,
\end{aligned}
\tag{4.66}
$$

而

$$\overline{H}(0) = 0. \tag{4.67}$$

由已证明的 (4.59) 式(在其中取 $\alpha = 2$，$p_1 = p$，$p_2 = +\infty$)，有

$$\begin{aligned}\|\overline{H}(w)uv\|_{\Gamma,s,r} \leqslant C\{&(\|u\|_{\Gamma,s,q}\|v\|_{\Gamma,[\frac{s}{2}],p} \\ &+ \|u\|_{\Gamma,[\frac{s}{2}],p}\|v\|_{\Gamma,s,q})\|w\|_{\Gamma,[\frac{s}{2}],\infty} \\ &+ (\|u\|_{\Gamma,[\frac{s}{2}],p}\|v\|_{\Gamma,[\frac{s}{2}],\infty} + \|u\|_{\Gamma,[\frac{s}{2}],\infty}\|v\|_{\Gamma,[\frac{s}{2}],p}) \\ &\cdot \|w\|_{\Gamma,s,q}\}.\end{aligned} \tag{4.68}$$

联合 (4.68) 及 (4.11) 式，就立刻得到所要证明的 (4.58) 式。定理 4.7 证毕。

推论 4.10 在定理 4.7 同样的假设下，对任何整数 $s \geqslant 0$，

(i) 当 $\alpha = 1$ 时，

$$\begin{aligned}\|H(w)uv\|_{\Gamma,s,p} \leqslant C_s\{&(\|u\|_{\Gamma,s,p}\|v\|_{\Gamma,[\frac{s}{2}],\infty} \\ &+ \|u\|_{\Gamma,[\frac{s}{2}],\infty}\|v\|_{\Gamma,s,p})(1 + \|w\|_{\Gamma,[\frac{s}{2}],\infty}) \\ &+ \|u\|_{\Gamma,[\frac{s}{2}],\infty}\|v\|_{\Gamma,[\frac{s}{2}],\infty}\|w\|_{\Gamma,s,p}\},\end{aligned} \tag{4.69}$$

其中 $1 \leqslant p \leqslant +\infty$；

(ii) 当 $\alpha \geqslant 2$ 时，

$$\begin{aligned}\|H(w)uv\|_{\Gamma,s,r} \leqslant C_s\{&(\|u\|_{\Gamma,s,q}\|v\|_{\Gamma,[\frac{s}{2}],p} \\ &+ \|u\|_{\Gamma,[\frac{s}{2}],p}\|v\|_{\Gamma,s,q})\|w\|_{\Gamma,[\frac{s}{2}],p} \\ &+ \|u\|_{\Gamma,[\frac{s}{2}],p}\|v\|_{\Gamma,[\frac{s}{2}],p}\|w\|_{\Gamma,s,q}\}\|w\|^{\alpha-2}_{\Gamma,[\frac{s}{2}],p},\end{aligned} \tag{4.70}$$

其中 p，q，r 满足 (4.34) 式；又

$$\begin{aligned}\|H(w)uv\|_{\Gamma,s,p} \leqslant C_s\{&(\|u\|_{\Gamma,s,p}\|v\|_{\Gamma,[\frac{s}{2}],\infty} \\ &+ \|u\|_{\Gamma,[\frac{s}{2}],\infty}\|v\|_{\Gamma,s,p})\|w\|_{\Gamma,[\frac{s}{2}],\infty} \\ &+ \|u\|_{\Gamma,[\frac{s}{2}],\infty}\|v\|_{\Gamma,[\frac{s}{2}],\infty}\|w\|_{\Gamma,s,p}\} \cdot \|w\|^{\alpha-2}_{\Gamma,[\frac{s}{2}],\infty},\end{aligned} \tag{4.71}$$

其中 $1 \leqslant p \leqslant +\infty$。

由定理 4.7 及推论 4.10 容易得到

定理 4.8 设 $G = G(w)$ 满足定理 4.4 中的条件。若向量函数 $w = \overline{w}(t,x)$ 及 $w = \overline{\overline{w}}(t,x)$ 分别满足 (4.13) 式，且使下述

不等式右端出现的范数有意义，则对任何整数 $s \geqslant 0$，记

$$w^* = \bar{w} - \bar{\bar{w}}, \tag{4.72}$$

有

(i) 当 $\alpha = 1$ 时，

$$\|(G(\bar{w}) - G(\bar{\bar{w}}))u\|_{\Gamma,s,r} \leqslant C_s\{(\|u\|_{\Gamma,s,q}\|w^*\|_{\Gamma,[\frac{s}{2}],p} + \|u\|_{\Gamma,[\frac{s}{2}],p}\|w^*\|_{\Gamma,s,q})(1 + \|\bar{w}\|_{\Gamma,[\frac{s}{2}],\infty} + \|\bar{\bar{w}}\|_{\Gamma,[\frac{s}{2}],\infty}) + (\|u\|_{\Gamma,[\frac{s}{2}],p}\|w^*\|_{\Gamma,[\frac{s}{2}],\infty} + \|u\|_{\Gamma,[\frac{s}{2}],\infty}\|w^*\|_{\Gamma,[\frac{s}{2}],p}) \cdot (\|\bar{w}\|_{\Gamma,s,q} + \|\bar{\bar{w}}\|_{\Gamma,s,q})\}, \tag{4.73}$$

其中 p、q、r 满足 (4.4) 式. 特别有

$$\|(G(\bar{w}) - G(\bar{\bar{w}}))u\|_{\Gamma,s,p} \leqslant C_s\{(\|u\|_{\Gamma,s,p}\|w^*\|_{\Gamma,[\frac{s}{2}],\infty} + \|u\|_{\Gamma,[\frac{s}{2}],\infty}\|w^*\|_{\Gamma,s,p})(1 + \|\bar{w}\|_{\Gamma,[\frac{s}{2}],\infty} + \|\bar{\bar{w}}\|_{\Gamma,[\frac{s}{2}],\infty}) + \|u\|_{\Gamma,[\frac{s}{2}],\infty}\|w^*\|_{\Gamma,[\frac{s}{2}],\infty}(\|\bar{w}\|_{\Gamma,s,p} + \|\bar{\bar{w}}\|_{\Gamma,s,p})\}, \tag{4.74}$$

其中 $1 \leqslant p \leqslant +\infty$；

(ii) 当 $\alpha \geqslant 2$ 时，

$$\|(G(\bar{w}) - G(\bar{\bar{w}}))u\|_{\Gamma,s,r} \leqslant C_s\{(\|u\|_{\Gamma,s,q}\|w^*\|_{\Gamma,[\frac{s}{2}],p_1} + \|u\|_{\Gamma,[\frac{s}{2}],p_1}\|w^*\|_{\Gamma,s,q})(\|\bar{w}\|_{\Gamma,[\frac{s}{2}],p_2} + \|\bar{\bar{w}}\|_{\Gamma,[\frac{s}{2}],p_2}) + (\|u\|_{\Gamma,[\frac{s}{2}],p_1}\|v\|_{\Gamma,[\frac{s}{2}],p_2} + \|u\|_{\Gamma,[\frac{s}{2}],p_2}\|v\|_{\Gamma,[\frac{s}{2}],p_1}) \cdot (\|\bar{w}\|_{\Gamma,s,q} + \|\bar{\bar{w}}\|_{\Gamma,s,q})\} \prod_{i=3}^{\alpha}(\|\bar{w}\|_{\Gamma,[\frac{s}{2}],p_i} + \|\bar{\bar{w}}\|_{\Gamma,[\frac{s}{2}],p_i}), \tag{4.75}$$

其中 $p_i(i = 1, \cdots, \alpha)$, q 及 r 满足 (4.24) 式. 特别有

$$\|(G(\bar{w}) - G(\bar{\bar{w}}))u\|_{\Gamma,s,r} \leqslant C_s\{(\|u\|_{\Gamma,s,q}\|w^*\|_{\Gamma,[\frac{s}{2}],p} + \|u\|_{\Gamma,[\frac{s}{2}],p}\|w^*\|_{\Gamma,s,q}) \cdot (\|\bar{w}\|_{\Gamma,[\frac{s}{2}],p} + \|\bar{\bar{w}}\|_{\Gamma,[\frac{s}{2}],p}) + \|u\|_{\Gamma,[\frac{s}{2}],p}\|w^*\|_{\Gamma,[\frac{s}{2}],p} \cdot (\|\bar{w}\|_{\Gamma,s,q} + \|\bar{\bar{w}}\|_{\Gamma,s,q})\} \cdot (\|\bar{w}\|_{\Gamma,[\frac{s}{2}],p} + \|\bar{\bar{w}}\|_{\Gamma,[\frac{s}{2}],p})^{\alpha-2}, \tag{4.76}$$

其中 p, q, r 满足 (4.34) 式；又

$$\|(G(\overline{w})-G(\overline{\overline{w}}))u\|_{\Gamma,s,p}$$
$$\leqslant C_s\{(\|u\|_{\Gamma,s,p}\|w^*\|_{\Gamma,[\frac{s}{2}],\infty}+\|u\|_{\Gamma,[\frac{s}{2}],\infty}\|w^*\|_{\Gamma,s,p})$$
$$\cdot(\|\overline{w}\|_{\Gamma,[\frac{s}{2}],\infty}+\|\overline{\overline{w}}\|_{\Gamma,[\frac{s}{2}],\infty})$$
$$+\|u\|_{\Gamma,[\frac{s}{2}],\infty}\|w^*\|_{\Gamma,[\frac{s}{2}],\infty}(\|\overline{w}\|_{\Gamma,s,p}+\|\overline{\overline{w}}\|_{\Gamma,s,p})\}$$
$$\cdot(\|\overline{w}\|_{\Gamma,[\frac{s}{2}],\infty}+\|\overline{\overline{w}}\|_{\Gamma,[\frac{s}{2}],\infty})^{\alpha-2}, \tag{4.77}$$

其中 $1\leqslant p\leqslant+\infty$.

下面几个定理是为了§6中的需要而引入的，它体现了对不同的函数区别对待的精神.

定理 4.9 设 $F=F(w)=F(w_1,w_2)$ 充分光滑，其中 $w=(w_1,w_2)$，而 $w_1=(w_{11},\cdots,w_{1M})$ 及 $w_2=(w_{21},\cdots,w_{2N})$. 并设当 (4.21) 式成立时，(4.22) 式成立. 对任何整数 $s\geqslant 0$，若向量函数

$$w=w(t,x)=(w_1(t,x),w_2(t,x))$$

满足条件 (4.13)，且使下述不等式右端出现的范数有意义，则

$$\|F(w_1,w_2)(t,\cdot)\|_{\Gamma,s,2}\leqslant C_s\{\|w_1(t,\cdot)\|_{\Gamma,s,r}\|w(t,\cdot)\|^{\alpha}_{\Gamma,[\frac{s}{2}],\alpha n}$$
$$+\|w_2(t,\cdot)\|_{\Gamma,s,2}\|w(t,\cdot)\|^{\alpha}_{\Gamma,[\frac{s}{2}],\infty}\},\quad \forall t\geqslant 0, \tag{4.78}$$

其中 r 满足

$$\frac{1}{r}=\frac{1}{2}-\frac{1}{n},\ 1\leqslant r\leqslant+\infty, \tag{4.79}$$

而 C_s 是一个正常数(可与 ν_0 有关).

证 由 (4.22) 式，可将 $F=F(w_1,w_2)$ 改写为

$$F(w_1,w_2)=\sum_{\alpha_1+\alpha_2=\alpha}G_{\alpha_1,\alpha_2}(w_1,w_2)w_1^{\alpha_1}w_2^{\alpha_2}, \tag{4.80}$$

而

$$G_{\alpha_1\alpha_2}(0,0)=0. \tag{4.81}$$

利用乘积函数的求导公式 (4.8)，对任何满足 $1\leqslant k\leqslant s$ 的整数 k，有

$$\Gamma^k F(w_1,w_2) = \sum_{k_1+k_2=k} \sum_{a_1+a_2=a} \Gamma^{k_1} G_{a_1,a_2}(w_1,w_2) \Gamma^{k_2}(w_1^{a_1} w_2^{a_2})$$

$$= \left(\sum_{\substack{k_1+k_2=k \\ k_1 > [\frac{k}{2}]+1}} + \sum_{\substack{k_1+k_2=k \\ k_1 \leq [\frac{k}{2}]}} \right) \sum_{a_1+a_2=a} \Gamma^{k_1} G_{a_1,a_2}(w_1,w_2) \Gamma^{k}(w_1^{a_1} w_2^{a_2})$$

$$\triangleq \mathrm{I} + \mathrm{II}. \tag{4.82}$$

由复合函数求导公式，对 $k_1 \geq 1$，有

$$\Gamma^{k_1} G_{a_1,a_2}(w_1,w_2)$$

$$= \sum_{1 \leq \rho_1+\rho_2=\rho \leq k_1} \frac{\partial^\rho G_{a_1,a_2}(w_1,w_2)}{\partial w_1^{\rho_1} \partial w_2^{\rho_2}}$$

$$\times (\Gamma w_1)^{\bar{r}_1} (\Gamma w_2)^{\bar{\bar{r}}_1} \cdots (\Gamma^{k_1} w_1)^{\bar{r}_{k_1}} (\Gamma^{k_1} w_2)^{\bar{\bar{r}}_{k_1}}, \tag{4.83}$$

其中

$$\bar{r}_1 + \cdots + \bar{r}_{k_1} = \rho_1, \quad \bar{\bar{r}}_1 + \cdots + \bar{\bar{r}}_{k_1} = \rho_2, \tag{4.84}$$

$$1 \cdot (\bar{r}_1 + \bar{\bar{r}}_1) + \cdots + k_1 \cdot (\bar{r}_{k_1} + \bar{\bar{r}}_{k_1}) = k_1; \tag{4.85}$$

而对 $k_2 \geq 1$，有

$$\Gamma^{k_2}(w_1^{a_1} w_2^{a_2})$$

$$= \sum_{\substack{\beta_1 \leq a_1 \\ \beta_2 \leq a_2 \\ 1 \leq \beta_1+\beta_2}} C_{\beta,l} w_1^{a_1-\beta_1} w_2^{a_2-\beta_2} (\Gamma w_1)^{\bar{l}_1} (\Gamma w_2)^{\hat{l}_1} \cdots$$

$$(\Gamma^{k_2} w_1)^{\bar{l}_{k_2}} (\Gamma^{k_2} w_2)^{\hat{l}_{k_2}}, \tag{4.86}$$

其中 $\beta = (\beta_1, \beta_2)$，$l = (\bar{l}_1, \hat{l}_1, \cdots, \bar{l}_{k_2}, \hat{l}_{k_2})$，$C_{\beta l}$ 为适当的常数，而

$$\bar{l}_1 + \cdots + \bar{l}_{k_2} = \beta_1, \quad \hat{l}_1 + \cdots + \hat{l}_{k_2} = \beta_2, \tag{4.87}$$

$$1 \cdot (\bar{l}_1 + \hat{l}_1) + \cdots + k_2 \cdot (\bar{l}_{k_2} + \hat{l}_{k_2}) = k_2. \tag{4.88}$$

这样，我们有

$$\mathrm{I} = \sum_{\substack{k_1+k_2=k \\ k_1 > [\frac{k}{2}]+1}} \sum_{a_1+a_2=a} \sum_{1 \leq \rho_1+\rho_2=\rho \leq k_1} \frac{\partial^\rho G_{a_1,a_2}(w_1,w_2)}{\partial w_1^{\rho_1} \partial w_2^{\rho_2}}$$

$$\cdot (\Gamma w_1)^{\bar{r}_1} (\Gamma w_2)^{\bar{\bar{r}}_1} \cdots (\Gamma^{k_1} w_1)^{\bar{r}_{k_1}} (\Gamma^{k_1} w_2)^{\bar{\bar{r}}_{k_1}}$$

$$\cdot \Bigg(w_1^{a_1} w_2^{a_2} + \sum_{\substack{\beta_1 \leq a_1 \\ \beta_2 \leq a_2 \\ 1 \leq \beta_1+\beta_2}} C_{\beta,l} w_1^{a_1-\beta_1} w_2^{a_2-\beta_2} (\Gamma w_1)^{\bar{l}_1}$$

$$\cdot (\Gamma w_2)^{\hat{l}_1} \cdots (\Gamma^{k_2} w_1)^{\bar{l}_{k_2}} (\Gamma^{k_2} w_2)^{\hat{l}_{k_2}} \Bigg). \tag{4.89}$$

由(4.85)式，$\bar{r}_{[\frac{k_1}{2}]+1},\bar{\bar{r}}_{[\frac{k_1}{2}]+1},\cdots,\bar{r}_{k_1},\bar{\bar{r}}_{k_1}$ 或者全为零，或者最多只能有一个为1，而其余全为零．记 I 中相应于 $\bar{r}_{[\frac{k_1}{2}]+1},\cdots,\bar{\bar{r}}_{k_1}$ 全为零的那些项所组成的和式为 I_a，而相应于 $\bar{r}_{[\frac{k_1}{2}]+1},\cdots,\bar{r}_{k_1}$ 全为零的那些项所组成的和式为 I_b．注意到 $k_2\leqslant\left[\frac{k}{2}\right]$ 及(4.13)式，由 Hölder 不等式易得

$$\|I_a\|_{L^2(\mathbf{R}^n)}\leqslant C\sum_{\substack{k_1+k_2=k\\ k_1\geqslant[\frac{k}{2}]+1}}\|w_1\|_{\Gamma,k_1,r}\sum_{1\leqslant\rho_1+\rho_2\leqslant k_1}\|w_1\|^{\rho_1-1}_{\Gamma,[\frac{k_1}{2}],\infty}\|w_2\|^{\rho_2}_{\Gamma,[\frac{k_1}{2}],\infty}$$

$$\cdot\sum_{\alpha_1+\alpha_2=\alpha}\|w\|^{\alpha_1}_{\Gamma,[\frac{k}{2}],\alpha n}\|w_2\|^{\alpha_2}_{\Gamma,[\frac{k}{2}],\alpha n}$$

$$\leqslant C\|w_1\|_{\Gamma,k,r}\|w\|^{\alpha}_{\Gamma,[\frac{k}{2}],\alpha n}. \tag{4.90}$$

类似地有

$$\|I_b\|_{L^2(\mathbf{R}^n)}\leqslant C\sum_{\substack{k_1+k_2=k\\ k_1\geqslant[\frac{k}{2}]+1}}\|w_2\|_{\Gamma,k_1,2}\sum_{1\leqslant\rho_1+\rho_2\leqslant k_1}\|w_1\|^{\rho_1}_{\Gamma,[\frac{k_1}{2}],\infty}\|w_2\|^{\rho_2-1}_{\Gamma,[\frac{k_1}{2}],\infty}$$

$$\cdot\sum_{\alpha_1+\alpha_2=\alpha}\|w_1\|^{\alpha_1}_{\Gamma,[\frac{k}{2}],\infty}\|w_2\|^{\alpha_2}_{\Gamma,[\frac{k}{2}],\infty}$$

$$\leqslant C\|w_2\|_{\Gamma,k,2}\|w\|^{\alpha}_{\Gamma,[\frac{k}{2}],\infty}. \tag{4.91}$$

现在来估计 II．我们有

$$II=\sum_{\substack{k_1+k_2=k\\ k_1\leqslant[\frac{k}{2}]}}\sum_{\alpha_1+\alpha_2=\alpha}\Gamma^{k_1}G_{\alpha_1,\alpha_2}(w_1,w_2)$$

$$\cdot\sum_{\substack{\beta_1\leqslant\alpha_1\\ \beta_2\leqslant\alpha_2\\ 1\leqslant\beta_1+\beta_2}}C_{\beta,l}w_1^{\alpha_1-\beta_1}w_2^{\alpha_2-\beta_2}(\Gamma w_1)^{l_1}(\Gamma w_2)^{\bar{l}_1}\cdots$$

$$(\Gamma^{k_2}w_1)^{l_{k_2}}(\Gamma^{k_2}w_2)^{\bar{l}_{k_2}}. \tag{4.92}$$

由(4.88)式，$l_{[\frac{k_2}{2}]+1},\bar{l}_{[\frac{k_2}{2}]+1},\cdots,l_{k_2},\bar{l}_{k_2}$ 或者全为零，或者最多只能有一个为1，而其余全为零，记 II 中相应于 $l_{[\frac{k_2}{2}]+1},\cdots,l_{k_2}$

全为零且 $\alpha_1 \neq 0$ 的那些项所组成的和式为 II_a，而相应于 $l_{[\frac{k}{2}]+1}, \cdots, l_{k_2}$ 全为零且 $\alpha_2 \neq 0$ 的那些项所组成的和式为 II_b. 利用 Hölder 不等式,并注意到定理 4.2, 有

$$\|\mathrm{II}_a\|_{L^2(\mathbf{R}^n)} \leqslant C \sum_{\substack{k_1+k_2=k \\ k_1 \leqslant [\frac{k}{2}]}} \sum_{\alpha_1+\alpha_2=\alpha} \|G_{\alpha_1,\alpha_2}(w_1, w_2)\|_{\Gamma,[\frac{k}{2}],\infty}$$

$$\cdot \|w_1\|_{\Gamma,k_2,r} \|w_1\|^{\alpha_1-1}_{\Gamma,[\frac{k_2}{2}],\infty} \|w_2\|^{\alpha_2}_{\Gamma,[\frac{k_2}{2}],\infty}$$

$$\leqslant C\|w_1\|_{\Gamma,s,r} \cdot \|w\|^{\alpha}_{\Gamma,[\frac{s}{2}],\infty}; \tag{4.93}$$

类似地有

$$\|\mathrm{II}_b\|_{L^2(\mathbf{R}^n)} \leqslant C\|w_2\|_{\Gamma,s,2} \cdot \|w\|^{\alpha}_{\Gamma,[\frac{s}{2}],\infty}. \tag{4.94}$$

联合 (4.90)—(4.91), (4.93)—(4.94) 以及 (4.82) 式,并注意到当 $s=0$ 时 (4.78) 式显然成立,就得到所要求的结论. 定理 4.9 证毕.

定理 4.10 设 $F = F(w) = F(w_1, w_2)$ 充分光滑,其中 $w = (w_1, w_2)$，而 $w_1 = (w_{11}, \cdots, w_{1M})$ 及 $w_2 = (w_{21}, \cdots, w_{2N})$. 并设当 (4.21) 式成立时, (4.22) 式成立. 对任何整数 $s \geqslant 0$，若向量函数 $w = \bar{w}(t,x) = (\bar{w}_1(t,x), \bar{w}_2(t,x))$ 及 $w = \bar{\bar{w}}(t,x) = (\bar{\bar{w}}_1(t,x), \bar{\bar{w}}_2(t,x))$ 均满足条件 (4.13), 且使下述不等式右端出现的范数有意义,则

$$\|(F(\bar{w}_1, \bar{w}_2) - F(\bar{\bar{w}}_1, \bar{\bar{w}}_2))(t,\cdot)\|_{\Gamma,s,2}$$

$$\leqslant C_s\{\|w_1^*(t,\cdot)\|_{\Gamma,s,r}\|\tilde{w}(t,\cdot)\|^{\alpha}_{\Gamma,[\frac{s}{2}],\infty} + \|w_2^*(t,\cdot)\|_{\Gamma,s,2}$$

$$\cdot \|\tilde{w}(t,\cdot)\|^{\alpha}_{\Gamma,[\frac{s}{2}],\infty} + \|\tilde{w}_1(t,\cdot)\|_{\Gamma,s,r}\|\tilde{w}(t,\cdot)\|^{\alpha-1}_{\Gamma,[\frac{s}{2}],\infty}$$

$$\cdot \|w^*(t,\cdot)\|_{\Gamma,[\frac{s}{2}],\infty} + \|\tilde{w}_2(t,\cdot)\|_{\Gamma,s,2}\|\tilde{w}(t,\cdot)\|^{\alpha-1}_{\Gamma,[\frac{s}{2}],\infty}$$

$$\cdot \|w^*(t,\cdot)\|_{\Gamma,[\frac{s}{2}],\infty}\}, \quad \forall t \geqslant 0, \tag{4.95}$$

其中

$$w_i^* = \bar{w}_i - \bar{\bar{w}}_i (i=1,2), w^* = (w_1^*, w_2^*) = \bar{w} - \bar{\bar{w}}, \tag{4.96}$$

并对任何整数$N \geqslant 0$及实数 $p(1 \leqslant p \leqslant +\infty)$，记

$$\|\tilde{w}\|_{\Gamma,N,p} = \|\bar{w}\|_{\Gamma,N,p} + \|\bar{\bar{w}}\|_{\Gamma,N,p}, \tag{4.97}$$

$$\|\tilde{w}_i\|_{\Gamma,N,p} = \|\bar{w}_i\|_{\Gamma,N,p} + \|\bar{\bar{w}}_i\|_{\Gamma,N,p} \quad (i = 1,2), \tag{4.98}$$

又其中 Γ 满足 (4.79) 式，而 C_s 是一个正常数(可与 ν_0 有关).

证 由 (4.22) 式，有

$$F(\bar{w}_1,\bar{w}_2) - F(\bar{\bar{w}}_1,\bar{\bar{w}}_2) = G_1(\bar{w},\bar{\bar{w}})w_1^* + G_2(\bar{w},\bar{\bar{w}})w_2^*, \tag{4.99}$$

且当 (4.21) 式成立时，

$$G_i(\bar{w},\bar{\bar{w}}) = O((|\bar{w}| + |\bar{\bar{w}}|)^\alpha) \quad (i = 1,2). \tag{4.100}$$

这样，可将 $G_i(\bar{w},\bar{\bar{w}})$ $(i = 1,2)$ 表示为

$$G_i(\bar{w},\bar{\bar{w}}) = \sum_{\substack{a_1+a_2+\bar{a}_1\\+\bar{a}_2=\alpha-1}} H^i_{a_1,a_2,\bar{a}_1,\bar{a}_2}(\bar{w},\bar{\bar{w}})\bar{w}_1^{a_1}\bar{w}_2^{a_2}\bar{\bar{w}}_1^{\bar{a}_1}\bar{\bar{w}}_2^{\bar{a}_2} \quad (i = 1,2), \tag{4.101}$$

而

$$H^i_{a_1,a_2,\bar{a}_1,\bar{a}_2}(0,0) = 0. \tag{4.102}$$

利用和证明定理 4.9 完全类似的方法，就可以得到 (4.95) 式. 定理 4.10 证毕.

定理 4.11 设 $G = G(w) = G(w_1,w_2)$ 充分光滑，其中 $w = (w_1, w_2)$，而 $w_1 = (w_{11}, \cdots, w_{1M})$ 及 $w_2 = (w_{21}, \cdots, w_{2N})$. 设当 (4.21) 式成立时，(4.35) 式成立. 若向量函数 $w = \bar{w}(t,x) = (\bar{w}_1(t,x), \bar{w}_2(t,x))$ 及 $w = \bar{\bar{w}}(t,x) = (\bar{\bar{w}}_1(t,x), \bar{\bar{w}}_2(t,x))$ 均满足 (4.13) 式，且使下述不等式右端出现的范数有意义，则对任何整数 $s \geqslant 0$，下述估计式成立.

(i) 当 $\alpha = 1$ 时，

$$\begin{aligned}&\|(G(\bar{w}_1,\bar{w}_2) - G(\bar{\bar{w}}_1,\bar{\bar{w}}_2))u\|_{\Gamma,s,2}\\ &\leqslant C_s\{(\|u\|_{\Gamma,s,2} + \|\tilde{w}_1\|_{\Gamma,s,2}\|u\|_{\Gamma,[\frac{s}{2}],\infty} + \|\tilde{w}_2\|_{\Gamma,s,2}\|u\|_{\Gamma,[\frac{s}{2}],\infty})\\ &\quad \cdot \|w^*\|_{\Gamma,[\frac{s}{2}],\infty} + \|w_1^*\|_{\Gamma,s,2}\|u\|_{\Gamma,[\frac{s}{2}],\infty} + \|w_2^*\|_{\Gamma,s,2}\|u\|_{\Gamma,[\frac{s}{2}],\infty}\};\end{aligned} \tag{4.103}$$

(ii) 当 $\alpha \geqslant 2$ 时,

$$\|(G(\bar{w}_1, \bar{w}_2) - G(\bar{\bar{w}}_1, \bar{\bar{w}}_2))u\|_{\Gamma,s,2}$$

$$\leqslant C_s\{\|u\|_{\Gamma,s,2}\|\tilde{w}\|^{\alpha-1}_{\Gamma,[\frac{s}{2}],\infty}\|w^*\|_{\Gamma,[\frac{s}{2}],\infty}$$

$$+ \|w_1^*\|_{\Gamma,s,p}\|\tilde{w}\|^{\alpha-1}_{\Gamma,[\frac{s}{2}],\alpha n}\|u\|_{\Gamma,[\frac{s}{2}],\alpha n}$$

$$+ \|w_2^*\|_{\Gamma,s,2}\|\tilde{w}\|^{\alpha-1}_{\Gamma,[\frac{s}{2}],\infty}\|u\|_{\Gamma,[\frac{s}{2}],\infty}$$

$$+ \|\tilde{w}_1\|_{\Gamma,s,p}\|\tilde{w}\|^{\alpha-2}_{\Gamma,[\frac{s}{2}],\alpha n}\|u\|_{\Gamma,[\frac{s}{2}],\alpha n}\|w^*\|_{\Gamma,[\frac{s}{2}],\alpha n}$$

$$+ \|\tilde{w}_2\|_{\Gamma,s,2}\|\tilde{w}\|^{\alpha-2}_{\Gamma,[\frac{s}{2}],\infty}\|u\|_{\Gamma,[\frac{s}{2}],\infty}\|w^*\|_{\Gamma,[\frac{s}{2}],\infty}\}. \quad (4.104)$$

其中 C_s 为正常数(可与 ν_0 有关),而有关记号的意义同 (4.96)—(4.98) 及 (4.79) 式.

证 首先考察 $\alpha \geqslant 2$ 的情形. 此时类似于 (4.99) 式,我们有

$$G(\bar{w}_1, \bar{w}_2) - G(\bar{\bar{w}}_1, \bar{\bar{w}}_2)$$

$$= H_1(\bar{w}, \bar{\bar{w}})w_1^* + H_2(\bar{w}, \bar{\bar{w}})w_2^*, \quad (4.105)$$

且当 (4.21) 式成立时,

$$H_i(\bar{w}, \bar{\bar{w}}) = O((|\bar{w}| + |\bar{\bar{w}}|)^{\alpha-1}) \ (i = 1,2). \quad (4.106)$$

完全类似于定理 4.10 的证明,就可得到所要证明的 (4.104) 式.

再考察 $\alpha = 1$ 的情形. 此时记

$$\bar{H}_i(\bar{w}, \bar{\bar{w}}) = H_i(\bar{w}, \bar{\bar{w}}) - H_i(0,0) \ (i = 1,2), \quad (4.107)$$

就可将 (4.105) 式改写为

$$G(\bar{w}_1, \bar{w}_2) - G(\bar{\bar{w}}_1, \bar{\bar{w}}_2)$$

$$= \bar{H}_1(\bar{w}, \bar{\bar{w}})w_1^* + \bar{H}_2(\bar{w}, \bar{\bar{w}})w_2^* + H_1(0,0)w_1^*$$

$$+ H_2(0,0)w_2^*, \quad (4.108)$$

而

$$\bar{H}_i(\bar{w}, \bar{\bar{w}}) = O(|\bar{w}| + |\bar{\bar{w}}|) \ (i = 1,2). \quad (4.109)$$

用类似于证明 (4.104) 式的方法,并注意到 $\bar{w}$ 及 $\bar{\bar{w}}$ 满足 (4.13) 式,此时我们可得

$$\|(\bar{H}_1(\bar{w}, \bar{\bar{w}})w_1^* + \bar{H}_2(\bar{w}, \bar{\bar{w}})w_2^*)u\|_{\Gamma,s,2}$$

$$\leqslant C\{\|u\|_{\Gamma,s,2}\|\tilde{w}\|_{\Gamma,[\frac{s}{2}],\infty}\|w^*\|_{\Gamma,[\frac{s}{2}],\infty}$$

$$+ \|w_1^*\|_{\Gamma,s,p}\|\tilde{w}\|_{\Gamma,[\frac{s}{2}],\infty}\|u\|_{\Gamma,[\frac{s}{2}],p}$$

$$+\|w_2^*\|_{\Gamma,s,2}\|\tilde{w}\|_{\Gamma,[\frac{s}{2}],\infty}\|u\|_{\Gamma,[\frac{s}{2}],\infty}$$

$$+\|\tilde{w}_1\|_{\Gamma,s,r}\|w^*\|_{\Gamma,[\frac{s}{2}],\infty}\|u\|_{\Gamma,[\frac{s}{2}],\infty}$$

$$+\|\tilde{w}_2\|_{\Gamma,s,2}\|w^*\|_{\Gamma,[\frac{s}{2}],\infty}\|u\|_{\Gamma,[\frac{s}{2}],\infty}\}$$

$$\leqslant C\{(\|u\|_{\Gamma,s,2}+\|\tilde{w}_1\|_{\Gamma,s,r}\|u\|_{\Gamma,[\frac{s}{2}],\infty}$$

$$+\|\tilde{w}_2\|_{\Gamma,s,2}\|u\|_{\Gamma,[\frac{s}{2}],\infty})\|w^*\|_{\Gamma,[\frac{s}{2}],\infty}$$

$$+\|w_1^*\|_{\Gamma,s,r}\|u\|_{\Gamma,[\frac{s}{2}],\infty}+\|w_2^*\|_{\Gamma,s,2}\|u\|_{\Gamma,[\frac{s}{2}],\infty}\}. \quad (4.110)$$

此外,用类似的办法易知

$$\|(H_1(0,0)w_1^*+H_2(0,0)w_2^*)u\|_{\Gamma,s,2}$$

$$\leqslant C\{\|u\|_{\Gamma,s,2}\|w^*\|_{\Gamma,[\frac{s}{2}],\infty}+\|w_1^*\|_{\Gamma,s,r}\|u\|_{\Gamma,[\frac{s}{2}],\infty}$$

$$+\|w_2^*\|_{\Gamma,s,2}\|u\|_{\Gamma,[\frac{s}{2}],\infty}\}. \quad (4.111)$$

合并 (4.110)—(4.111)式,就得到所要证明的(4.103)式。定理 4.11 证毕。

定理 4.12 设 $G=G(w)=G(w_1,w_2)$ 充分光滑,其中 $w=(w_1,w_2)$, 而 $w_1=(w_{11},\cdots,w_{1M})$ 及 $w_2=(w_{21},\cdots,w_{2N})$. 并设当 (4.21) 式成立时, (4.35) 式成立. 对任何整数 $s\geqslant 1$, 若向量函数 $w=w(t,x)=(w_1(t,x),w_2(t,x))$ 满足条件 (4.13), 且使下述不等式右端出现的范数有意义,则

$$\|\Gamma^s(G(w_1,w_2)u)-G(w_1,w_2)\Gamma^s u\|_{L^2(\mathbb{R}^n)}$$

$$\leqslant C_s\{\|w_1\|_{\Gamma,s,r}\|w\|^{\alpha-1}_{\Gamma,[\frac{s}{2}],\infty}\|u\|_{\Gamma,[\frac{s}{2}],\infty}$$

$$+\|w_2\|_{\Gamma,s,2}\|w\|^{\alpha-1}_{\Gamma,[\frac{s}{2}],\infty}\|u\|_{\Gamma,[\frac{s}{2}],\infty}$$

$$+\|u\|_{\Gamma,s-1,2}\|w\|^{\alpha}_{\Gamma,[\frac{s}{2}],\infty}\}, \quad (4.112)$$

其中 r 满足 (4.79) 式,而 C_s 是一个正常数(可与 ν_0 有关)。

证 由 (4.10) 式,有

$$\Gamma^s(G(w_1,w_2)u)-G(w_1,w_2)\Gamma^s u$$

$$=\sum_{\substack{k_1+k_2=s\\ k_2\leqslant s-1}} C_{k_1,k_2}\Gamma^{k_1}G(w_1,w_2)\Gamma^{k_2}u$$

$$
=\Big(\sum_{\substack{k_1+k_2=s\\ k_1\leqslant s-1\\ k_1\leqslant[\frac{s}{2}]}}+\sum_{\substack{k_1+k_2=s\\ k_2\leqslant s-1\\ k_1\geqslant[\frac{s}{2}]+1}}\Big)C_{k_1,k_2}\Gamma^{k_1}G(w_1,w_2)\Gamma^{k_2}u
$$

$$
\triangleq \mathrm{I}+\mathrm{II}. \tag{4.113}
$$

由 Hölder 不等式，并利用 (4.40) 式(在其中取 $p=\infty$)，有

$$
\begin{aligned}
\|\mathrm{I}\|_{L^2(\mathbf{R}^n)} &\leqslant C\|G(w_1,w_2)\|_{\Gamma,[\frac{s}{2}],\infty}\|u\|_{\Gamma,s-1,2}\\
&\leqslant C\|u\|_{\Gamma,s-1,2}\|w\|^{\alpha}_{\Gamma,[\frac{s}{2}],\infty}.
\end{aligned} \tag{4.114}
$$

为了估计 II，由 (4.35) 式，可将 $G=G(w_1,w_2)$ 改写为

$$
G(w_1,w_2)=\sum_{\alpha_1+\alpha_2=\alpha-1}G_{\alpha_1,\alpha_2}(w_1,w_2)w_1^{\alpha_1}w_2^{\alpha_2}, \tag{4.115}
$$

且仍有 (4.81) 式. 用完全类似于定理 4.9 中的证明方法，可以得到

$$
\begin{aligned}
\|\mathrm{II}\|_{L^2(\mathbf{R}^n)} \leqslant C\big(&\|w_1\|_{\Gamma,s,2}\|w\|^{\alpha-1}_{\Gamma,[\frac{s}{2}],\infty}\|u\|_{\Gamma,[\frac{s}{2}],\infty}\\
&+\|w_2\|_{\Gamma,s,2}\|w\|^{\alpha-1}_{\Gamma,[\frac{s}{2}],\infty}\|u\|_{\Gamma,[\frac{s}{2}],\infty}\big).
\end{aligned} \tag{4.116}
$$

将 (4.114) 及 (4.116) 式与 (4.113) 式联合，就得到所要证明的 (4.112) 式. 定理 4.12证毕.

注 4.1 由 (4.79) 式，定理 4.9—4.12 只对空间维数 $n\geqslant 2$ 的情形成立.

§ 5 拟线性波动方程的 Cauchy 问题

5.1 引言

在本节中我们进一步考察在上章 § 8 中曾经考察过的下述 n 维拟线性波动方程的 Cauchy 问题.

$$
\begin{cases}
u_{tt}-\Delta u=\displaystyle\sum_{i,j=1}^{n}b_{ij}(Du)u_{x_ix_j}+2\sum_{j=1}^{n}a_{0j}(Du)u_{tx_j}+F(Du), & (5.1)\\
t=0: u=\varepsilon\varphi(x), u_t=\varepsilon\psi(x), & (5.2)
\end{cases}
$$

这里仍记

$$Du=(u_t,u_{x_1},\cdots,u_{x_n}), \tag{5.3}$$

并为叙述方便起见，将初始条件写为 (5.2) 的形式，其中 $\varepsilon>0$ 是一个适当小的正数，而

$$\varphi,\psi\in C_0^\infty(\mathbf{R}^n). \tag{5.4}$$

令

$$\hat{\lambda}=(\lambda_i,i=0,1,\cdots,n), \tag{5.5}$$

假设在 $\hat{\lambda}=0$ 的一个邻域，例如说在 $|\hat{\lambda}|\leqslant 1$ 中，

$$b_{ij}(\hat{\lambda})=b_{ji}(\hat{\lambda})\ (i,j=1,\cdots,n), \tag{5.6}$$

$$b_{ij}(\hat{\lambda}),a_{0j}(\hat{\lambda})\ 及\ F(\hat{\lambda})\,(i,j=1,\cdots,n)\ 适当光滑, \tag{5.7}$$

且

$$b_{ij}(\hat{\lambda}),a_{0j}(\hat{\lambda})=O(|\hat{\lambda}|^\alpha), \tag{5.8}$$

$$F(\hat{\lambda})=O(|\hat{\lambda}|^{1+\alpha}), \tag{5.9}$$

其中 $\alpha\geqslant 1$ 为整数，且

$$\sum_{i,j=1}^n a_{ij}(\hat{\lambda})\xi_i\xi_j\geqslant m_0|\xi|^2,\ \forall\xi\in\mathbf{R}^n(m_0>0常数), \tag{5.10}$$

其中记

$$a_{ij}(\hat{\lambda})=\delta_{ij}+b_{ij}(\hat{\lambda}), \tag{5.11}$$

而 δ_{ij} 为 Kronecker 记号。

我们要利用前几节中所得到的估计式证明：若空间的维数满足条件

$$n>1+\frac{2}{\alpha}, \tag{5.12}$$

只要 ε 适当小，拟线性波动方程的 Cauchy 问题 (5.1)-(5.2) 必在 $t\geqslant 0$ 上存在唯一的整体经典解，且此解在 $t\to+\infty$ 时具有一定的衰减性。

5.2 度量空间 $X_{S,E}$

由 Sobolev 嵌入定理，可找到适当小的 $E_0>0$，使

$$\|f\|_{L^\infty(\mathbf{R}^n)} \leqslant 1,\quad \forall f \in H^{\left[\frac{n}{2}\right]+1}(\mathbf{R}^n),\ \|f\|_{H^{\left[\frac{n}{2}\right]+1}(\mathbf{R}^n)} \leqslant E_0. \tag{5.13}$$

为下文的需要，我们对任意给定的整数 $s \geqslant 2n+3$ 及正常数 $E \leqslant E_0$，引入如下的函数集合

$$X_{s,E} = \{v = v(t,x) \mid D_s(v) \leqslant E, \partial_t^l v(0,x) = u_l^{(0)}(x) \\ (l = 0,1,\cdots,s)\}, \tag{5.14}$$

其中记

$$D_s(v) = \sup_{t \geqslant 0} \|Dv(t,\cdot)\|_{\Gamma,s}, \tag{5.15}$$

$$u_0^{(0)} = \varepsilon\varphi(x),\quad u_1^{(0)} = \varepsilon\psi(x), \tag{5.16}$$

而 $u_l^{(0)}(l = 2,\cdots,s)$ 是形式上由方程 (5.1) 及初始条件 (5.2) 所唯一决定的解对 t 的偏导数 $\partial_t^l u(t,x)$ 在 $t=0$ 时之值，它由 $(\varepsilon\nabla\varphi, \varepsilon\psi)$ 的不超过 $l-1$ 阶的偏导数所组成，是具紧支集的适当光滑函数，特别在 $b_{ij}, a_{0j}\ (i,j = 1,\cdots,n)$ 及 F 为 C^∞ 函数时，它们也是 $C_0^\infty(\mathbf{R}^n)$ 中的函数.

由于算子集合 $(\partial_0, \partial_1, \cdots, \partial_n)$ 是 Γ 的一部分，容易看到：若 $v \in X_{s,E}$，则

$$Dv \in L^\infty(0,\infty; H^s(\mathbf{R}^n)), \tag{5.17}$$

$$\partial_t^l v \in L^\infty(0,\infty; H^{s-l+1}(\mathbf{R}^n))\ (l = 2,\cdots,s+1), \tag{5.18}$$

且对任何 $T > 0$，

$$v \in L^\infty(0,T; H^{s+1}(\mathbf{R}^n)). \tag{5.19}$$

此外，由 (3.45) 式，易知若 $v \in X_{s,E}$，则

$$|Dv(t,\cdot)|_{\Gamma,\left[\frac{s-1}{2}\right]+1} \leqslant CE(1+t)^{-\frac{n-1}{2}},\quad \forall t \geqslant 0, \tag{5.20}$$

其中 C 是一个正常数.

在 $X_{s,E}$ 上引入如下的度量：$\forall \bar{v}, \bar{\bar{v}} \in X_{s,E}$，

$$\rho(\bar{v}, \bar{\bar{v}}) = D_s(\bar{v} - \bar{\bar{v}}). \tag{5.21}$$

我们要证明

引理 5.1 若 $\varepsilon > 0$ 适当小，则 $X_{s,E}$ 是一个非空的完备度量空间.

证 任取一个在 $[0,\infty)$ 上无穷可微的函数 $a(t)$，使其满足

$$a(t)=\begin{cases}0, & t\geqslant 1,\\ t, & t=0 \text{ 附近},\end{cases} \tag{5.22}$$

则易知当 $\varepsilon>0$ 适当小时，函数

$$v=v(t,x)=\sum_{l=0}^{s}\frac{a^l(t)}{l!}u_l^{(0)}(x) \tag{5.23}$$

属于 $X_{s,E}$，故 $X_{s,E}$ 为非空.

易知 $X_{s,E}$ 对度量 (5.21) 构成一个度量空间. 为证明其完备性，设 $\{v_i\}$ 为其一 Cauchy 列:

$$\rho(v_i,v_j)\to 0,\quad i,j\to\infty, \tag{5.24}$$

要证明存在 $u\in X_{s,E}$，使

$$\rho(v_i,u)\to 0,\quad i\to\infty. \tag{5.25}$$

类似于上章引理 6.1 的证明，可得存在函数 $u=u(t,x)$，使得当 $i\to\infty$ 时成立

$$v_i\to u \text{ 在 } L^\infty(0,T;H^{s+1}(\mathbb{R}^n)) \text{ 中强收敛，} \forall T>0, \tag{5.26}$$

$$Dv_i\to Du \text{ 在 } L^\infty(0,T;H^s(\mathbb{R}^n)) \text{ 中强收敛，} \tag{5.27}$$

$$\partial_t^l v_i\to\partial_t^l u \text{ 在 } L^\infty(0,T;H^{s-l+1}(\mathbb{R}^n)) \text{ 中强收敛 } (l=2,\cdots,s+1). \tag{5.28}$$

从而

$$\partial_t^l v_i(0,\cdot)\to\partial_t^l u(0,\cdot) \text{ 在 } H^{s-l}(\mathbb{R}^n) \text{ 中强收敛 } (l=0,1,\cdots,s); \tag{5.29}$$

于是

$$\partial_t^l u(0,\cdot)=u_l^{(0)}(x)\quad (l=0,1,\cdots,s). \tag{5.30}$$

再注意到用 Γ 算子作用后的范数 $\|\ \|_{\Gamma,s}$ 是带权的 Sobolev 范数，由 (5.27) 式容易得到 $u\in X_{s,E}$，且 (5.25) 式成立. 引理 5.1 证毕.

5.3 Cauchy 问题 (5.1)-(5.2) 的整体经典解的存在唯一性

现在我们证明

定理 5.1 假设 (5.4)—(5.11) 式成立，并设空间维数满足 (5.12) 式. 对任何整数 $s\geqslant 2n+3$，存在适当小的正常数 ε_0 及

$E(E \leqslant E_0)$，使得对任何满足 $0 < \varepsilon \leqslant \varepsilon_0$ 的 ε，Cauchy 问题 (5.1)-(5.2) 均在 $t \geqslant 0$ 上存在唯一的整体经典解 $u \in X_{s,E}$，且必要时修改对 t 在区间 $[0,\infty)$ 的一个零测集上的数值后，对任何 $T > 0$，有

$$u \in C([0,T];H^{s+1}(\mathbb{R}^n)), \tag{5.31}$$

$$u_t \in C([0,T];H^s(\mathbb{R}^n)), \tag{5.32}$$

$$u_{tt} \in C([0,T];H^{s-1}(\mathbb{R}^n)). \tag{5.33}$$

为了证明定理 5.1，任取

$$v \in X_{s,E}, \tag{5.34}$$

由求解下述线性波动方程的 Cauchy 问题

$$\begin{cases} \Box u = \hat{F}(Dv, D_x Du) \\ \quad \triangleq \sum_{i,j=1}^n b_{ij}(Dv) u_{x_i x_j} + 2\sum_{j=1}^n a_{0j}(Dv) u_{t x_j} + F(Dv), \end{cases} \tag{5.35}$$

$$t = 0:\ u = \varepsilon\varphi(x),\ u_t = \varepsilon\psi(x) \tag{5.36}$$

定义一个映照

$$\hat{T}: v \to u = \hat{T} v. \tag{5.37}$$

和上章 §8 中一样，我们要证明：当 ε 及 E 适当小时，映照 $\hat{T}$ 将 $X_{s,E}$ 映照到自身，且在 $X_{s-1,E}$ 的度量下压缩，由此就可得到所要求的结论。

首先指出，完全类似于上章中的引理 8.2，我们有

引理 5.2 对任何 $v \in X_{s,E}$，必要时适当修改 t 在区间 $[0,\infty)$ 的一个零测集上的数值后，对任何 $T > 0$，有

$$u = \hat{T} v \in C([0,T];H^{s+1}(\mathbb{R}^n)), \tag{5.38}$$

$$u_t \in C([0,T];H^s(\mathbb{R}^n)), \tag{5.39}$$

$$u_{tt} \in L^\infty(0,T;H^{s-1}(\mathbb{R}^n)). \tag{5.40}$$

此外，易知我们还有

引理 5.3 对由 (5.35)-(5.36) 式决定的 $u = u(t,x) = \hat{T} v$，$\partial_t^l u(0,\cdot)$ $(l = 0,1,\cdots,s+1)$ 之值与 $v \in X_{s,E}$ 的选取无关，且

$$\partial_t^l u(0,\cdot) = u_l^{(0)}(x) \quad (l = 0,1,\cdots,s). \tag{5.41}$$

此外，还有

$$\|Du(0,\cdot)\|_{\Gamma,s} \leqslant C_0\varepsilon, \tag{5.42}$$

其中 $C_0 = C_0(\varepsilon, s)$ 是一个只与 ε 及 s 有关，而和 $v = v(t,x) \in \boldsymbol{X}_{s,E}$ 的选取无关的常数.

现在我们证明

引理 5.4 当 ε 及 E 适当小时，映照 $\hat{T}$ 将 $X_{s,E}$ 映照到自身.

证 我们要证明：当 ε 及 E 适当小时，对任何 $v \in X_{s,E}$，有

$$u = \hat{T}v \in X_{s,E}, \tag{5.43}$$

即

$$D_s(u) = \sup_{t \geqslant 0} \|Du(t,\cdot)\|_{\Gamma,s} \leqslant E. \tag{5.44}$$

利用引理 2.3，对任何多重指标 $k(|k| \leqslant s)$，由 (5.35) 式可得

$$\begin{aligned}
\Box \Gamma^k u &= \Gamma^k \Box u + \sum_{|i| \leqslant |k|-1} C_{ki} \Gamma^i \Box u \\
&= \Gamma^k(\hat{F}(Dv, D_x Du)) + \sum_{|i| \leqslant |k|-1} C_{ki} \Gamma^i(\hat{F}(Dv, D_x Du)) \\
&= \sum_{i,j=1}^n b_{ij}(Dv)(\Gamma^k u)_{x_i x_j} + 2\sum_{j=1}^n a_{0j}(Dv)(\Gamma^k u)_{t x_j} \\
&\quad + G_k + G_{k-1},
\end{aligned} \tag{5.45}$$

其中

$$\begin{aligned}
G_k = &\sum_{i,j=1}^n \{(\Gamma^k(b_{ij}(Dv)u_{x_i x_j}) - b_{ij}(Dv)\Gamma^k u_{x_i x_j}) \\
&+ b_{ij}(Dv)(\Gamma^k u_{x_i x_j} - (\Gamma^k u)_{x_i x_j})\} \\
&+ 2\sum_{j=1}^n \{(\Gamma^k(a_{0j}(Dv)u_{t x_j}) - a_{0j}(Dv)\Gamma^k u_{t x_j}) \\
&+ a_{0j}(Dv)(\Gamma^k u_{t x_j} - (\Gamma^k u)_{t x_j})\},
\end{aligned} \tag{5.46}$$

$$\begin{aligned}
G_{k-1} = \Gamma^k(F(Dv)) + \sum_{|i| \leqslant |k|-1} C_{ki} \Gamma^i \Big(&\sum_{i,j=1}^n b_{ij}(Dv) u_{x_i x_j} \\
&+ 2\sum_{j=1}^n a_{0j}(Du) u_{t x_j} + F(Dv) \Big).
\end{aligned} \tag{5.47}$$

记

$$a_{ij}(Dv)=\delta_{ij}+b_{ij}(Dv), \tag{5.48}$$

(5.45) 式可改写为

$$(\Gamma^k u)_{tt}-\sum_{i,j=1}^{n} a_{ij}(Dv)(\Gamma^k u)_{x_i x_j}-2\sum_{j=1}^{n} a_{0j}(Dv)(\Gamma^k u)_{t x_j}$$

$$=G_k+G_{k-1}. \tag{5.49}$$

利用分部积分,并注意到 (5.6) 式,有

$$-\int_{\mathbf{R}^n} a_{ij}(Dv)(\Gamma^k u)_{x_i x_j}(\Gamma^k u)_t dx$$

$$=\int_{\mathbf{R}^n} a_{ij}(Dv)(\Gamma^k u)_{x_j}(\Gamma^k u)_{x_i t} dx+\int_{\mathbf{R}^n}\frac{\partial a_{ij}(Dv)}{\partial x_i}(\Gamma^k u)_{x_j}(\Gamma^k u)_t dx$$

$$=\frac{d}{dt}\int_{\mathbf{R}^n} a_{ij}(Dv)(\Gamma^k u)_{x_i}(\Gamma^k u)_{x_j} dx$$

$$-\int_{\mathbf{R}^n}\frac{\partial a_{ij}(Dv)}{\partial t}(\Gamma^k u)_{x_i}(\Gamma^k u)_{x_j} dx$$

$$-\int_{\mathbf{R}^n} a_{ij}(Dv)(\Gamma^k u)_{x_i}(\Gamma^k u)_{x_j t} dx$$

$$+\int_{\mathbf{R}^n}\frac{\partial a_{ij}(Dv)}{\partial x_i}(\Gamma^k u)_{x_j}(\Gamma^k u)_t dx$$

$$=\frac{1}{2}\frac{d}{dt}\int_{\mathbf{R}^n} a_{ij}(Dv)(\Gamma^k u)_{x_i}(\Gamma^k u)_{x_j} dx$$

$$-\frac{1}{2}\int_{\mathbf{R}^n}\frac{\partial a_{ij}(Dv)}{\partial t}(\Gamma^k u)_{x_i}(\Gamma^k u)_{x_j} dx$$

$$+\int_{\mathbf{R}^n}\frac{\partial a_{ij}(Dv)}{\partial x_i}(\Gamma^k u)_{x_j}(\Gamma^k u)_t dx \tag{5.50}$$

及

$$-2\int_{\mathbf{R}^n} a_{0j}(Dv)(\Gamma^k u)_{t x_j}(\Gamma^k u)_t dx$$

$$=2\int_{\mathbf{R}^n} a_{0j}(Dv)(\Gamma^k u)_t(\Gamma^k u)_{t x_j} dx+2\int_{\mathbf{R}^n}\frac{\partial a_{0j}(Dv)}{\partial x_j}(\Gamma^k u)_t^2 dx$$

$$=\int_{\mathbf{R}^n}\frac{\partial a_{0j}(Dv)}{\partial x_j}(\Gamma^k u)_t^2 dx. \tag{5.51}$$

于是，用 $(\Gamma^k u)_t$ 乘 (5.49) 式的两端，并对 x 积分，可得

$$\frac{1}{2}\frac{d}{dt}\left(\|(\Gamma^k u)_t\|^2+\sum_{i,j=1}^{n}\int_{\mathbf{R}^n}a_{ij}(Dv)(\Gamma^k u)_{x_i}(\Gamma^k u)_{x_j}dx\right)$$

$$=\frac{1}{2}\sum_{i,j=1}^{n}\int_{\mathbf{R}^n}\frac{\partial a_{ij}(Dv)}{\partial t}(\Gamma^k u)_{x_i}(\Gamma^k u)_{x_j}dx$$

$$-\sum_{i,j=1}^{n}\int_{\mathbf{R}^n}\frac{\partial a_{ij}(Dv)}{\partial x_i}(\Gamma^k u)_{x_j}(\Gamma^k u)_t dx$$

$$-\sum_{j=1}^{n}\int_{\mathbf{R}^n}\frac{\partial a_{0j}(Dv)}{\partial x_j}(\Gamma^k u)_t^2 dx+\int_{\mathbf{R}^n}(\Gamma^k u)_t(G_k+G_{k-1})dx,$$

$$|k|\leqslant s. \tag{5.52}$$

再对 t 积分，就得到

$$\|(\Gamma^k u(t,\cdot))_t\|^2+\sum_{i,j=1}^{n}\int_{\mathbf{R}^n}a_{ij}(Dv(t,\cdot))(\Gamma^k u(t,\cdot))_{x_i}$$

$$\cdot(\Gamma^k u(t,\cdot))_{x_j}dx=\|(\Gamma^k u(0,\cdot))_t\|^2+\sum_{i,j=1}^{n}\int_{\mathbf{R}^n}a_{ij}(Dv(0,\cdot))$$

$$\cdot(\Gamma^k u(0,\cdot))_{x_i}(\Gamma^k u(0,\cdot))_{x_j}dx+\sum_{i,j=1}^{n}\int_0^t\left(\frac{\partial a_{ij}(Dv(\tau,\cdot))}{\partial\tau}\right.$$

$$\left.\cdot(\Gamma^k u(\tau,\cdot))_{x_j},(\Gamma^k u(\tau,\cdot))_{x_i}\right)_{L^2(\mathbf{R}^n)}d\tau$$

$$-2\sum_{i,j=1}^{n}\int_0^t\left(\frac{\partial a_{ij}(Dv(\tau,\cdot))}{\partial x_i}(\Gamma^k u(\tau,\cdot))_{x_j},(\Gamma^k u(\tau,\cdot))_\tau\right)_{L^2(\mathbf{R}^n)}d\tau$$

$$-2\sum_{j=1}^{n}\int_0^t\left(\frac{\partial a_{0j}(Dv(\tau,\cdot))}{\partial x_j}(\Gamma^k u(\tau,\cdot))_\tau,(\Gamma^k u(\tau,\cdot))_\tau\right)_{L^2(\mathbf{R}^n)}d\tau$$

$$+2\int_0^t(G_k(\tau,\cdot),(\Gamma^k u(\tau,\cdot))_\tau)_{L^2(\mathbf{R}^n)}d\tau$$

$$+2\int_0^t(G_{k-1}(\tau,\cdot),(\Gamma^k u(\tau,\cdot))_\tau)_{L^2(\mathbf{R}^n)}d\tau$$

$$=\|(\Gamma^k u(0,\cdot))_t\|^2+\sum_{i,j=1}^{n}\int_{\mathbf{R}^n}a_{ij}(Dv(0,\cdot))(\Gamma^k u(0,\cdot))_{x_i}$$

$$\cdot(\Gamma^k u(0,\cdot))_{x_j}dx + \mathrm{I} + \mathrm{II} + \mathrm{III} + \mathrm{IV} + \mathrm{V}. \tag{5.53}$$

注意到(5.8)式,并利用(5.20)式,有

$$\begin{aligned}\left\|\frac{\partial a_{ij}(Dv(\tau,\cdot))}{\partial\tau}\right\|_{L^\infty(\mathbf{R}^n)} &\leqslant C(\|Dv(\tau,\cdot)\|_{W^{1,\infty}(\mathbf{R}^n)} \\ &\quad + \|v_{\tau\tau}(\tau,\cdot)\|_{L^\infty(\mathbf{R}^n)})\|Dv(\tau,\cdot)\|^{\alpha-1}_{L^\infty(\mathbf{R}^n)} \\ &\leqslant C\|Dv(\tau,\cdot)\|^{\alpha}_{\Gamma,1,\infty} = C|Dv(\tau,\cdot)|^{\alpha}_{\Gamma,1} \\ &\leqslant CE^\alpha(1+\tau)^{-\frac{n-1}{2}\alpha}.\end{aligned} \tag{5.54}$$

由于在(5.12)式成立时,

$$\int_0^t(1+\tau)^{-\frac{n-1}{2}\alpha}d\tau\leqslant C, \tag{5.55}$$

并注意到(2.30)式及 $D_t(v)$ 的定义,易知

$$|\mathrm{I}|\leqslant CE^\alpha D_t^2(u). \tag{5.56}$$

同理

$$\begin{aligned}\left\|\frac{\partial a_{ij}(Dv(\tau,\cdot))}{\partial x_i}\right\|_{L^\infty(\mathbf{R}^n)} &\leqslant C\|Dv(\tau,\cdot)\|_{W^{1,\infty}(\mathbf{R}^n)}\|Dv(\tau,\cdot)\|^{\alpha-1}_{L^\infty(\mathbf{R}^n)} \\ &\leqslant C|Dv(\tau,\cdot)|^{\alpha}_{\Gamma,1}\leqslant CE^\alpha(1+\tau)^{-\frac{n-1}{2}\alpha},\end{aligned} \tag{5.57}$$

于是也有

$$|\mathrm{II}|\leqslant CE^\alpha D_t^2(u). \tag{5.58}$$

类似地有

$$|\mathrm{III}|\leqslant CE^\alpha D_t^2(u). \tag{5.59}$$

下面估计 $G_k(\tau,\cdot)$ 的 $L^2(\mathbf{R}^n)$ 范数.

在 $1\leqslant|k|\leqslant s$ 时,由(4.6)式(其中取 $r=q=2$ 及 $p=\infty$),

$$\begin{aligned}&\|\Gamma^k(b_{ij}(Dv)u_{x_ix_j}) - b_{ij}(Dv)\Gamma^k u_{x_ix_j}\|_{L^2(\mathbf{R}^n)} \\ &\leqslant C(|b_{ij}(Dv)|_{\Gamma,[\frac{s-1}{2}]+1}\|Du\|_{\Gamma,s} + \|b_{ij}(Dv)\|_{\Gamma,s}|Du|_{\Gamma,[\frac{s-1}{2}]+1}).\end{aligned} \tag{5.60}$$

由于 $v\in X_{s,E}$ 及(5.8)式,利用(4.40)式(在其中分别取 $p=\infty$ 及 $p=2$)及(5.20)式,有

$$|b_{ij}(Dv(\tau,\cdot))|_{\Gamma,[\frac{s-1}{2}]+1}\leqslant C|Dv|^{\alpha}_{\Gamma,[\frac{s-1}{2}]+1} \tag{5.61}$$

$$\leqslant CE^{\alpha}(1+\tau)^{-\frac{n-1}{2}\alpha},$$

$$\|b_{ij}(Dv(\tau,\cdot))\|_{\Gamma,s}\leqslant C\|Dv\|_{\Gamma,s}|Dv|^{\alpha-1}_{\Gamma,[\frac{s}{2}]}$$

$$\leqslant C\|Dv\|_{\Gamma,s}|Dv|^{\alpha-1}_{\Gamma,[\frac{s-1}{2}]+1}$$

$$\leqslant CE^{\alpha}(1+\tau)^{-\frac{n-1}{2}(\alpha-1)}. \tag{5.62}$$

将(5.61)—(5.62)代入(5.60)式，并注意到(3.45)式，当 $1\leqslant|k|\leqslant s$ 时，可得

$$\|\Gamma^k(b_{ij}(Dv)u_{x_ix_j})-b_{ij}(Dv)\Gamma^k u_{x_ix_j}\|_{L^2(\mathbb{R}^n)}$$
$$\leqslant CE^{\alpha}(1+\tau)^{-\frac{n-1}{2}\alpha}D_s(u). \tag{5.63}$$

在 $|k|=0$ 时，上式由于其左端恒为零，故仍然成立。

此外，注意到引理 2.1 所示的换位关系式，有

$$\|b_{ij}(Dv)(\Gamma^k u_{x_ix_j}-(\Gamma^k u)_{x_ix_j})\|_{L^2(\mathbb{R}^n)}$$
$$\leqslant\|b_{ij}(Dv)\|_{L^\infty(\mathbb{R}^n)}\|\Gamma^k u_{x_ix_j}-(\Gamma^k u)_{x_ix_j}\|_{L^2(\mathbb{R}^n)}$$
$$\leqslant C\|Dv\|^{\alpha}_{L^\infty(\mathbb{R}^n)}\|Du\|_{\Gamma,s}$$

$$\leqslant CE^{\alpha}(1+\tau)^{-\frac{n-1}{2}\alpha}D_s(u). \tag{5.64}$$

注意到(5.63)-(5.64)式以及对 G_k 中含 $a_{0j}(Dv)$ 的项的类似的估计式，就可得到

$$\|G_k(\tau,\cdot)\|_{L^2(\mathbb{R}^n)}\leqslant CE^{\alpha}(1+\tau)^{-\frac{n-1}{2}\alpha}D_s(u), \tag{5.65}$$

从而得到

$$|\mathrm{IV}|\leqslant CE^{\alpha}D_s^2(u). \tag{5.66}$$

现在估计 $G_{k-1}(\tau,\cdot)$ 的 $L^2(\mathbb{R}^n)$ 范数。

对任何多重指标 i, $|i|\leqslant|k|-1\leqslant s-1$，由(4.33)式(其中取 $r=q=2$ 及 $p=\infty$)，并注意到(3.45)及(5.20)式，有

$$\|\Gamma^i(b_{ij}(Dv)u_{x_ix_j})\|_{L^2(\mathbb{R}^n)}\leqslant\|b_{ij}(Dv)u_{x_ix_j}\|_{\Gamma,s-1}$$
$$\leqslant C(|Dv|_{\Gamma,[\frac{s-1}{2}]}\|Du\|_{\Gamma,s}+\|Dv\|_{\Gamma,s-1}|Du|_{\Gamma,[\frac{s-1}{2}]+1})$$

$$\cdot|Dv|^{\alpha-1}_{\Gamma,[\frac{s-1}{2}]}\leqslant CE^{\alpha}(1+\tau)^{-\frac{n-1}{2}\alpha}D_s(u). \tag{5.67}$$

类似地，有

$$\|\Gamma^i(a_{0j}(Dv)u_{tx_j})\|_{L^2(\mathbb{R}^n)}\leqslant CE^\alpha(1+\tau)^{-\frac{n-1}{2}\alpha}D_s(u). \tag{5.68}$$

此外，对任何多重指标 i，$|i|\leqslant|k|\leqslant s$，由 (5.9) 式及 (4.32) 式（其中取 $r=q=2$ 及 $p=\infty$），并注意到 (5.20) 式，有

$$\begin{aligned}\|\Gamma^i(F(Dv))\|_{L^2(\mathbb{R}^n)}&\leqslant C\|F(Dv)\|_{\Gamma,s}\\&\leqslant C\|Dv\|_{\Gamma,s}|Dv|^\alpha_{\Gamma,[\frac{s}{2}]}\leqslant C\|Dv\|_{\Gamma,s}|Dv|^\alpha_{\Gamma,[\frac{s-1}{2}]+1}\\&\leqslant CE^{1+\alpha}(1+\tau)^{-\frac{n-1}{2}\alpha}.\end{aligned} \tag{5.69}$$

由 (5.67)—(5.69) 式，就得到

$$\|G_{k-1}(\tau,\cdot)\|\leqslant CE^\alpha(1+\tau)^{-\frac{n-1}{2}\alpha}(E+D_s(u)). \tag{5.70}$$

从而得到

$$|\mathrm{V}|\leqslant CE^\alpha(ED_s(u)+D_s^2(u)). \tag{5.71}$$

由 (5.56)，(5.58)—(5.59)，(5.66) 及 (5.71) 式，并注意到 (5.10) 式及 (2.30) 式，由 (5.53) 式就得到

$$\|Du(t,\cdot)\|^2_{\Gamma,s}\leqslant C\|Du(0,\cdot)\|^2_{\Gamma,s}+CE^\alpha(ED_s(u)+D_s^2(u)),\quad\forall t\geqslant 0, \tag{5.72}$$

从而由 (5.42) 式，就有

$$\begin{aligned}D_s(u)&\leqslant C(\|Du(0,\cdot)\|_{\Gamma,s}+E^{\frac{\alpha}{2}}D_s(u)+E^{1+\frac{\alpha}{2}})\\&\leqslant C(\varepsilon+E^{\frac{\alpha}{2}}D_s(u)+E^{1+\frac{\alpha}{2}}).\end{aligned} \tag{5.73}$$

由此，只要选取 ε 及 E 适当小，(5.44) 式就一定成立。引理 5.4 证毕.

引理 5.5 当 ε 及 E 适当小时，在 $X_{s,E}$ 上定义的映照 $\mathcal{T}$ 按空间 $X_{s-1,E}$ 中度量是压缩的，这里

$$\begin{aligned}X_{s-1,E}=\{v=v(t,x)\,|\,&D_{s-1}(v)\leqslant E,\\&\partial_t^l v(0,x)=u_l^{(0)}(x)(l=0,1,\cdots,s-1)\},\end{aligned} \tag{5.74}$$

其中

$$D_{s-1}(v)=\sup_{t>0}\|Dv(t,\cdot)\|_{\Gamma,s-1}, \tag{5.75}$$

而 $X_{s-1,E}$ 中的度量定义为：$\forall\bar{v}$、$\bar{\bar{v}}\in X_{s-1,E}$，

$$\bar{\rho}(\bar{v},\bar{\bar{v}})=D_{s-1}(\bar{v}-\bar{\bar{v}}). \tag{5.76}$$

证 任取 $\bar{v},\bar{\bar{v}}\in X_{s,E}$，由引理5.4，当 ε 及 E 适当小时，有

$$\bar{u}=\hat{T}\bar{v},\ \bar{\bar{u}}=\hat{T}\bar{\bar{v}}\in X_{s,E}. \tag{5.77}$$

记

$$v^*=\bar{v}-\bar{\bar{v}},\ u^*=\bar{u}-\bar{\bar{u}}, \tag{5.78}$$

我们要证明：当 ε 及 E 适当小时，存在正常数 $\eta<1$，使得

$$\tilde{\rho}(\bar{u},\bar{\bar{u}})\leqslant\eta\tilde{\rho}(\bar{v},\bar{\bar{v}}), \tag{5.79}$$

即

$$D_{s-1}(u^*)\leqslant\eta D_{s-1}(v^*). \tag{5.80}$$

由映照 $\hat{T}$ 的定义，

$$\begin{cases}u^*_{tt}-\sum\limits_{i,j=1}^{n}a_{ij}(D\bar{v})u^*_{x_ix_j}-2\sum\limits_{j=1}^{n}a_{0j}(D\bar{v})u^*_{tx_j}=F^*, & (5.81)\\ t=0:\ u^*=0,\ u^*_t=0, & (5.82)\end{cases}$$

其中 a_{ij} 由 (5.48) 式定义，而

$$F^*=\sum_{i,j=1}^{n}(b_{ij}(D\bar{v})-b_{ij}(D\bar{\bar{v}}))\bar{\bar{u}}_{x_ix_j}+2\sum_{j=1}^{n}(a_{0j}(D\bar{v})-a_{0j}(D\bar{\bar{v}}))\bar{\bar{u}}_{tx_j}+F(D\bar{v})-F(D\bar{\bar{v}}). \tag{5.83}$$

类似于 (5.53) 式，由 (5.81)-(5.82) 式，并注意到引理5.3，对任何多重指标 $k(|k|\leqslant s-1)$，可得

$$\|(\Gamma^ku^*(t,\cdot))_t\|^2+\sum_{i,j=1}^{n}\int_{\mathbf{R}^n}a_{ij}(D\bar{v}(t,\cdot))(\Gamma^ku^*(t,\cdot))_{x_i}\cdot(\Gamma^ku^*(t,\cdot))_{x_j}dx=\sum_{i,j=1}^{n}\int_0^t\left(\frac{\partial a_{ij}(D\bar{v}(\tau,\cdot))}{\partial\tau}(\Gamma^ku^*(\tau,\cdot))_{x_j},(\Gamma^ku^*(\tau,\cdot))_{x_i}\right)_{L^2(\mathbf{R}^n)}d\tau-2\sum_{i,j=1}^{n}\int_0^t\left(\frac{\partial a_{ij}(D\bar{v}(\tau,\cdot))}{\partial x_i}\cdot(\Gamma^ku^*(\tau,\cdot))_{x_j},(\Gamma^ku^*(\tau,\cdot))_\tau\right)_{L^2(\mathbf{R}^n)}d\tau$$

$$-2\sum_{i,j=1}^{n}\int_0^t\left(\frac{\partial a_{0j}(D\bar{v}(\tau,\cdot))}{\partial x_j}(\Gamma^ku^*(\tau,\cdot))_\tau,(\Gamma^ku^*(\tau,\cdot))_\tau\right)_{L^2(\mathbf{R}^n)}d\tau+2\int_0^t(\bar{G}_k(\tau,\cdot),(\Gamma^ku^*(\tau,\cdot))_\tau)_{L^2(\mathbf{R}^n)}d\tau$$

$$+ 2\int_0^t (\bar{G}_{k-1}(\tau,\cdot),(\Gamma^k u^*(\tau,\cdot))_\tau)_{L^2(\mathbf{R}^n)}d\tau$$

$$+ 2\int_0^t (\hat{G}_k(\tau,\cdot),(\Gamma^k u^*(\tau,\cdot))_\tau)_{L^2(\mathbf{R}^n)}d\tau$$

$$= \mathrm{I} + \mathrm{II} + \mathrm{III} + \mathrm{IV} + \mathrm{V} + \mathrm{VI}, \tag{5.84}$$

其中

$$\begin{aligned}\bar{G}_k = &\sum_{i,j=1}^n \{(\Gamma^k(b_{ij}(D\bar{v})u^*_{x_ix_j}) - b_{ij}(D\bar{v})\Gamma^k u^*_{x_ix_j})\\ &+ b_{ij}(D\bar{v})(\Gamma^k u^*_{x_ix_j} - (\Gamma^k u^*)_{x_ix_j})\}\\ &+ 2\sum_{j=1}^n \{(\Gamma^k(a_{0j}(D\bar{v})u^*_{tx_j}) - a_{0j}(D\bar{v})\Gamma^k u^*_{tx_j})\\ &+ a_{0j}(D\bar{v})(\Gamma^k u^*_{tx_j} - (\Gamma^k u^*)_{tx_j})\},\end{aligned} \tag{5.85}$$

$$\bar{G}_{k-1} = \sum_{|i|\leqslant|k|-1} C_{ki}\Gamma^i\left(\sum_{i,j=1}^n b_{ij}(D\bar{v})u^*_{x_ix_j} + 2\sum_{j=1}^n a_{0j}(D\bar{v})u^*_{tx_j}\right), \tag{5.86}$$

$$\hat{G}_k = \Gamma^k(F^*) + \sum_{|i|\leqslant|k|-1} C_{ki}\Gamma^i(F^*). \tag{5.87}$$

完全类似于引理 5.4 中的证明，可以得到

$$|\mathrm{I}| + |\mathrm{II}| + |\mathrm{III}| + |\mathrm{IV}| + |\mathrm{V}| \leqslant CE^\alpha D^2_{s-1}(u^*), \tag{5.88}$$

剩下来只需估计 VI.

由假设 (5.7) 式，利用定理 4.8 中的 (4.74) 及 (4.77) 式，并注意到 (3.46) 式及 (5.20) 式；对任何多重指标 i ($|i| \leqslant s-1$)，可以得到

$$\begin{aligned}&\|\Gamma^i((b_{ij}(D\bar{v}) - b_{ij}(D\bar{\bar{v}}))\bar{\bar{u}}_{x_ix_j}\|_{L^2(\mathbf{R}^n)}\\ &\leqslant \|(b_{ij}(D\bar{v}) - b_{ij}(D\bar{\bar{v}}))\bar{\bar{u}}_{x_ix_j}\|_{\Gamma,s-1}\\ &\leqslant CE^\alpha(1+\tau)^{-\frac{n-1}{2}\alpha}D_{s-1}(v^*).\end{aligned} \tag{5.89}$$

同理有

$$\begin{aligned}&\|\Gamma^i((a_{0j}(D\bar{v}) - a_{0j}(D\bar{\bar{v}}))\bar{\bar{u}}_{tx_j}\|_{L^2(\mathbf{R}^n)}\\ &\leqslant CE^\alpha(1+\tau)^{-\frac{n-1}{2}\alpha}D_{s-1}(v^*)\ \ (|i| \leqslant s-1).\end{aligned} \tag{5.90}$$

这里，在得到(5.89)-(5.90)式时，本质上用到 $D_s(\bar{u}) \leqslant E$ 这一事实，这说明了为什么只能在 $X_{s-1,E}$ 的度量下证明算子 $\hat{T}$ 的压缩性. 又由假设(5.9)式，利用(4.55)式，并注意到(3.46)式及(5.20)式，对任何多重指标 i ($|i| \leqslant s-1$)，也有

$$\begin{aligned}&\|\Gamma^i(F(D\bar{v}) - F(D\bar{\bar{v}}))\|_{L^2(\mathbf{R}^n)}\\&\leqslant \|F(D\bar{v}) - F(D\bar{\bar{v}})\|_{\Gamma,s-1}\\&\leqslant CE^\alpha(1+\tau)^{-\frac{n-1}{2}\alpha}D_{s-1}(v^*).\end{aligned} \tag{5.91}$$

联合(5.89)—(5.91)式，就得到

$$\|\hat{G}_k(\tau,\cdot)\|_{L^2(\mathbf{R}^n)} \leqslant CE^\alpha(1+\tau)^{-\frac{n-1}{2}\alpha}D_{s-1}(v^*) \quad (|k| \leqslant s-1), \tag{5.92}$$

从而有

$$|VI| \leqslant CE^\alpha D_{s-1}(u^*)D_{s-1}(v^*). \tag{5.93}$$

将(5.88)式及(5.93)式代入(5.84)式，当 E 适当小时，就可得到

$$D_{s-1}(u^*) \leqslant CE^{\frac{\alpha}{2}}D_{s-1}(v^*), \tag{5.94}$$

其中 C 是一个正常数. 于是只要选取 E 适当小，就可使(5.80)式成立. 引理 5.5 证毕.

和上章§8中一样，有了引理 5.4 及引理 5.5，为了证明 $\hat{T}$ 在空间 $X_{s,E}$ 上具有唯一的不动点 $u \in X_{s,E}$:

$$u = \hat{T}u, \tag{5.95}$$

从而最终完成定理 5.1 的证明，只需证明

引理 5.6 $X_{s,E}$ 是 $X_{s-1,E}$ 中闭子集.

证 只要证明：若

$$v_i \in X_{s,E}, \tag{5.96}$$

且当 $i \to \infty$ 时，

$$v_i \longrightarrow v \text{ 在 } X_{s-1,E} \text{ 中成立}, \tag{5.97}$$

则

$$v \in X_{s,E}. \tag{5.98}$$

事实上，由(5.96)—(5.97)，易知对任何多重指标 k ($|k| \leqslant s$)，

$$\Gamma^k Dv_i \xrightharpoonup{*} \Gamma^k Dv \text{ 在 } L^\infty(0,\infty;L^2(\mathbf{R}^n)) \text{ 中弱 * 收敛},$$

从而易知 (5.98) 式成立．引理 5.6 证毕．

§6 非线性右端项显含 u 的情形

6.1 引言及预备事项

在本节中我们考察非线性右端项 $F=F(u,Du,D_xDu)$ 显含 u 的情形，其相应的拟线性波动方程的 Cauchy 问题为

$$\begin{cases} u_{tt}-\Delta u=\sum_{i,j=1}^{n} b_{ij}(u,Du)u_{x_ix_j}+2\sum_{j=1}^{n} a_{0j}(u,Du)u_{tx_j} \\ \qquad\qquad +F(u,Du), & (6.1) \\ t=0:\ u=\varepsilon\varphi(x),\ u_t=\varepsilon\psi(x), & (6.2) \end{cases}$$

其中

$$Du=(u_t,u_{x_1},\cdots,u_{x_n}), \tag{6.3}$$

$\varepsilon>0$ 是一个适当小的正数，而

$$\varphi,\psi\in C_0^\infty(\mathbf{R}^n). \tag{6.4}$$

令

$$\hat\lambda=(\lambda;\lambda_i,i=0,1,\cdots,n), \tag{6.5}$$

假设在 $\hat\lambda=0$ 的一个邻域，例如说在 $|\hat\lambda|\leqslant 1$ 中，仍有 (5.6)—(5.11) 式成立．我们要证明：若空间维数满足条件

$$n>\frac{\alpha+4+\sqrt{\alpha^2+16}}{2\alpha}\left(\text{此时 }\frac{n-1}{2}\left(1-\frac{2}{\alpha n}\right)\alpha>1\right), \tag{6.6}$$

只要 $\varepsilon>0$ 适当小，拟线性波动方程的 Cauchy 问题 (6.1)-(6.2) 必在 $t\geqslant 0$ 上存在唯一的整体经典解，且此解在 $t\to+\infty$ 时具有一定的衰减性．

下面仅在 $\alpha=2$ 或 3，从而 $n>2$ 的情形证明上述结果．在 $\alpha\geqslant 4$ 的情形，上述结果可以用更为简便的方法得到(参见李大潜、

陈韵梅[3]).

为了证明上述结果,我们需要下面一些估计式.

引理 6.1 设 $u=u(t,x)$ 是下述非齐次波动方程的 Cauchy 问题

$$\begin{cases} u_{tt}-\Delta u=F(t,x), & (6.7)\\ t=0:\ u=f(x),\ u_t=g(x) & (6.8)\end{cases}$$

的解,则估计式

$$\|u(t,\cdot)\|_{L^2(\mathbf{R}^n)}\leqslant\Big(C\|f\|_{L^2(\mathbf{R}^n)}+\|g\|_{L^q(\mathbf{R}^n)}+\int_0^t\|F(\tau,\cdot)\|_{L^q(\mathbf{R}^n)}d\tau\Big),\forall t\geqslant 0 \tag{6.9}$$

成立,其中 $n\geqslant 2$, q 满足

$$\frac{1}{q}=\frac{1}{2}+\frac{1}{n}, \tag{6.10}$$

而 c 是一个正常数.

证 在 $F\equiv 0$ 时的结果见 W. Von Wahl [1], 再利用 Duhamel 原理,就得到所要求的结论.

引理 6.2 设 $u=u(t,x)$ 是非齐次波动方程的 Cauchy 问题(6.7)-(6.8)的解,则对任何整数 $N\geqslant 0$, 估计式

$$\|u(t,\cdot)\|_{\Gamma,N,2}\leqslant C\Big(\|u(0,\cdot)\|_{\Gamma,N,2}+\|u_t(0,\cdot)\|_{\Gamma,N,q}+\int_0^t\|F(\tau,\cdot)\|_{\Gamma,N,q}d\tau\Big),\ \forall t\geqslant 0 \tag{6.11}$$

及

$$\|u(t,\cdot)\|_{\Gamma,N,p}\leqslant C(1+t)^{-\frac{n-1}{2}\left(1-\frac{2}{p}\right)}\Big(\|u(0,\cdot)\|_{\Gamma,N+n+1,2}+\|u_t(0,\cdot)\|_{\Gamma,N+n+1,q}+\int_0^t\|F(\tau,\cdot)\|_{\Gamma,N+n+1,q}d\tau\Big),$$
$$\forall t\geqslant 0 \tag{6.12}$$

成立,其中 $n\geqslant 2$, $p\geqslant 2$, q 满足(6.10)式, C 是一个正常数,而 $\|u(0,\cdot)\|_{\Gamma,N,2}$ 及 $\|u_t(0,\cdot)\|_{\Gamma,N,q}$ 分别记 $\|u(t,\cdot)\|_{\Gamma,N,2}$ 及 $\|u_t(t,\cdot)\|_{\Gamma,N,q}$ 在 $t=0$ 时之值等等.

证 对任何多重指标 k ($|k| \leqslant N$), 由 (2.36) 式并注意到 (6.7) 式,有

$$\square \Gamma^k u = \sum_{|i| \leqslant |k|} C_{ki} \Gamma^i F, \tag{6.13}$$

其中 C_{ki} 是适当的常数. 于是由 (6.9) 式, 并注意到 (2.30) 式, 可得

$$\|\Gamma^k u(t, \cdot)\|_{L^2(\mathbb{R}^n)} \leqslant C\Big(\|u(0, \cdot)\|_{\Gamma, N, 2} + \|u_t(0, \cdot)\|_{\Gamma, N, q} + \int_0^t \|F(\tau, \cdot)\|_{\Gamma, N, q} d\tau\Big), \tag{6.14}$$

由此立刻可得 (6.11) 式.

再由定理 3.1 可得

$$\|u(t, \cdot)\|_{\Gamma, N, \infty} \leqslant C(1+t)^{-\frac{n-1}{2}} \|u(t, \cdot)\|_{\Gamma, N+n+1, 2}. \tag{6.15}$$

联合 (6.14)—(6.15) 式,就可得到对任何 $p \geqslant 2$ 有

$$\begin{aligned}\|u(t, \cdot)\|_{\Gamma, N, p} &\leqslant C\|u(t, \cdot)\|_{\Gamma, N, \infty}^{\frac{p-2}{p}} \|u(t, \cdot)\|_{\Gamma, N, 2}^{\frac{2}{p}} \\ &\leqslant C(1+t)^{-\frac{n-1}{2}\left(1-\frac{2}{p}\right)} \|u(t, \cdot)\|_{\Gamma, N+n+1, 2} \\ &\leqslant C(1+t)^{-\frac{n-1}{2}\left(1-\frac{2}{p}\right)} \Big(\|u(0, \cdot)\|_{\Gamma, N+n+1, 2} \\ &\quad + \|u_t(0, \cdot)\|_{\Gamma, N+n+1, q} + \int_0^t \|F(\tau, \cdot)\|_{\Gamma, N+n+1, q} d\tau\Big), \\ &\qquad \forall t \geqslant 0,\end{aligned} \tag{6.16}$$

这就是所要证明的 (6.12) 式. 引理 6.2 证毕.

引理 6.3 设 $1 \leqslant p < n$, 则对任何具紧支集的函数 $u = u(x)$, 当下式右端所出现的范数有意义时,有

$$\|u\|_{L^r(\mathbb{R}^n)} \leqslant C\|D_x u\|_{L^p(\mathbb{R}^n)}, \tag{6.17}$$

其中 r 满足

$$\frac{1}{r} = \frac{1}{p} - \frac{1}{n}, \tag{6.18}$$

而 C 是一个仅与 n 及 p 有关的正常数.

证 见 J. L. Lions [2].

推论 6.1 设 $n > 2$。对任何具紧支集的函数 $u = u(x)$，若 $D_x u \in L^2(\mathbb{R}^n)$，则必有

$$\|u\|_{L^r(\mathbb{R}^n)} \leqslant C\|D_x u\|_{L^2(\mathbb{R}^n)}, \tag{6.19}$$

其中

$$\frac{1}{r} = \frac{1}{2} - \frac{1}{n}, \tag{6.20}$$

而 C 是一个仅与 n 有关的正常数。

6.2 度量空间 $X_{s_0,s,E}$

仍由 (5.13) 式来决定适当小的 $E_0 > 0$。为下文的需要，我们对任意给定的整数 $s_0 \geqslant n + 10$，$s_0 + n + 1 \leqslant s \leqslant 2s_0 - 9$ 及正常数 $E \leqslant E_0$，引入如下的函数集合

$$X_{s_0,s,E} = \{v = v(t,x) \mid D_{s_0,s}(v) \leqslant E,$$
$$\partial_t^l v(0,x) = u_l^{(0)}(x) \quad (l = 0,1,\cdots,s+1)\}, \tag{6.21}$$

其中记

$$D_{s_0,s}(v) = \sup_{t\geqslant 0}(1+t)^{\frac{n-1}{2}\left(1-\frac{2}{an}\right)}\|v(t,\cdot)\|_{\Gamma,s_0,an}$$
$$+ \sup_{t\geqslant 0}\|v(t,\cdot)\|_{\Gamma,s,2} + \sup_{t\geqslant 0}\|Dv(t,\cdot)\|_{\Gamma,s+1,2}, \tag{6.22}$$

$$u_0^{(0)} = \varepsilon\varphi(x), \quad u_1^{(0)} = \varepsilon\phi(x), \tag{6.23}$$

而 $u_l^{(0)}(x)(l = 2,\cdots,s+1)$ 是形式上由方程 (6.1) 及初始条件 (6.2) 所唯一决定的解对 t 的偏导数 $\partial_t^l u(t,x)$ 在 $t = 0$ 时之值，是具紧支集的适当光滑函数(特别在 b_{ij}, a_{0j} $(i, j = 1,\cdots,n)$ 及 F 为 C^∞ 函数时,它们也是 $C_0^\infty(\mathbb{R}^n)$ 中的函数)。

在 $X_{s_0,s,E}$ 上引入如下的度量：$\forall \bar{v}, \bar{\bar{v}} \in X_{s_0,s,E}$，

$$\rho(\bar{v},\bar{\bar{v}}) = D_{s_0,s}(\bar{v} - \bar{\bar{v}}). \tag{6.24}$$

和引理 5.1 完全类似地证明,有

引理 6.4 若 $\varepsilon > 0$ 适当小，则 $X_{s_0,s,E}$ 是一个非空的完备度量空间。

以下记 $\tilde{X}_{s_0,s,E}$ 为 $X_{s_0,s,E}$ 中对任何固定的 $t \geqslant 0$ 值、对变数 x 为紧支集的元素的全体所形成的子集。

6.3 Cauchy 问题(6.1)-(6.2)的整体经典解的存在唯一性

现在我们证明

定理 6.1 设 $\lambda > 2$. 假设(6.4)—(6.5)及(5.6)—(5.11)式成立，并设空间维数满足(6.6)式. 则对任何整数 $s_0 \geqslant n + 10$, $s_0 + n + 1 \leqslant s \leqslant 2s_0 - 9$，存在适当小的正常数 ε_0 及 $E(E \leqslant E_0)$，使得对任何满足 $0 < \varepsilon \leqslant \varepsilon_0$ 的 ε，Cauchy 问题(6.1)-(6.2)均在 $t \geqslant 0$ 上存在唯一的整体经典解 $u \in \widetilde{X}_{s_0,s,E}$，且必要时修改对 t 在区间 $[0,\infty)$ 的一个零测集上的数值后，对任何 $T > 0$，有

$$u \in C([0,T];H^{s+1}(\mathbf{R}^n)), \tag{6.25}$$
$$u_t \in C([0,T];H^s(\mathbf{R}^n)), \tag{6.26}$$
$$u_{tt} \in C([0,T];H^{s-1}(\mathbf{R}^n)). \tag{6.27}$$

为证明定理 6.1，任取

$$v \in \widetilde{X}_{s_0,s,E}, \tag{6.28}$$

由求解下述线性波动方程的 Cauchy 问题

$$\begin{cases} \square u = \hat{F}(v,Dv,D_xDu) \\ \triangleq \sum_{i,j=1}^{n} b_{ij}(v,Dv)u_{x_ix_j} + 2\sum_{j=1}^{n} a_{0j}(v,Dv)u_{tx_j} + F(v,Dv), & (6.29) \\ t = 0: \ u = \varepsilon\varphi(x), \ u_t = \varepsilon\psi(x) & (6.30) \end{cases}$$

定义一个映照

$$\hat{T}: v \to u = \hat{T}v. \tag{6.31}$$

我们要证明：当 ε 及 E 适当小时，$\hat{T}$ 将 $\widetilde{X}_{s_0,s,E}$ 映照到自身，且具有一定的压缩性，由此就可得到所要求的结论.

类似于引理 5.2 及引理 5.3，我们有

引理 6.5 对任何 $v \in \widetilde{X}_{s_0,s,E}$，必要时适当修改 t 在区间 $[0,\infty)$ 的一个零测集上的数值后，对任何 $T > 0$，有

$$u = \hat{T}v \in C([0,T];H^{s+1}(\mathbf{R}^n)), \tag{6.32}$$
$$u_t \in C([0,T];H^s(\mathbf{R}^n)), \tag{6.33}$$
$$u_{tt} \in L^\infty(0,T;H^{s-1}(\mathbf{R}^n)). \tag{6.34}$$

此外，对任何固定的 $t \geqslant 0$，$u=u(t,x)$ 对变数 x 为具紧支集的函数。

证 引理前一部分的证明同上一章引理 8.2 的证明，引理的后一部分由 (6.4) 式及对双曲型方程而言扰动的有限传播速度可得。

引理 6.6 对由 (6.29)-(6.30) 式决定的 $u=u(t,x)=\hat{T}v$，$\partial_t^l u(0,\cdot)$ $(l=0,1,\cdots,s+2)$ 之值与 $v \in \tilde{X}_{s_0,s,E}$ 的选取无关，且

$$\partial_t^l u(0,\cdot)=u_l^{(0)}(x) \quad (l=0,1,\cdots,s+1). \tag{6.35}$$

此外，还有

$$\|u(0,\cdot)\|_{\Gamma,s+2,2}+\|u_t(0,\cdot)\|_{\Gamma,s+1,q} \leqslant C_0\varepsilon, \tag{6.36}$$

其中 q 满足 (6.10) 式，$C_0=C_0(\varepsilon,s)$ 是一个只和 ε 及 s 有关，而和 $v=v(t,x) \in \tilde{X}_{s_0,s,E}$ 的选取无关的常数。

下面我们证明

引理 6.7 当 ε 及 E 适当小时，映照 T 将 $\tilde{X}_{s_0,s,E}$ 映照到自身。

证 由引理 6.5，我们只要证明：当 ε 及 E 适当小时，对任何 $v \in \tilde{X}_{s_0,s,E}$ 有

$$u=\hat{T}v \in X_{s_0,s,E}, \tag{6.37}$$

即成立

$$D_{s_0,s}(u) \leqslant E. \tag{6.38}$$

将 (6.12) 式(在其中取 $N=s_0$，$p=\alpha n$) 应用于 Cauchy 问题 (6.29)-(6.30)，并注意到 $s \geqslant s_0+n+1$，可得

$$\begin{aligned}
\|u(t,\cdot)\|_{\Gamma,s_0,\alpha n} \leqslant\; & C(1+t)^{-\frac{n-1}{2}\left(1-\frac{2}{\alpha n}\right)}\Big(\|u(0,\cdot)\|_{\Gamma,s_0+n+1,2} \\
& +\|u_t(0,\cdot)\|_{\Gamma,s_0+n+1,q}+\int_0^t \|\hat{F}(v,Dv,D_xDu)(\tau,\cdot)\|_{\Gamma,s_0+n+1,q}d\tau\Big) \\
\leqslant\; & C(1+t)^{-\frac{n-1}{2}\left(1-\frac{2}{\alpha n}\right)}\Big(\|u(0,\cdot)\|_{\Gamma,s,2}+\|u_t(0,\cdot)\|_{\Gamma,s,q} \\
& +\int_0^t \|\hat{F}(v,Dv,D_xDu)(\tau,\cdot)\|_{\Gamma,s_0+n+1,q}d\tau\Big),
\end{aligned} \tag{6.39}$$

其中 q 满足 (6.10) 式。

由 (4.50) 式，注意到 $s \geqslant s_0 + n + 1$ 及 $s_0 \geqslant n + 10$，并注意到 $X_{s_0,s,E}$ 及 $D_{s_0,s}(v)$ 的定义，有

$$
\begin{aligned}
&\|b_{ij}(v,Dv)u_{x_ix_j}\|_{\Gamma,s_0+n+1,q} \\
&\quad \leqslant C\{\|v\|_{\Gamma,\left[\frac{s_0+n+1}{2}\right]+1,\alpha n}\|Du\|_{\Gamma,s_0+n+2,2} \\
&\qquad + (\|v\|_{\Gamma,s_0+n+1,2} + \|Dv\|_{\Gamma,s_0+n+1,2})\|u\|_{\Gamma,\left[\frac{s_0+n+1}{2}\right]+2,\alpha n}\} \\
&\qquad \cdot \|v\|^{\alpha-1}_{\Gamma,\left[\frac{s_0+n+1}{2}\right]+1,\alpha n} \\
&\quad \leqslant C\{\|v\|_{\Gamma,s_0,\alpha n}\|Du\|_{\Gamma,s+1,2} \\
&\qquad + (\|v\|_{\Gamma,s,2} + \|Dv\|_{\Gamma,s,2})\|u\|_{\Gamma,s_0,\alpha n}\}\|v\|^{\alpha-1}_{\Gamma,s_0,\alpha n} \\
&\quad \leqslant CE^\alpha(1+\tau)^{-\frac{n-1}{2}\left(1-\frac{2}{\alpha n}\right)\alpha} D_{s_0,s}(u),
\end{aligned} \tag{6.40}
$$

同理有

$$
\|a_{0j}(v,Dv)u_{tx_j}\|_{\Gamma,s_0+n+1,q} \leqslant CE^\alpha(1+\tau)^{-\frac{n-1}{2}\left(1-\frac{2}{\alpha n}\right)\alpha} D_{s_0,s}(u). \tag{6.41}
$$

又由 (4.33) 式，类似地有

$$
\begin{aligned}
\|F(v,Dv)\|_{\Gamma,s_0+n+1,q} &\leqslant C(\|v\|_{\Gamma,s_0+n+1,2} + \|Dv\|_{\Gamma,s_0+n+1,2}) \\
&\quad \cdot \|v\|^{\alpha}_{\Gamma,\left[\frac{s_0+n+1}{2}\right]+1,\alpha n} \leqslant C(\|v\|_{\Gamma,s,2} + \|Dv\|_{\Gamma,s,2})\|v\|^{\alpha}_{\Gamma,s_0,\alpha n} \\
&\leqslant CE^{\alpha+1}(1+\tau)^{-\frac{n-1}{2}\left(1-\frac{2}{\alpha n}\right)\alpha}.
\end{aligned} \tag{6.42}
$$

将 (6.40)—(6.42) 代入 (6.39) 式，利用 (6.36) 式，并注意到在 (6.6) 式成立时有

$$
\int_0^t (1+\tau)^{-\frac{n-1}{2}\left(1-\frac{2}{\alpha n}\right)\alpha} d\tau \leqslant C, \tag{6.43}
$$

就可得到

$$
\begin{aligned}
&\sup_{t>0}(1+t)^{\frac{n-1}{2}\left(1-\frac{2}{\alpha n}\right)}\|u(t,\cdot)\|_{\Gamma,s_0,\alpha n} \\
&\quad \leqslant C_1(\varepsilon + E^\alpha D_{s_0,s}(u) + E^{1+\alpha}),
\end{aligned} \tag{6.44}
$$

其中 C_1 是一个正常数.

再利用 (6.11) 式(在其中取 $N = s$)，我们有

$$\|u(t,\cdot)\|_{\Gamma,s,2}\leqslant C\Big(\|u(0,\cdot)\|_{\Gamma,s,2}+\|u_t(0,\cdot)\|_{\Gamma,s,q}$$

$$+\int_0^t\|\hat{F}(v,Dv,D_xDu)(\tau,\cdot)\|_{\Gamma,s,q}d\tau\Big),\tag{6.45}$$

其中 q 满足 (6.10) 式.

类似于 (6.40)—(6.42) 式,并注意到 $s\leqslant 2s_0-9$，我们有

$$\|b_{ij}(v,Dv)u_{x_ix_j}\|_{\Gamma,s,q},\|a_{0j}(v,Dv)u_{tx_j}\|_{\Gamma,s,q}$$

$$\leqslant C\{\|v\|_{\Gamma,[\frac{s}{2}]+1,\infty}\|Du\|_{\Gamma,s+1,2}+(\|v\|_{\Gamma,s,2}+\|Dv\|_{\Gamma,s,2})$$

$$\cdot\|u\|_{\Gamma,[\frac{s}{2}]+2,\alpha n}\}\|v\|^{\alpha-1}_{\Gamma,[\frac{s}{2}]+1,\alpha n}\leqslant C\{\|v\|_{\Gamma,s_0,\alpha n}\|Du\|_{\Gamma,s+1,2}$$

$$+(\|v\|_{\Gamma,s,2}+\|Dv\|_{\Gamma,s,2})\|u\|_{\Gamma,s_0,\alpha n}\}\|v\|^{\alpha-1}_{\Gamma,s_0,\alpha n}$$

$$\leqslant CE^\alpha(1+\tau)^{-\frac{n-1}{2}(1-\frac{2}{\alpha n})\alpha}D_{s_0,s}(u),\tag{6.46}$$

$$\|F(v,Dv)\|_{\Gamma,s,q}\leqslant C(\|v\|_{\Gamma,s,2}+\|Dv\|_{\Gamma,s,2})\|v\|^{\alpha}_{\Gamma,[\frac{s}{2}]+1,\alpha n}$$

$$\leqslant C(\|v\|_{\Gamma,s,2}+\|Dv\|_{\Gamma,s,2})\|v\|^{\alpha}_{\Gamma,s_0,\alpha n}$$

$$\leqslant CE^{1+\alpha}(1+\tau)^{-\frac{n-1}{2}(1-\frac{2}{\alpha n})\alpha}.\tag{6.47}$$

将 (6.46)—(6.47) 代入 (6.45)，并注意到 (6.36) 及 (6.43) 式,就得到

$$\sup_{t\geqslant 0}\|u(t,\cdot)\|_{\Gamma,s,2}\leqslant C_2(\varepsilon+E^\alpha D_{s_0,s}(u)+E^{1+\alpha}),\tag{6.48}$$

其中 C_2 是一个正常数.

下面我们来估计 $\|Du(t,\cdot)\|_{\Gamma,s+1,2}$.

类似于 (5.53) 式，对任何多重指标 k ($|k|\leqslant s+1$)，我们有

$$\|(\Gamma^k u(t,\cdot))_t\|^2+\sum_{i,j=1}^n\int_{\mathbb{R}^n}a_{ij}(v(t,\cdot),Dv(t,\cdot))$$

$$\cdot(\Gamma^k u(t,\cdot))_{x_i}(\Gamma^k u(t,\cdot))_{x_j}dx$$

$$=\|(\Gamma^k u(0,\cdot))_t\|^2+\sum_{i,j=1}^n\int_{\mathbb{R}^n}a_{ij}(v(0,\cdot),Dv(0,\cdot))$$

$$\cdot(\Gamma^k u(0,\cdot))_{x_i}(\Gamma^k u(0,\cdot))_{x_j}dx$$

$$+\sum_{i,j=1}^n\int_0^t\Big(\frac{\partial a_{ij}(v(\tau,\cdot),Dv(\tau,\cdot))}{\partial\tau}(\Gamma^k u(\tau,\cdot))_{x_i},$$

$$(\Gamma^k u(\tau,\cdot))_{x_i}\Big)_{L^2(\mathbf{R}^n)} d\tau - 2\sum_{i,j=1}^n \int_0^t \Big(\frac{\partial a_{0j}(v(\tau,\cdot), Dv(\tau,\cdot))}{\partial x_j}$$

$$\cdot (\Gamma^k u(\tau,\cdot))_{x_j}, (\Gamma^k u(\tau,\cdot))_\tau \Big)_{L^2(\mathbf{R}^n)} d\tau$$

$$- 2\sum_{j=1}^n \int_0^t \Big(\frac{\partial a_{0j}(v(\tau,\cdot), Dv(\tau,\cdot))}{\partial x_j} (\Gamma^k u(\tau,\cdot))_\tau,$$

$$(\Gamma^k u(\tau,\cdot))_\tau \Big)_{L^2(\mathbf{R}^n)} d\tau + 2\int_0^t (G_k(\tau,\cdot), (\Gamma^k u(\tau,\cdot))_\tau)_{L^2(\mathbf{R}^n)} d\tau$$

$$+ 2\int_0^t (G_{k-1}(\tau,\cdot), (\Gamma^k u(\tau,\cdot))_\tau)_{L^2(\mathbf{R}^n)} d\tau = \|(\Gamma^k u(0,\cdot))_t\|^2$$

$$+ \sum_{i,j=1}^n \int_{\mathbf{R}^n} a_{ij}(v(0,\cdot), Dv(0,\cdot))(\Gamma^k u(0,\cdot))_{x_i}$$

$$\cdot (\Gamma^k u(0,\cdot))_{x_j} dx + \mathrm{I} + \mathrm{II} + \mathrm{III} + \mathrm{IV} + \mathrm{V}, \tag{6.49}$$

其中

$$G_k = \sum_{i,j=1}^n \{ (\Gamma^k(b_{ij}(v,Dv)u_{x_ix_j}) - b_{ij}(v,Dv)\Gamma^k u_{x_ix_j})$$

$$+ b_{ij}(v,Dv)(\Gamma^k u_{x_ix_j} - (\Gamma^k u)_{x_ix_j})\}$$

$$+ 2\sum_{j=1}^n \{ (\Gamma^k(a_{0j}(v,Dv)u_{tx_j}) - a_{0j}(v,Dv)\Gamma^k u_{tx_j})$$

$$+ a_{0j}(v,Dv)(\Gamma^k u_{tx_j} - (\Gamma^k u)_{tx_j})\}, \tag{6.50}$$

$$G_{k-1} = \Gamma^k(F(v,Dv)) + \sum_{|l|\le |k|-1} C_{kl}\Gamma^l \Big(\sum_{i,j=1}^n b_{ij}(v,Dv)u_{x_ix_j}$$

$$+ 2\sum_{j=1}^n a_{0j}(v,Dv)u_{tx_j} + F(v,Dv) \Big). \tag{6.51}$$

由 (5.8) 式及 $X_{s_0,t,E}$ 的定义，注意到由 Sobolev 嵌入定理有

$$W^{2,an}(\mathbf{R}^n) \subset L^\infty(\mathbf{R}^n)，\text{连续嵌入}， \tag{6.52}$$

并注意到 $s_0 \geq n + 10$，就可得到

$$\Big\| \frac{\partial a_{ij}(v(\tau,\cdot), Dv(\tau,\cdot))}{\partial \tau} \Big\|_{L^\infty(\mathbf{R}^n)}$$

$$\leq C(\|v(\tau,\cdot)\|_{L^\infty(\mathbf{R}^n)} + \|Dv(\tau,\cdot)\|_{L^\infty(\mathbf{R}^n)} + \|D^2 v(\tau,\cdot)\|_{L^\infty(\mathbf{R}^n)})^a$$

$$\leq C\|v(\tau,\cdot)\|^a_{\Gamma,2,\infty} \leq C\|v(\tau,\cdot)\|^a_{\Gamma,4,an}$$

$$\leqslant CE^{\alpha}(1+\tau)^{-\frac{n-1}{2}\left(1-\frac{2}{\alpha n}\right)\alpha}, \tag{6.53}$$

从而由 (6.43) 式并注意到 $D_{s_0,s}(v)$ 的定义及 (2.30) 式，有

$$|\mathrm{I}| \leqslant CE^{\alpha}D^2_{s_0,s}(u). \tag{6.54}$$

同理有

$$|\mathrm{II}|, |\mathrm{III}| \leqslant CE^{\alpha}D^2_{s_0,s}(u). \tag{6.55}$$

下面估计 $G_k(\tau,\cdot)$ 的 $L^2(\mathbf{R}^n)$ 范数. 若 $|k|=0$，显然有 $G_k\equiv 0$. 在 $1\leqslant|k|\leqslant s+1$ 时，由 (4.112) 式(在其中取 $w_1=v$, $w_2=Dv$)，注意到推论 6.1 及 (6.52) 式，并注意到 $s\leqslant 2s_0-9$，就有

$$\begin{aligned}
&\|\Gamma^k(b_{ij}(v,Dv)u_{x_ix_j})-b_{ij}(v,Dv)\Gamma^k u_{x_ix_j}\|_{L^2(\mathbf{R}^n)}\\
&\leqslant C\{\|v\|_{\Gamma,s+1,r}\|u\|_{\Gamma,[\frac{s+1}{2}]+2,\alpha n}\|v\|^{\alpha-1}_{\Gamma,[\frac{s+1}{2}]+1,\alpha n}\\
&\quad+\|Dv\|_{\Gamma,s+1,2}\|u\|_{\Gamma,[\frac{s+1}{2}]+2,\infty}\|v\|^{\alpha-1}_{\Gamma,[\frac{s+1}{2}]+1,\infty}\\
&\quad+\|Du\|_{\Gamma,s+1,2}\|v\|^{\alpha}_{\Gamma,[\frac{s+1}{2}]+1,\infty}\}\\
&\leqslant C(\|Dv\|_{\Gamma,s+1,2}\|u\|_{\Gamma,[\frac{s+1}{2}]+4,\alpha n}\|v\|^{\alpha-1}_{\Gamma,[\frac{s+1}{2}]+3,\alpha n}\\
&\quad+\|Du\|_{\Gamma,s+1,2}\|v\|^{\alpha}_{\Gamma,[\frac{s+1}{2}]+3,\alpha n})\\
&\leqslant C(\|Dv\|_{\Gamma,s+1,2}\|u\|_{\Gamma,s_0,\alpha n}+\|Du\|_{\Gamma,s+1,2}\|v\|_{\Gamma,s_0,\alpha n})\\
&\quad\cdot\|v\|^{\alpha-1}_{\Gamma,s_0,\alpha n}\leqslant CE^{\alpha}(1+\tau)^{-\frac{n-1}{2}\left(1-\frac{2}{\alpha n}\right)\alpha}D_{s_0,s}(u),
\end{aligned} \tag{6.56}$$

其中 r 满足 (6.20) 式. 又类似于 (5.64) 式，此时有

$$\begin{aligned}
&\|b_{ij}(v,Dv)(\Gamma^k u_{x_ix_j}-(\Gamma^k u)_{x_ix_j})\|_{L^2(\mathbf{R}^n)}\\
&\leqslant C(\|v\|_{L^\infty}+\|Dv\|_{L^\infty})^{\alpha}\|Du\|_{\Gamma,s+1,2}\\
&\leqslant C\|v\|^{\alpha}_{\Gamma,3,\alpha n}\|Du\|_{\Gamma,s+1,2}\leqslant CE^{\alpha}(1+\tau)^{-\frac{n-1}{2}\left(1-\frac{2}{\alpha n}\right)\alpha}D_{s_0,s}(u).
\end{aligned} \tag{6.57}$$

对 G_k 中含 a_{0j} 的项成立着类似的估计式，于是有

$$\|G_k(\tau,\cdot)\|_{L^2(\mathbf{R}^n)}\leqslant CE^{\alpha}(1+\tau)^{-\frac{n-1}{2}\left(1-\frac{2}{\alpha n}\right)\alpha}D_{s_0,s}(u), \tag{6.58}$$

从而由 (6.43) 式就得到

$$|\mathrm{IV}| \leqslant CE^{\alpha}D^2_{s_0,s}(u). \tag{6.59}$$

最后估计 $G_{k-1}(\tau,\cdot)$ 的 $L^2(\mathbf{R}^n)$ 范数．对任何多重指标 i，$|i| \leqslant |k|-1 \leqslant s$，类似于 (5.67) 式,同理有

$$\begin{aligned}
&\|\Gamma^i(b_{ij}(v,Dv)u_{x_ix_j})\|_{L^2(\mathbf{R}^n)} \leqslant \|b_{ij}(v,Dv)u_{x_ix_j}\|_{\Gamma,s,2} \\
&\leqslant C\{\|v\|_{\Gamma,[\frac{s}{2}]+1,\infty}\|Du\|_{\Gamma,s+1,2} + (\|v\|_{\Gamma,s,2} + \|Dv\|_{\Gamma,s,2}) \\
&\quad \cdot \|u\|_{\Gamma,[\frac{s}{2}]+2,\infty}\}\|v\|^{\alpha-1}_{\Gamma,[\frac{s}{2}]+1,\infty} \\
&\leqslant \{\|v\|_{\Gamma,[\frac{s}{2}]+3,\alpha n}\|Du\|_{\Gamma,s+1,2} + (\|v\|_{\Gamma,s,2} + \|Dv\|_{\Gamma,s,2}) \\
&\quad \cdot \|u\|_{\Gamma,[\frac{s}{2}]+4,\alpha n}\}\|v\|^{\alpha-1}_{\Gamma,[\frac{s}{2}]+3,\alpha n} \\
&\leqslant C\{\|v\|_{\Gamma,s_0,\alpha n}\|Du\|_{\Gamma,s+1,2} + (\|v\|_{\Gamma,s,2} + \|Dv\|_{\Gamma,s,2}) \\
&\quad \cdot \|u\|_{\Gamma,s_0,\alpha n}\} \cdot \|v\|^{\alpha-1}_{\Gamma,s_0,\alpha n} \\
&\leqslant CE^{\alpha}(1+\tau)^{-\frac{n-1}{2}\left(1-\frac{2}{\alpha n}\right)\alpha}D_{s_0,s}(u),
\end{aligned} \tag{6.60}$$

对 G_{k-1} 中含 a_{0j} 的项有类似的估计；又类似于 (5.69) 式,有

$$\begin{aligned}
\|\Gamma^i(F(v,Dv))\|_{L^2(\mathbf{R}^n)} &\leqslant C\|F(v,Dv)\|_{\Gamma,s,2} \\
&\leqslant C(\|v\|_{\Gamma,s,2} + \|Dv\|_{\Gamma,s,2})\|v\|^{\alpha}_{\Gamma,[\frac{s}{2}]+1,\infty} \\
&\leqslant C(\|v\|_{\Gamma,s,2} + \|Dv\|_{\Gamma,s,2})\|v\|^{\alpha}_{\Gamma,s_0,\alpha n} \\
&\leqslant CE^{1+\alpha}(1+\tau)^{-\frac{n-1}{2}\left(1-\frac{2}{\alpha n}\right)\alpha}.
\end{aligned} \tag{6.61}$$

这样,剩下来只须估计 $\Gamma^k(F(v,Dv))$ $(|k| = s+1)$ 的 $L^2(\mathbf{R}^n)$ 范数．由定理 4.9，并利用推论 6.1，我们有

$$\begin{aligned}
&\|\Gamma^k(F(v,Dv))\|_{L^2(\mathbf{R}^n)} \leqslant C\|F(v,Dv)\|_{\Gamma,s+1,2} \\
&\leqslant C\left(\|v\|_{\Gamma,s,+1,r}\|v\|^{\alpha}_{\Gamma,[\frac{s+1}{2}]+1,\alpha n} + \|Dv\|_{\Gamma,s+1,2}\|v\|^{\alpha}_{\Gamma,[\frac{s+1}{2}]+1,\infty}\right) \\
&\leqslant C\|Dv\|_{\Gamma,s+1,2}\|v\|^{\alpha}_{\Gamma,s_0,\alpha n} \\
&\leqslant CE^{1+\alpha}(1+\tau)^{-\frac{n-1}{2}\left(1-\frac{2}{\alpha n}\right)\alpha}.
\end{aligned} \tag{6.62}$$

联合 (6.60)—(6.62) 式,就得到

$$\|G_{k-1}(\tau,\cdot)\|_{L^2(\mathbf{R}^n)} \leqslant CE^{\alpha}(1+\tau)^{-\frac{n-1}{2}\left(1-\frac{2}{\alpha n}\right)\alpha}(E + D_{s_0,s}(u)), \tag{6.63}$$

从而有

$$|V| \leqslant CE^{\alpha}(ED_{s_0,s}(u) + D^2_{s_0,s}(u)). \tag{6.64}$$

由 (6.54)—(6.55), (6.59) 及 (6.64) 式,并注意到 (5.10) 式及 (6.36) 式,由 (6.49) 式就可得到

$$\|Du(t,\cdot)\|^2_{\Gamma,s+1,2} \leqslant C\{\varepsilon^2 + E^{\alpha}(ED_{s_0,s}(u) + D^2_{s_0,s}(u))\}, \tag{6.65}$$

从而有

$$\sup_{t>0}\|Du(t,\cdot)\|_{\Gamma,s+1,2} \leqslant C_3(\varepsilon + E^{\frac{\alpha}{2}}D_{s_0,s}(u) + E^{1+\alpha/2}), \tag{6.66}$$

其中 C_3 是一个正常数。

联合 (6.44), (6.48) 及 (6.66) 式就可得到：只要选取 ε 及 E 适当小, (6.38) 式就一定成立。引理 6.7 证毕。

引理 6.8 当 ε 及 E 适当小时, 在 $\tilde{X}_{s_0,s,E}$ 上定义的映照 $\hat{T}$ 按空间 $X_{s_0-1,s-1,E}$ 中的度量是压缩的,这里

$$X_{s_0-1,s-1,E} = \{v = v(t,x) \mid D_{s_0-1,s-1}(v) \leqslant E,\ \partial_t^l v(0,x) = u_l^{(0)}(x)(l = 0,1,\cdots,s)\}, \tag{6.67}$$

其中记

$$D_{s_0-1,s-1}(v) = \sup_{t>0}(1+t)^{\frac{n-1}{2}\left(1-\frac{2}{\theta n}\right)}\|v(t,\cdot)\|_{\Gamma,s_0-1,\theta n} + \sup_{t>0}\|v(t,\cdot)\|_{\Gamma,s-1,2} + \sup_{t>0}\|Dv(t,\cdot)\|_{\Gamma,s,2}, \tag{6.68}$$

而 $X_{s_0-1,s-1,E}$ 中的度量为：$\forall \bar{v},\bar{\bar{v}} \in X_{s_0-1,s-1,E}$,

$$\rho(\bar{v},\bar{\bar{v}}) = D_{s_0-1,s-1}(\bar{v} - \bar{\bar{v}}). \tag{6.69}$$

证 任取 $\bar{v},\bar{\bar{v}} \in \tilde{X}_{s_0,s,E}$, 由引理 6.7, 当 ε 及 E 适当小时,有

$$\bar{u} = \hat{T}\bar{v},\quad \bar{\bar{u}} = \hat{T}\bar{\bar{v}} \in \tilde{X}_{s_0,s,E}. \tag{6.70}$$

记

$$v^* = \bar{v} - \bar{\bar{v}},\quad u^* = \bar{u} - \bar{\bar{u}}, \tag{6.71}$$

我们要证明：当 ε 及 E 适当小时,存在正常数 $\eta < 1$, 使得

$$\rho(\bar{u},\bar{\bar{u}}) \leqslant \eta\rho(\bar{v},\bar{\bar{v}}), \tag{6.72}$$

即

$$D_{s_0-1,s-1}(u^*) \leqslant \eta D_{s_0-1,s-1}(v^*). \tag{6.73}$$

由映照 $\hat{T}$ 的定义，

$$\begin{cases} u_{tt}^* - \sum_{i,j=1}^{n} a_{ij}(\bar{v}, D\bar{v}) u_{x_ix_j}^* - 2\sum_{j=1}^{n} a_{0j}(\bar{v}, D\bar{v}) u_{tx_j}^* = F^*, & (6.74) \\ t = 0:\ u^* = 0,\ u_t^* = 0, & (6.75) \end{cases}$$

其中 a_{ij} 由 (5.11) 式定义，而

$$F^* = \sum_{i,j=1}^{n} (b_{ij}(\bar{v}, D\bar{v}) - b_{ij}(\bar{\bar{v}}, D\bar{\bar{v}}))\bar{\bar{u}}_{x_ix_j}$$

$$+ 2\sum_{j=1}^{n} (a_{0j}(\bar{v}, D\bar{v}) - a_{0j}(\bar{\bar{v}}, D\bar{\bar{v}}))\bar{\bar{u}}_{tx_j} \qquad (6.76)$$

$$+ F(\bar{v}, D\bar{v}) - F(\bar{\bar{v}}, D\bar{\bar{v}}).$$

类似于 (6.39) 式，注意到引理 6.6 前一部分的结论，此时有

$$\|u^*(t,\cdot)\|_{\Gamma, s_0-1, \alpha n}$$

$$\leqslant C(1+t)^{-\frac{n-1}{2}\left(1-\frac{2}{\alpha n}\right)} \int_0^t \Big\| F^* + \sum_{i,j=1}^{n} b_{ij}(\bar{v}, D\bar{v}) u_{x_ix_j}^*$$

$$+ 2\sum_{j=1}^{n} a_{0j}(\bar{v}, D\bar{v}) u_{tx_j}^* \Big\|_{\Gamma, s_0+n, q} d\tau. \qquad (6.77)$$

类似于(6.40)—(6.41)式，我们有

$$\Big\| \sum_{i,j=1}^{n} b_{ij}(\bar{v}, D\bar{v}) u_{x_ix_j}^* + 2\sum_{j=1}^{n} a_{0j}(\bar{v}, D\bar{v}) u_{tx_j}^* \Big\|_{\Gamma, s_0+n, q}$$

$$\leqslant CE^\alpha (1+\tau)^{-\frac{n-1}{2}\left(1-\frac{2}{\alpha n}\right)\alpha} D_{s_0-1, s-1}(u^*). \qquad (6.78)$$

再由 (4.56) 式（在其中取 $r = q$, $q = 2$, $p = \alpha n$ 及 $s = s_0 + n$），注意到 $X_{s_0, s, E}$ 及 $D_{s_0-1, s-1}(v)$ 的定义，并注意到 $s \geqslant s_0 + n + 1$ 及 $s_0 \geqslant n + 10$，有

$$\|F(\bar{v}, D\bar{v}) - F(\bar{\bar{v}}, D\bar{\bar{v}})\|_{\Gamma, s_0+n, q}$$

$$\leqslant C\Big\{ \|v^*\|_{\Gamma, \left[\frac{s_0+n}{2}\right]+1, \alpha n} (\|\bar{v}\|_{\Gamma, s_0+n+1, 2} + \|\bar{\bar{v}}\|_{\Gamma, s_0+n+1, 2})$$

$$+ (\|v^*\|_{\Gamma, s_0+n, 2} + \|Dv^*\|_{\Gamma, s_0+n, 2}) \Big(\|\bar{v}\|_{\Gamma, \left[\frac{s_0+n}{2}\right]+1, \alpha n}$$

$$+ \|\bar{\bar{v}}\|_{\Gamma, \left[\frac{s_0+n}{2}\right]+1, \alpha n} \Big) \Big\} \Big(\|\bar{v}\|_{\Gamma, \left[\frac{s_0+n}{2}\right]+1, \alpha n} + \|\bar{\bar{v}}\|_{\Gamma, \left[\frac{s_0+n}{2}\right]+1, \alpha n} \Big)^{\alpha-1}$$

$$\leqslant CE^{\alpha}(1+\tau)^{-\frac{n-1}{2}\left(1-\frac{2}{\alpha n}\right)\alpha}D_{s_0-1,s-1}(v^*). \tag{6.79}$$

又由 (4.73) 式及 (4.76) 式可得

$$\|(b_{ij}(\bar{v},D\bar{v})-b_{ij}(\bar{\bar{v}},D\bar{\bar{v}}))\bar{\bar{u}}_{x_ix_j}\|_{\Gamma,s_0+n,q}$$

$$\leqslant CE^{\alpha}(1+\tau)^{-\frac{n-1}{2}\left(1-\frac{2}{\alpha n}\right)\alpha}D_{s_0-1,s-1}(v^*). \tag{6.80}$$

事实上,当 $\alpha\geqslant 2$ 时,由 (4.76) 式(在其中取 $r=q$, $q=2$, $p=\alpha n$ 及 $s=s_0+n$), 有

$$\begin{aligned}
&\|(b_{ij}(\bar{v},D\bar{v})-b_{ij}(\bar{\bar{v}},D\bar{\bar{v}}))\bar{\bar{u}}_{x_ix_j}\|_{\Gamma,s_0+n,q}\\
&\leqslant C\left\{\left(\|D\bar{\bar{u}}\|_{\Gamma,s_0+n+1,2}\|v^*\|_{\Gamma,\left[\frac{s_0+n}{2}\right]+1,\alpha n}\right.\right.\\
&\quad\left.+\|\bar{\bar{u}}\|_{\Gamma,\left[\frac{s_0+n}{2}\right]+2,\alpha n}(\|v^*\|_{\Gamma,s_0+n,2}+\|Dv^*\|_{\Gamma,s_0+n,2})\right)\\
&\quad\cdot\left(\|\bar{v}\|_{\Gamma,\left[\frac{s_0+n}{2}\right]+1,\alpha n}+\|\bar{\bar{v}}\|_{\Gamma,\left[\frac{s_0+1}{2}\right]+1,\alpha n}\right)+\|\bar{\bar{u}}\|_{\Gamma,\left[\frac{s_0+n}{2}\right]+2,\alpha n}\\
&\quad\left.\cdot\|v^*\|_{\Gamma,\left[\frac{s_0+n}{2}\right]+1,\alpha n}(\|\bar{v}\|_{\Gamma,s_0+n+1,2}+\|\bar{\bar{v}}\|_{\Gamma,s_0+n+1,2})\right\}\\
&\quad\cdot\left(\|\bar{v}\|_{\Gamma,\left[\frac{s_0+n}{2}\right]+1,\alpha n}+\|\bar{\bar{v}}\|_{\Gamma,\left[\frac{s_0+n}{2}\right]+1,\alpha n}\right)^{\alpha-2}.
\end{aligned} \tag{6.81}$$

注意到 $s\geqslant s_0+n+1$ 及 $s_0\geqslant n+10$, 并注意到 $X_{s_0,s,E}$ 及 $D_{s_0-1,s-1}(v)$ 的定义,就在 $\alpha\geqslant 2$ 的情形得到 (6.80) 式. 而当 $\alpha=1$ 时, 由 (4.73) 式 (在其中取 $r=q$, $q=2$, $p=\alpha n=n$ 及 $s=s_0+n$), 有

$$\begin{aligned}
&\|(b_{ij}(\bar{v},D\bar{v})-b_{ij}(\bar{\bar{v}},D\bar{\bar{v}}))\bar{\bar{u}}_{x_ix_j}\|_{\Gamma,s_0+n,q}\\
&\leqslant C\left\{\left(\|D\bar{\bar{u}}\|_{\Gamma,s_0+n+1,2}\|v^*\|_{\Gamma,\left[\frac{s_0+n}{2}\right]+1,n}\right.\right.\\
&\quad\left.+\|\bar{\bar{u}}\|_{\Gamma,\left[\frac{s_0+n}{2}\right]+2,n}(\|v^*\|_{\Gamma,s_0+n,2}+\|Dv^*\|_{\Gamma,s_0+n,2})\right)\\
&\quad\cdot(1+\|\bar{v}\|_{\Gamma,\left[\frac{s_0+n}{2}\right]+1,\infty}+\|\bar{\bar{v}}\|_{\Gamma,\left[\frac{s_0+n}{2}\right]+1,\infty})\\
&\quad+\left(\|\bar{\bar{u}}\|_{\Gamma,\left[\frac{s_0+n}{2}\right]+2,n}\|v^*\|_{\Gamma,\left[\frac{s_0+n}{2}\right]+1,\infty}+\|\bar{\bar{u}}\|_{\Gamma,\left[\frac{s_0+n}{2}\right]+2,\infty}\right.\\
&\quad\left.\left.\cdot\|v^*\|_{\Gamma,\left[\frac{s_0+n}{2}\right]+1,n}\right)(\|\bar{v}\|_{\Gamma,s_0+n+1,2}+\|\bar{\bar{v}}\|_{\Gamma,s_0+n+1,2})\right\},
\end{aligned} \tag{6.82}$$

仍注意到 $s \geqslant s_0 + n + 1$ 及 $s_0 \geqslant n + 10$，并注意到 (6.52) 以及 $X_{s_0,s,E}$ 与 $D_{s_0-1,s-1}(v)$ 的定义，就在 $\alpha = 1$ 的情形得到 (6.80) 式. 对 F^* 中含 a_{0j} 的项成立着类似于 (6.80) 的估计式. 合并 (6.79)-(6.80) 式，就得到

$$\|F^*\|_{\Gamma,s_0+n,q} \leqslant CE^\alpha(1+\tau)^{-\frac{n-1}{2}\left(1-\frac{2}{\alpha n}\right)\alpha} D_{s_0-1,s-1}(v^*). \tag{6.83}$$

将 (6.83) 及 (6.78) 式代入 (6.77) 式，并利用 (6.43) 式，就得到

$$\begin{aligned}&\sup_{t>0}(1+t)^{\frac{n-1}{2}\left(1-\frac{2}{\alpha n}\right)}\|u^*(t,\cdot)\|_{\Gamma,s_0-1,\alpha n}\\ &\leqslant C_1E^\alpha(D_{s_0-1,s-1}(u^*) + D_{s_0-1,s-1}(v^*)),\end{aligned} \tag{6.84}$$

其中 C_1 是一个正常数.

又类似于 (6.45) 式，此时有

$$\begin{aligned}\|u^*(t,\cdot)\|_{\Gamma,s-1,2} \leqslant C\int_0^t \Big\|F^* &+ \sum_{i,j=1}^n b_{ij}(\bar{v},D\bar{v})u^*_{x_ix_j}\\ &+ 2\sum_{j=1}^n a_{0j}(\bar{v},D\bar{v})u^*_{tx_j}\Big\|_{\Gamma,s-1,q}d\tau,\end{aligned} \tag{6.85}$$

其中 q 满足 (6.10) 式. 采用完全和上面类似的估计就可得到

$$\sup_{t>0}\|u^*(t,\cdot)\|_{\Gamma,s-1,2} \leqslant C_2E^\alpha(D_{s_0-1,s-1}(u^*) + D_{s_0-1,s-1}(v^*)), \tag{6.86}$$

其中 C_2 是一个正常数.

最后我们来估计 $\|Du^*(t,\cdot)\|_{\Gamma,s,2}$. 类似于 (5.84) 式，对任何多重指标 $k(|k| \leqslant s)$，有

$$\begin{aligned}&\|(\Gamma^k u^*(t,\cdot))_t\|^2 + \sum_{i,j=1}^n\int_{\mathbb{R}^n} a_{ij}(\bar{v},D\bar{v}(t,\cdot))\\ &\quad\cdot(\Gamma^k u^*(t,\cdot))_{x_i}(\Gamma^k u^*(t,\cdot))_{x_j}dx\\ &= \sum_{i,j=1}^n\int_0^t\left(\frac{\partial a_{ij}(\bar{v},D\bar{v}(\tau,\cdot))}{\partial\tau}(\Gamma^k u^*(\tau,\cdot))_{x_j},\right.\\ &\quad\left.(\Gamma^k u^*(\tau,\cdot))_{x_i}\right)_{L^2(\mathbb{R}^n)}d\tau - 2\sum_{i,j=1}^n\int_0^t\left(\frac{\partial a_{ij}(\bar{v},D\bar{v}(\tau,\cdot))}{\partial x_i}\right.\end{aligned}$$

$$\cdot(\Gamma^k u^*(\tau,\cdot))_{x_j},(\Gamma^k u^*(\tau,\cdot))_\tau\Big)_{L^2(\mathbf{R}^n)}d\tau$$

$$-2\sum_{i,j=1}^n\int_0^t\Big(\frac{\partial a_{0j}(\bar{v},D\bar{v}(\tau,\cdot))}{\partial x_j}$$

$$\cdot(\Gamma^k u^*(\tau,\cdot))_\tau,(\Gamma^k u^*(\tau,\cdot))_\tau\Big)_{L^2(\mathbf{R}^n)}d\tau$$

$$+2\int_0^t(\bar{G}_k(\tau,\cdot),(\Gamma^k u^*(\tau,\cdot))_\tau)_{L^2(\mathbf{R}^n)}d\tau$$

$$+2\int_0^t(\bar{G}_{k-1}(\tau,\cdot),(\Gamma^k u^*(\tau,\cdot))_\tau)_{L^2(\mathbf{R}^n)}d\tau$$

$$+2\int_0^t(\hat{G}_k(\tau,\cdot),(\Gamma^k u^*(\tau,\cdot))_\tau)_{L^2(\mathbf{R}^n)}d\tau$$

$$=\mathrm{I}+\mathrm{II}+\mathrm{III}+\mathrm{IV}+\mathrm{V}+\mathrm{VI}, \tag{6.87}$$

其中

$$\bar{G}_k=\sum_{i,j=1}^n\{(\Gamma^k(b_{ij}(\bar{v},D\bar{v})u^*_{x_ix_j})-b_{ij}(\bar{v},D\bar{v})\Gamma^k u^*_{x_ix_j})$$

$$+b_{ij}(\bar{v},D\bar{v})(\Gamma^k u^*_{x_ix_j}-(\Gamma^k u^*)_{x_ix_j})\}$$

$$+2\sum_{j=1}^n\{(\Gamma^k(a_{0j}(\bar{v},D\bar{v})u^*_{tx_j})-a_{0j}(\bar{v},D\bar{v})\Gamma^k u^*_{tx_j})$$

$$+a_{0j}(\bar{v},D\bar{v})(\Gamma^k u^*_{tx_j}-(\Gamma^k u^*)_{tx_j})\}, \tag{6.88}$$

$$\bar{G}_{k-1}=\sum_{|i|\leqslant|k|-1}C_{ki}\Gamma^i\Big(\sum_{i,j=1}^n b_{ij}(\bar{v},D\bar{v})u^*_{x_ix_j}$$

$$+2\sum_{j=1}^n a_{0j}(\bar{v},D\bar{v})u^*_{tx_j}\Big), \tag{6.89}$$

$$\hat{G}_k=\Gamma^k(F^*)+\sum_{|i|\leqslant|k|-1}C_{ki}\Gamma^i(F^*). \tag{6.90}$$

完全类似于引理 6.7 中的证明，可得

$$|\mathrm{I}|,|\mathrm{II}|,|\mathrm{III}|,|\mathrm{IV}|,|\mathrm{V}|\leqslant CE^{\alpha}D^2_{s0-1,s-1}(u^*). \tag{6.91}$$

剩下来只须估计 VI.

对任何多重指标 $i\,(|i|\leqslant s)$，由 (4.95) 式 (在其中取 $w_1=v$，$w_2=Dv$)，我们有

$$\|\Gamma^i(F(\bar{v},D\bar{v})-F(\bar{v},D\bar{v}))\|_{L^2(\mathbf{R}^n)}$$

$$\leqslant\|F(\bar{v},D\bar{v})-F(\bar{v},D\bar{v})\|_{\Gamma,s,2}$$

$$\leqslant C\{\|v^*\|_{\Gamma,s,r}\|\tilde{v}\|^{\alpha}_{\Gamma,[\frac{s}{2}]+1,\alpha n}+\|Dv^*\|_{\Gamma,s,2}\|\tilde{v}\|^{\alpha}_{\Gamma,[\frac{s}{2}]+1,\infty}$$
$$+\|\tilde{v}\|_{\Gamma,s,r}\|\tilde{v}\|^{\alpha-1}_{\Gamma,[\frac{s}{2}]+1,\alpha n}\|v^*\|_{\Gamma,[\frac{s}{2}]+1,\alpha n}$$
$$+\|D\tilde{v}\|_{\Gamma,s,2}\|\tilde{v}\|^{\alpha-1}_{\Gamma,[\frac{s}{2}]+1,\infty}\|v^*\|_{\Gamma,[\frac{s}{2}]+1,\infty},\} \tag{6.92}$$

其中对任何整数$N\geqslant 0$及实数 $p(1\leqslant p\leqslant +\infty)$，记

$$\|\tilde{v}\|_{\Gamma,N,p}=\|\bar{v}\|_{\Gamma,N,p}+\|\bar{\bar{v}}\|_{\Gamma,N,p}. \tag{6.93}$$

注意到 $X_{s_0,s,E}$ 及 $D_{s_0-1,s-1}(v)$ 的定义，利用推论 6.1 及 (6.52) 式，并注意到 $s\leqslant 2s_0-9$，由 (6.92) 式就容易得到

$$\|\Gamma^i(F(\bar{v},D\bar{v})-F(\bar{\bar{v}},D\bar{\bar{v}}))\|_{L^2(\mathbb{R}^n)}$$
$$\leqslant CE^{\alpha}(1+\tau)^{-\frac{n-1}{2}\left(1-\frac{2}{\alpha n}\right)\alpha}D_{s_0-1,s-1}(v^*). \tag{6.94}$$

再由定理 4.11，对任何多重指标 $i(|i|\leqslant s)$，类似地可以得到

$$\|\Gamma^i((b_{ij}(\bar{v},D\bar{v})-b_{ij}(\bar{\bar{v}},D\bar{\bar{v}}))\bar{\bar{u}}_{x_ix_j})\|_{L^2(\mathbb{R}^n)},$$
$$\|\Gamma^i((a_{0j}(\bar{v},D\bar{v})-a_{0j}(\bar{\bar{v}},D\bar{\bar{v}}))\bar{\bar{u}}_{tx_j})\|_{L^2(\mathbb{R}^n)}$$
$$\leqslant CE^{\alpha}(1+\tau)^{-\frac{n-1}{2}\left(1-\frac{2}{\alpha n}\right)\alpha}D_{s_0-1,s-1}(v^*). \tag{6.95}$$

事实上，当$\alpha\geqslant 2$时，由 (4.104) 式(在其中取 $w_1=v$, $w_2=Dv$)，我们有

$$\|\Gamma^i((b_{ij}(\bar{v},D\bar{v})-b_{ij}(\bar{\bar{v}},D\bar{\bar{v}}))\bar{\bar{u}}_{x_ix_j})\|_{L^2(\mathbb{R}^n)}$$
$$\leqslant\|(b_{ij}(\bar{v},D\bar{v})-b_{ij}(\bar{\bar{v}},D\bar{\bar{v}}))\bar{\bar{u}}_{x_ix_j}\|_{\Gamma,s,2}$$
$$\leqslant C\{\|D\bar{\bar{u}}\|_{\Gamma,s+1,2}\|\tilde{v}\|^{\alpha-1}_{\Gamma,[\frac{s}{2}]+1,\infty}\|v^*\|_{\Gamma,[\frac{s}{2}]+1,\infty}$$
$$+\|v^*\|_{\Gamma,s,r}\|\tilde{v}\|^{\alpha-1}_{\Gamma,[\frac{s}{2}]+1,\alpha n}\|\bar{\bar{u}}\|_{\Gamma,[\frac{s}{2}]+2,\alpha n}$$
$$+\|Dv^*\|_{\Gamma,s,2}\|\tilde{v}\|^{\alpha-1}_{\Gamma,[\frac{s}{2}]+1,\infty}\|\bar{\bar{u}}\|_{\Gamma,[\frac{s}{2}]+2,\infty}$$
$$+\|\tilde{v}\|_{\Gamma,s,r}\|\tilde{v}\|^{\alpha-2}_{\Gamma,[\frac{s}{2}]+1,\alpha n}\|v^*\|_{\Gamma,[\frac{s}{2}]+1,\alpha n}\|\bar{\bar{u}}\|_{\Gamma,[\frac{s}{2}]+2,\alpha n}$$
$$+\|D\tilde{v}\|_{\Gamma,s,2}\|\tilde{v}\|^{\alpha-2}_{\Gamma,[\frac{s}{2}]+1,\infty}\|v^*\|_{\Gamma,[\frac{s}{2}]+1,\infty}\|\bar{\bar{u}}\|_{\Gamma,[\frac{s}{2}]+2,\infty}\}. \tag{6.96}$$

利用推论 6.1 及 (6.52) 式，注意到 $X_{s_0,s,E}$ 及 $D_{s_0-1,s-1}(v)$ 的定义，并注意到 $s\leqslant 2s_0-9$，就在$\alpha\geqslant 2$的情形得到 (6.95) 式。而当$\alpha=1$时，由 (4.103) 式，可得

$$\|\Gamma^i((b_{ij}(\bar{v},D\bar{v})-b_{ij}(\bar{\bar{v}},D\bar{\bar{v}}))\bar{\bar{u}}_{x_ix_j})\|_{L^2(\mathbb{R}^n)}$$

$$\leqslant \|(b_{ij}(\tilde{v}, D\tilde{v}) - b_{ij}(\bar{\bar{v}}, D\bar{\bar{v}}))\bar{\bar{u}}_{x_ix_j}\|_{\Gamma,s,2}$$

$$\leqslant C\{(\|D\bar{\bar{u}}\|_{\Gamma,s+1,2} + \|\tilde{v}\|_{\Gamma,s,r}\|\bar{\bar{u}}\|_{\Gamma,[\frac{s}{2}]+2,n}$$

$$+ \|D\tilde{v}\|_{\Gamma,s,2}\|\bar{\bar{u}}\|_{\Gamma,[\frac{s}{2}]+2,\infty})\|v^*\|_{\Gamma,[\frac{s}{2}]+1,\infty}$$

$$+ \|v^*\|_{\Gamma,s,r}\|\bar{\bar{u}}\|_{\Gamma,[\frac{s}{2}]+2,n} + \|Dv^*\|_{\Gamma,s,2}\|\bar{\bar{u}}\|_{\Gamma,[\frac{s}{2}]+2,\infty}\}, \quad (6.97)$$

由此类似地就可得到在 $\alpha = 1$ 情形的 (6.95) 式.

合并 (6.94)—(6.95) 式,就得到

$$\|\hat{G}_k\|_{L^2(\mathbf{R}^n)} \leqslant CE^\alpha(1+\tau)^{-\frac{n-1}{2}\left(1-\frac{2}{\alpha n}\right)\alpha} D_{s_0-1,s-1}(v^*), \quad (6.98)$$

从而注意到 (6.43) 式有

$$|\mathrm{VI}| \leqslant CE^\alpha D_{s_0-1,s-1}(u^*)(D_{s_0-1,s-1}(u^*) + D_{s_0-1,s-1}(v^*)). \quad (6.99)$$

由 (6.91) 及 (6.99) 式,并注意到 (5.10) 及 (2.30) 式,就可得到

$$\sup_{t>0} \|Du^*(t,\cdot)\|_{\Gamma,s,2} \leqslant C_3 E^{\frac{\alpha}{2}}(D_{s_0-1,s-1}(u^*) + D_{s_0-1,s-1}(v^*)), \quad (6.100)$$

其中 C_3 是一个正常数.

联合 (6.84), (6.86) 及 (6.100) 式,易知只要选取 E 适当小,就可使 (6.73) 式成立. 引理 6.8 证毕.

此外,和引理 5.6 一样,此时我们有

引理 6.9 $X_{s_0,s,E}$ 是 $X_{s_0-1,s-1,E}$ 中的闭子集.

利用引理 6.7—6.9,就可以证明映照 $\hat{T}$ 在空间 $X_{s_0,s,E}$ 中具有不动点 $u \in X_{s_0,s,E}$:

$$u = \hat{T}u. \quad (6.101)$$

此外,根据波动具有有限传播速度的事实,易知有

$$u \in \tilde{X}_{s_0,s,E}, \quad (6.102)$$

从而由引理 6.8, 这个不动点也是唯一的. 至于定理 6.1 的其余部分,可以和上章 §8 中完全一样地证明. 定理 6.1 证毕.

参 考 文 献

R. A. Adams

[1] 索伯列夫空间，叶其孝等译，人民教育出版社，1983.

G. Andrews

[1] On the existence of solutions to the equation $u_{tt}=u_{xxt}+\sigma(u_x)_x$, *J. Diff. Equations*, 35(1980), 200—231.

J. M. Ball

[1] Remarks on blow-up and nonexistence theorems for nonlinear evolution equations, *Quart. J. Math. Oxford*, 28(1977), 473—486.

Jöran Bergh and Jörgen Löfström

[1] Interpolation Spaces, An introduction, Springer-Verlag, 1976.

H. Brezis and T. Gallouet

[1] Nonlinear Schrödinger evolution equations, *Nonlinear Analysis, Theory, Methods and Applications*, 4(1980), 677—681.

Paul L. Butzer and Hubert Berens

[1] Semi-groups of Operators and Approximation, Springer-Verlag, New York Inc., 1967.

J. M. Chadam and R. T. Glassey

[1] On certain global solutions of the Cauchy problem for the (classical) coupled Klein-Gordon-Dirac equations in one and three space dimensions, *Arch. Rat. Mech. Anal.*, 54(1974), 223—237.

Chen Yun-mei (陈韵梅)

[1] Global solution of the nonlinear Schrödinger equations in an exterior domain, *Acta Mathematicae Applicatae Sinica*. 2(1985), 191—212.

[2] The initial-boundary value problem for a class of nonlinear Schrödinger equations, *Acta Mathematica Scientia*, 6(1986) 269—282.

[3] Global existence of the solution for the nonlinear parabolic equations in an exterior domain, *Chin. Ann. of Math.*, 7B(4)(1986), 499—522.

Y. Choquet-Bruhat and D. Christodoulou

[1] Existence of global solutions of the Yang-Mills, Higgs fields in 4-dimensional Minkowski space, I, II, *Comm. Math. Physics*, 83(1982), 171—191, 193—212.

D. Christodoulou

[1] Global solutions of nonlinear hyperbolic equations for small initial data, *Comm. Pure Appl. Math.*, 39(1986), 267—282.

C. M. Dafermos

[1] Global smooth solutions to the initial-boundary value problem for the equations of one-dimensional nonlinear thermoviscoelasticity, *SIAM, J. Math. Anal.*, 13 (1982), 397—408.

C. M. Dafermos and L. Hsiao (肖玲)

[1] Global smooth thermomechanical process in one-dimensional nonlinear thermo viscoelasticity, *Nonlinear Analysis*, **6**(1982), 435—454.

Dong Guang-chang (董光昌) and Li Shu-jie (李树杰)

[1] On initial value problems for a nonlinear Schrödinger equation, *J. Diff. Equations*, **12**(1981), 353—365.

A. Friedman and B. McLeod

[1] Blow-up of positive solutions of semilinear heat equations, *Indiana. Univ. Math. J.*, **34**(1985), 425—447.

H. Fujita

[1] On the blowing up of solutions of the Cauchy problem for $u_t = \Delta u + u^{1+\alpha}$, *J. Fac. Sci. Univ. Tokyo, Sec.* I, **13**(1966), 109—124.

[2] On some nonexistence and nonuniqueness theorem for nonlinear parabolic equations, *Proc. Symp. Pure Math., AMS*, **18**(1970), 105—113.

Y. Giga and R. V. Kohn

[1] Asymptotically self-similar blow up of semilinear heat equations, *Comm. Pure Appl. Math.*, **38**(1985), 297—319.

J. Ginibre and G. Velo

[1] On a class of nonlinear Schrödinger equations, *J. Funct. Anal.*, **32**(1979), I. 1—32, II. 33—71.

R. T. Glassey

[1] Blow-up theorems for nonlinear wave equations, *Math. Z.*, **132**(1973), 183—302.

[2] On the blowing up of solutions to the Cauchy problem for nonlinear Schrödinger equations, *J. Math. Phys.*, **18**(1977), 1794—1797.

[3] Finite-time blow-up for solutions of nonlinear wave equations, *Math. Z.*, **177**(1981), 323—340.

J. M. Greenberg and Li Ta-tsien (李大潜)

[1] The effect of boundary damping for the quasilinear wave equation, *J. Diff. Equations*, 52(1984), 66—75.

J. M. Greenberg, R. C. MacCamy and V. J. Mizel

[1] On the existence, uniqueness and stability on the solution of the equation $\sigma'(u_x)u_{xx} + \lambda u_{xxt} = \rho_0 u_{tt}$, *J. Math. Mech.*, **17**(1968), 707—728.

Gu Chao-hao (谷超豪)

[1] On the Cauchy problem for harmonic maps defined on two-dimensional Minkowski space, *Comm. Pure Appl. Math.*, **33**(1980), 727—737.

[2] On the initial-boundary value problem for harmonic maps from 2-dimensional Minkowski space, *Marus. Math.*, **33**(1980), 51—58.

谷超豪、李大潜、陈恕行、郑宋穆、谭永基

[1] 数学物理方程,人民教育出版社,1979.

A. Haraux

[1] Nonlinear Evolution Equations——Global Behavior of Solutions, Lecture Notes in Mathematics 841, Springer-Verlag, 1981.

A. Haraux and F. B. Weissler

[1] Non-uniqueness for a semilinear initial value problem, *Indiana Univ. Math. J.*,

31(1982), 167—189.

K. Hayakawa

[1] On nonexistence of global solutions of some semilinear parabolic equations, *Proc. Japan Acad.*, 49(1973), 503—505.

L. Hörmander

[1] Linear Partial Differential Operators, Springer-Verlag, 1963 (中译本：线性偏微分算子，陈庆益译，科学出版社，1980).

[2] The lifespan of classical solutions of non-linear hyperbolic equations, Institut Mittag-Leffler, Report No. 5, 1985.

F. John

[1] Formation of singularities in one-dimensional nonlinear wave propagation, *Comm. Pure Appl. Math.*, 27(1974), 377—405.

[2] Delayed singularity formation in solutions of nonlinear wave equations in higher dimensions, *Comm. Pure Appl. Math.*, 26(1976), 649—681.

[3] Blow-up of solutions of nonlinear wave equations in three space dimensions, *Manus. Math.*, 28(1979), 235—268.

[4] Blow-up for quasilinear wave equations in three space dimensions, *Comm. pure Appl. Math.*, 34(1981), 29—51.

[5] Lower bounds for the life span of solutions of nonlinear wave equations in three dimensions, *Comm. Pure Appl. Math.*, 36(1983), 1—36.

F. John and S. Klainerman

[1] Almost global existence to nonlinear wave equations in three space dimensions, *Comm. Pure Appl. Math.*, 37(1984), 443—455.

А. В. Кажихов

[1] К теории краевых задач для Уравнений одномерного нест ационарного движения вязкого теплопроводного газа, *Сибирское отделение АН СССР*, Институт гидродинамики, Краевые задачи для уравнения гидродинамики, Выпуск 50, 1981, 37—62.

Я. И. Канель

[1] Об одной модельной системе уравнений одномерного движемие газа, *Дифф, Уравнения*. 4(1968), 721—734.

S. Kaplan

[1] On the growth of solutions of quasilinear parabolic equations, *Comm. Pure Appl. Math.*, 16(1963), 305—330.

T. Kato

[1] Blow-up of solutions of some nonlinear hyperbolic equations, *Comm. Pure Appl. Math.*, 33(1980), 501—505.

S. Kawashima

[1] Systems of a hyperbolic-parabolic composite type, with applications to the equations of magnetohydrodynamics, Doctor Thesis, Kyoto University, 1983.

S Kawashima and T. Nishida

[1] Global solutions to the initial value problem for the equations of one-dimension motion of viscous polytropic gases, *J. Math. Kyoto Univ.*, 21(1981), 825—837.

S. Kawashima and M. Okada

[1] Smooth global solutions for the one-dimensional equations in magnetohydrodynamics, *Proc. Japan Acad.*, **58**(1982), 384—387.

A. Kazhihov and V. Shelukin

[1] Unique global solution in time of initial-boundary value problems for one-dimensional equations of a viscous gas, *Prikl. Mat. Mech.*, **41**(1977), 282—291.

J. B. Keller

[1] On solutions of nonlinear wave equations, *Comm. Pure Appl. Math.*, **10**(1957), 523—530.

S. Klainerman

[1] Global existence for nonlinear wave equations, *Comm. Pure Appl. Math.*, **33**(1980), 43—101.

[2] Long-time behavior of solutions to nonlinear evolution equations, *Arch. Rat. Mech. Anal.*, **78**(1982), 73—98.

[3] On "almost global" solutions to quasilinear wave equations in three space dimensions, *Comm. Pure Appl. Math.*, **36**(1983), 325—344.

[4] Long time behaviour of solutions to nonlinear wave equations, Proceedings of the International Congress of Mathematicians, August 16—24, 1983, Warszawa, 1209—1215.

[5] Weighted L^∞ and L^1 estimates for solutions to the classical wave equation in three space dimensions, *Comm. Pure Appl. Math.*, **37**(1984), 269—288.

[6] Uniform decay estimates and the Lorentz invariance of the classical wave equation, *Comm. Pure Appl. Math.*, **38**(1985), 321—332.

[7] Global existence of small amplitude solutions to nonlinear Klein-Gordon equations in four space-time dimensions, *Comm. Pure Appl. Math.*, **38**(1985), 631—641.

[8] The null condition and global existence to nonlinear wave equations, Lectures in Applied Mathematics, 23(1986), 293—326.

S. Klainerman and A. Majda

[1] Formation of singularities for wave equation including the nonlinear vibrating string, *Comm. Pure Appl. Math.*, **33**(1980), 241—264.

S. Klainerman and G. Ponce

[1] Global, small amplitude solutions to nonlinear evolution equations, *Comm. Pure Appl. Math.*, **36**(1983), 133—141.

K. Kobayashi, T. Sirao and H. Tanaka

[1] On the glowing up problem for semilinear heat equations, *J. Math. Soc. Japan*, **29**(1977), 407—424.

H. A. Levine

[1] Some nonexistence and instability theorems for formally parabolic equations of the form $Pu_t = -Au + \mathscr{F}(u)$, Arch, Rat. Mech. Anal.. 51(1973), 371—386.

[2] Instability and nonexistence of global solutions to nonlinear wave equations of the form $Pu_{tt} = -Au + \mathscr{F}(u)$, *Trans. Amer. Math. Soc.*, **192**(1974), 1—21.

[3] Some additional remarks on the nonexistence of global solutions to nonlinear

wave equations, *SIAM, J. Math. Anal.*, **5**(1974), 138—146.

[4] A. note on a nonexistence theorem for nonlinear wave equations, *SIAM, J. Math. Anal.*, **5**(1974), 644—648.

[5] Nonexistence of global weak solutions to some properly and improperly posed problems of mathematical physics: the method of unbounded Fourier coefficients, *Math. Ann.*, **214**(1975), 205—220.

Li Ta-tsien (李大潜) and Chen Yun-mei (陈韵梅)

[1] Initial value problems for nonlinear heat equations, *J. Partial Differential Equations*, **1**(1988), 1—11.

[2] Initial value problems for nonlinear wave equations, *Commu. in PDE*, **13** (1988), 383—422.

[3] 关于非线性波动方程经典解整体存在性的一个注记，待发表.

J. L. Lions

[1] Problèmes aux limites dans les équations aux dérivées partielles, Les Presses de l'Université de Montréal, 1967, 2ᵉ édition. (中译本：偏微分方程的边值问题，李大潜译，上海科学技术出版社，1980).

[2] Contrôle optimal de systémes gouvernée pan des équations aux dérivées partielles, Dunod, Gauthier-Villars, Paris, 1968.

[3] Quelques méthodes de résolution des problèmes aux limites non linéaires, Dunod, Gauthier-Villars, Paris, 1969.

R. C. MacCamy

[1] A. model for one-dimensional, nonlinear viscoelasticity, *Quarterly of Applied Mathematics*, **35**(1977), 21—33.

R. C. MacCamy and V. J. Mizel

[1] Existence and non-existence in the large of solutions for quasilinear wave equations, *Arch. Rat. Mech. Anal.*, **25**(1967), 229—320.

B. Marshall, W. Strauss and S. Wainger

[1] L^p-L^q estimate for the Klein-Gordon equation, *J. Math. Pure Appl.*, **59**(1980), 417—440.

A. Matsumura

[1] Global existence and asymptotics of the solutions of the second order quasilinear hyperbolic equations with the first-order dissipation, *Publication RIMS*, Kyoto Univ., **13**(1977), 349—379.

[2] Initial value problems for some quasilinear partial differential equations in mathematical physics, Doctor Thesis, Kyoto Univ., June, 1980.

[3] An energy method for equations of motion of compressible viscous and heat-conductive fluids, Univ. of Wisconsin-Madison, MRC Technical Summary Report 2194, 1981.

A. Matsumura and T. Nishida

[1] The initial value problem for the equations of motion of compressible viscous and heat-conductive fluids, *Proc. Japan Acad. Ser.* A, **55**(1979), 337—342.

[2] The initial value problem for the equations of motion of viscous and heat-conductive gases, *J. Math.* Kyoto Univ., **20**(1980), 67—104.

[3] Initial Boundary Value Problems for the Equations of Motion of General

Fluids, Computings Methods in Applied Sciences and Engineering, V, R. Glowinski and J. L. Lions (editors), North-Holland Publishing Company, Amsterdam, 1982, 389—406.
[4] Initial boundary value problems for the equations of motion of compressible viscous fluids, *Contemporary Mathematics*, 17(1983), 109—116.
[5] Initial boundary value problems for the equations of motion of compressible viscous and heat-conductive fluids, *Commun. Math. Phys.*, 89(1983), 445—464.

И. П. Натансон (И. П. 那汤松)
[1] Теория фукций вещественной переменной, Москва Гостехтеоцздат, 1957 (中译本：实变函数论，徐瑞云译，高等教育出版社，1955).

L. Nirenberg
[1] On elliptic partial differential equations, *Annali della Scuola Norm. Sup. Pisa*, 13(1959), 115—162.

T. Nishida
[1] Global Smooth Solutions for the Second-order Guasilinear Wave Equations with the First-order Dissipation, Publications Mathématiques d'Orsay, 1978.

L. E. Payne and D. H. Sattinger
[1] Saddle points and instability of nonlinear hyperbolic equations, *Israel J. Math.*, 22(1975), 273—303.

G. Ponce
[1] Global existence of small solutions to a class of nonlinear evolution equations, *Nonlinear Analysis, Theory, Methods and Applications*, 9(1985), 399—418.

Qin Tie-hu (秦铁虎)
[1] The global smooth solutions of second order quasilinear hyperbolic equations with dissipative boundary conditions, to appear in *Chin. Ann. of Math.*

M. E. Schonbek
[1] Decay of solutions to parabolic conservation laws, *Comm. in PDE*, 7(1980), 449—473.

J. L. Shatah
[1] Global existence of small solutions to nonlinear evolution equations, *J. Diff. Equations*, 46(1982), 409—425.

沈玮熙和郑宋穆
[1] 非线性抛物型方程的非局部初边值问题，复旦学报(自然科学版)，24(1985)，47—57.

Y. Shibata
[1] On the global existence of classical solutions of mixed problem for some second order non linear hyperbolic operators with dissipative term in the interior domain, *Funk. Ekva.*, 25(1982), 303—345.
[2] On the global existence of classical solutions of second order fully nonlinear hyperbolic equations with first order dissipation in the exterior domain, *Tsukuba J. Math.*, 7(1983), 1—68.

Y. Shibata and Y. Tsutsumi
[1] On a global existence theorem of small amplitude solutions for nonlinear wave

equations in an exterior domain, *Math. Z.*, 191(1986), 165—199.

Y. Shizuta and S. Kawashima

[1] Systems of equations of hyperbolic-parabolic type with applications to the discrete Boltzmann equation, *Hokkaido Math. J.*, 4(1985), 249—275.

T. C. Sideris

[1] Global behavior of solutions to nonlinear wave equations in three dimensions, *Comm. in PDE*, 8(1983), 1291—1323.

[2] Formation of singularities in solutions to nonlinear hyperbolic equations, *Arch. Rat. Mech. Anal.*, 86(1984), 369—381.

M. Slemrod

[1] Dampled conservation laws in continuum mechanics, Research Notes in Math., Pitman, vol. 30, 1979, 135—173.

[2] Global existence, uniqueness, and asymptotic stability of classical smooth solutions in one-dimensional non-linear thermoelasticity, *Arch. Rat. Mech. Anal.*, 76(1981), 97—133.

W. Strauss

[1] Decay and asymptotics for $\Box u=F(u)$, *J. Funct. Anal.*, 2(1968), 409—457.

[2] Nonlinear scattering theory of low energy, *J. Funct. Anal.*, 41(1981), 110—133.

A. Tani

[1] The existence and uniqueness of the solution of equations describing compressible viscous fluid flow in a domain, *Proc. Japan Acad.*, 52(1976), 334—337.

[2] On the first initial-boundary value problem of compressible viscous fluid motion, *Publ. RIMS*, Kyoto Univ., 13(1977), 193—253.

L. Tartar

[1] Topics in Nonlinear Analysis, Publications Mathématiques d'Orsay, 1978.

R. Temam

[1] Navier-Stokes Equations, Studies in Mathematics and its Applications, North-Holland, 1979.

F. Treves

[1] Basic Linear Partial Differential Equations, Academic Press, Inc., 1975 (中译本：基本线性偏微分方程，陆柱家译，上海科学技术出版社，1982).

M. Tsutsumi

[1] Existence and nonexistence of global solutions for nonlinear parabolic equations, *Publ. RIMS*, Kyoto Univ., 8(1972—73), 211—229.

Y. Tsutsumi

[1] Global solutions of the nonlinear Schrödinger equation in exterior domains, *Comm. in PDE*, 8(1983), 1337—1374.

T. Umeda, S. Kawashima and Y. Shizuta

[1] On the decay of solutions to the linearized equations of electro-magneto-fluid dynamics, *Japan J. Appl. Math.*, 1(1984), 435—457.

W. von Wahl

[1] Über die klassische Lösbarkeit des Cauchy-Problems für nichlineare Wellengleichengen bei kleinen Anfangswerten und das asymptotisches Verhalten der

Lösungen, *Math. Z.*, 114(1970), 281—299.
[2] L^p decay rates for homogeneous wave equations, *Math. Z.*, 120(1971), 93—106.
[3] Decay estimates for nonlinear wave equations, *J. Funct. Anal.*, 9(1972), 490—495.

F. B. Weisser
[1] Existence and nonexistence of global solutions for a semilinear heat equation, *Israel J. Math.*, 38(1981), 29—40.
[2] Single point blow-up for a semilinear initial value problem, *J. Diff. Equations*, 55(1984), 204—224.
[3] An L^∞ blow-up estimate for a nonlinear heat equation, *Comm. Pure Appl. Math.*, 38(1985), 291—295.

Yao Jing-qi (姚景齐)
[1] Comportement à l'infini des solutions d'une équation de Schrödinger non linéaire dans un domaine extérieur, *C. R. Acad. Sc. Paris*, t. 294, Série I(1982), 163—166.
[2] 一类非线性 Schrödinger 方程的解，数学年刊，7A (1986), 413—422.

俞新
[1] 非线性热传导方程的 Cauchy 问题——整体解及生存区间，数学季刊，2(1987), 59—72.

Zheng Song-mu (郑宋穆)
[1] Global solutions and applications to a class of quasilinear hyperbolic-parabolic coupled systems, *Scientia Sinica*, A27(1984), 1274—1286.
[2] 高维拟线性双曲抛物耦合方程组柯西问题的整体光滑解，数学年刊，5A(1984), 681—690.
[3] Remarks on global existence for nonlinear parabolic equations, *Nonlinear Analysis, Theory, Methods and Applications*, 10(1986), 107—114.

Zheng Song-mu (郑宋穆) and Chen Yun-mei (陈韵梅)
[1] 非线性抛物型方程的整体存在性，自然杂志，7 卷 1 期(1984), 73.
[2] Global existence for nonlinear parabolic equations, *Chin. Ann. of Math.*, 7B (1986), 57—73.

Zheng Song-mu (郑宋穆) and Shen Wei-xi (沈玮熙)
[1] Global existence of initial boundary value problem for the Fitzhugh-Nagumo equations, *Kexue Tongbao*, 29(1984), 1155—1159.

《现代数学基础丛书》已出版书目

1 数理逻辑基础(上册) 1981.1 胡世华 陆钟万 著
2 数理逻辑基础(下册) 1982.8 胡世华 陆钟万 著
3 紧黎曼曲面引论 1981.3 伍鸿熙 吕以辇 陈志华 著
4 组合论(上册) 1981.10 柯 召 魏万迪 著
5 组合论(下册) 1987.12 魏万迪 著
6 数理统计引论 1981.11 陈希孺 著
7 多元统计分析引论 1982.6 张尧庭 方开泰 著
8 有限群构造(上册) 1982.11 张远达 著
9 有限群构造(下册) 1982.12 张远达 著
10 测度论基础 1983.9 朱成熹 著
11 分析概率论 1984.4 胡迪鹤 著
12 微分方程定性理论 1985.5 张芷芬 丁同仁 黄文灶 董镇喜 著
13 傅里叶积分算子理论及其应用 1985.9 仇庆久 陈恕行 是嘉鸿 刘景麟 蒋鲁敏 编
14 辛几何引论 1986.3 J.柯歇尔 邹异明 著
15 概率论基础和随机过程 1986.6 王寿仁 编著
16 算子代数 1986.6 李炳仁 著
17 线性偏微分算子引论(上册) 1986.8 齐民友 编著
18 线性偏微分算子引论(下册) 1992.1 齐民友 徐超江 编著
19 实用微分几何引论 1986.11 苏步青 华宣积 忻元龙 著
20 微分动力系统原理 1987.2 张筑生 著
21 线性代数群表示导论(上册) 1987.2 曹锡华 王建磐 著
22 模型论基础 1987.8 王世强 著
23 递归论 1987.11 莫绍揆 著
24 拟共形映射及其在黎曼曲面论中的应用 1988.1 李 忠 著
25 代数体函数与常微分方程 1988.2 何育赞 萧修治 著
26 同调代数 1988.2 周伯壎 著
27 近代调和分析方法及其应用 1988.6 韩永生 著
28 带有时滞的动力系统的稳定性 1989.10 秦元勋 刘永清 王 联 郑祖庥 著
29 代数拓扑与示性类 1989.11 [丹麦] I.马德森 著
30 非线性发展方程 1989.12 李大潜 陈韵梅 著

31　仿微分算子引论　1990.2　陈恕行　仇庆久　李成章　编
32　公理集合论导引　1991.1　张锦文　著
33　解析数论基础　1991.2　潘承洞　潘承彪　著
34　二阶椭圆型方程与椭圆型方程组　1991.4　陈亚浙　吴兰成　著
35　黎曼曲面　1991.4　吕以辇　张学莲　著
36　复变函数逼近论　1992.3　沈燮昌　著
37　Banach 代数　1992.11　李炳仁　著
38　随机点过程及其应用　1992.12　邓永录　梁之舜　著
39　丢番图逼近引论　1993.4　朱尧辰　王连祥　著
40　线性整数规划的数学基础　1995.2　马仲蕃　著
41　单复变函数论中的几个论题　1995.8　庄圻泰　杨重骏　何育赞　闻国椿　著
42　复解析动力系统　1995.10　吕以辇　著
43　组合矩阵论(第二版)　2005.1　柳柏濂　著
44　Banach 空间中的非线性逼近理论　1997.5　徐士英　李　冲　杨文善　著
45　实分析导论　1998.2　丁传松　李秉彝　布　伦　著
46　对称性分岔理论基础　1998.3　唐　云　著
47　Gel'fond-Baker 方法在丢番图方程中的应用　1998.10　乐茂华　著
48　随机模型的密度演化方法　1999.6　史定华　著
49　非线性偏微分复方程　1999.6　闻国椿　著
50　复合算子理论　1999.8　徐宪民　著
51　离散鞅及其应用　1999.9　史及民　编著
52　惯性流形与近似惯性流形　2000.1　戴正德　郭柏灵　著
53　数学规划导论　2000.6　徐增堃　著
54　拓扑空间中的反例　2000.6　汪　林　杨富春　编著
55　序半群引论　2001.1　谢祥云　著
56　动力系统的定性与分支理论　2001.2　罗定军　张　祥　董梅芳　著
57　随机分析学基础(第二版)　2001.3　黄志远　著
58　非线性动力系统分析引论　2001.9　盛昭瀚　马军海　著
59　高斯过程的样本轨道性质　2001.11　林正炎　陆传荣　张立新　著
60　光滑映射的奇点理论　2002.1　李养成　著
61　动力系统的周期解与分支理论　2002.4　韩茂安　著
62　神经动力学模型方法和应用　2002.4　阮　炯　顾凡及　蔡志杰　编著
63　同调论——代数拓扑之一　2002.7　沈信耀　著
64　金兹堡-朗道方程　2002.8　郭柏灵　黄海洋　蒋慕容　著

65 排队论基础 2002.10 孙荣恒 李建平 著
66 算子代数上线性映射引论 2002.12 侯晋川 崔建莲 著
67 微分方法中的变分方法 2003.2 陆文端 著
68 周期小波及其应用 2003.3 彭思龙 李登峰 谌秋辉 著
69 集值分析 2003.8 李 雷 吴从炘 著
70 强偏差定理与分析方法 2003.8 刘 文 著
71 椭圆与抛物型方程引论 2003.9 伍卓群 尹景学 王春朋 著
72 有限典型群子空间轨道生成的格(第二版) 2003.10 万哲先 霍元极 著
73 调和分析及其在偏微分方程中的应用(第二版) 2004.3 苗长兴 著
74 稳定性和单纯性理论 2004.6 史念东 著
75 发展方程数值计算方法 2004.6 黄明游 编著
76 传染病动力学的数学建模与研究 2004.8 马知恩 周义仓 王稳地 靳 祯 著
77 模李超代数 2004.9 张永正 刘文德 著
78 巴拿赫空间中算子广义逆理论及其应用 2005.1 王玉文 著
79 巴拿赫空间结构和算子理想 2005.3 钟怀杰 著
80 脉冲微分系统引论 2005.3 傅希林 闫宝强 刘衍胜 著
81 代数学中的 Frobenius 结构 2005.7 汪明义 著
82 生存数据统计分析 2005.12 王启华 著
83 数理逻辑引论与归结原理(第二版) 2006.3 王国俊 著
84 数据包络分析 2006.3 魏权龄 著
85 代数群引论 2006.9 黎景辉 陈志杰 赵春来 著
86 矩阵结合方案 2006.9 王仰贤 霍元极 麻常利 著
87 椭圆曲线公钥密码导引 2006.10 祝跃飞 张亚娟 著
88 椭圆与超椭圆曲线公钥密码的理论与实现 2006.12 王学理 裴定一 著
89 散乱数据拟合的模型、方法和理论 2007.1 吴宗敏 著
90 非线性演化方程的稳定性与分歧 2007.4 马 天 汪宁宏 著
91 正规族理论及其应用 2007.4 顾永兴 庞学诚 方明亮 著
92 组合网络理论 2007.5 徐俊明 著
93 矩阵的半张量积:理论与应用 2007.5 程代展 齐洪胜 著
94 鞅与 Banach 空间几何学 2007.5 刘培德 著
95 非线性常微分方程边值问题 2007.6 葛渭高 著
96 戴维-斯特瓦尔松方程 2007.5 戴正德 蒋慕蓉 李栋龙 著
97 广义哈密顿系统理论及其应用 2007.7 李继彬 赵晓华 刘正荣 著
98 Adams 谱序列和球面稳定同伦群 2007.7 林金坤 著

99 矩阵理论及其应用 2007.8 陈公宁 编著
100 集值随机过程引论 2007.8 张文修 李寿梅 汪振鹏 高 勇 著
101 偏微分方程的调和分析方法 2008.1 苗长兴 张 波 著
102 拓扑动力系统概论 2008.1 叶向东 黄 文 邵 松 著
103 线性微分方程的非线性扰动(第二版) 2008.3 徐登洲 马如云 著
104 数组合地图论(第二版) 2008.3 刘彦佩 著
105 半群的 S-系理论(第二版) 2008.3 刘仲奎 乔虎生 著
106 巴拿赫空间引论(第二版) 2008.4 定光桂 著
107 拓扑空间论(第二版) 2008.4 高国士 著
108 非经典数理逻辑与近似推理(第二版) 2008.5 王国俊 著
109 非参数蒙特卡罗检验及其应用 2008.8 朱力行 许王莉 著
110 Camassa-Holm 方程 2008.8 郭柏灵 田立新 杨灵娥 殷朝阳 著
111 环与代数(第二版) 2009.1 刘绍学 郭晋云 朱 彬 韩 阳 著
112 泛函微分方程的相空间理论及应用 2009.4 王 克 范 猛 著
113 概率论基础(第二版) 2009.8 严士健 王隽骧 刘秀芳 著
114 自相似集的结构 2010.1 周作领 瞿成勤 朱智伟 著
115 现代统计研究基础 2010.3 王启华 史宁中 耿 直 主编
116 图的可嵌入性理论(第二版) 2010.3 刘彦佩 著
117 非线性波动方程的现代方法(第二版) 2010.4 苗长兴 著
118 算子代数与非交换 L_p 空间引论 2010.5 许全华 吐尔德别克 陈泽乾 著
119 非线性椭圆型方程 2010.7 王明新 著
120 流形拓扑学 2010.8 马 天 著
121 局部域上的调和分析与分形分析及其应用 2011.4 苏维宜 著
122 Zakharov 方程及其孤立波解 2011.6 郭柏灵 甘在会 张景军 著
123 反应扩散方程引论(第二版) 2011.9 叶其孝 李正元 王明新 吴雅萍 著
124 代数模型论引论 2011.10 史念东 著
125 拓扑动力系统——从拓扑方法到遍历理论方法 2011.12 周作领 尹建东 许绍元 著
126 Littlewood-Paley 理论及其在流体动力学方程中的应用 2012.3 苗长兴 吴家宏 章志飞 著
127 有约束条件的统计推断及其应用 2012.3 王金德 著
128 混沌、Mel'nikov 方法及新发展 2012.6 李继彬 陈凤娟 著
129 现代统计模型 2012.6 薛留根 著
130 金融数学引论 2012.7 严加安 著
131 零过多数据的统计分析及其应用 2013.1 解锋昌 韦博成 林金官 著

132　分形分析引论　2013.6　胡家信　著
133　索伯列夫空间导论　2013.8　陈国旺　编著
134　广义估计方程估计方程　2013.8　周　勇　著
135　统计质量控制图理论与方法　2013.8　王兆军　邹长亮　李忠华　著
136　有限群初步　2014.1　徐明曜　著
137　拓扑群引论(第二版)　2014.3　黎景辉　冯绪宁　著
138　现代非参数统计　2015.1　薛留根　著